高等职业教育精品工程规划教材

嵌入式技术项目教程

吴振英　王莉莉　主　编
金　薇　黄　璟　蔡成炜　俞鑫东　副主编
邵利群　主　审

电子工业出版社
Publishing House of Electronics Industry
北京·BEIJING

内 容 简 介

本书以电子信息工程专业就业岗位所需的职业技能和知识为依据，根据典型电子产品的设计过程编排内容，具体内容包括：嵌入式系统及平台概述、设计简易计算器、电子点菜系统、智能车位管理系统以及数码相框共计 5 部分。本书将 ARM 以及 Linux 等与嵌入式开发密切相关的知识融入项目开发过程中，内容系统、全面、深入浅出，重点突出动手能力的培养，通过项目化的教学提高学生的学习积极性，为其将来踏上工作岗位打下扎实的基础。

本书既可作为高职高专和其他高等院校通信类、电子信息类专业教材，也可作为通信工程技术人员的培训教材。

未经许可，不得以任何方式复制或抄袭本书之部分或全部内容。
版权所有，侵权必究。

图书在版编目（CIP）数据

嵌入式技术项目教程 / 吴振英，王莉莉主编. —北京：电子工业出版社，2015.1
ISBN 978-7-121-24998-3

Ⅰ．①嵌⋯ Ⅱ．①吴⋯ ②王⋯ Ⅲ．①微处理器—系统设计—高等学校—教材 Ⅳ．①TP332

中国版本图书馆 CIP 数据核字（2014）第 279033 号

责任编辑：郭乃明　特约编辑：范　丽
印　　刷：北京中新伟业印刷有限公司
装　　订：北京中新伟业印刷有限公司
出版发行：电子工业出版社
　　　　　北京市海淀区万寿路 173 信箱　邮编　100036
开　　本：787×1 092　1/16　印张：17　字数：436 千字
版　　次：2015 年 1 月第 1 版
印　　次：2015 年 1 月第 1 次印刷
印　　数：3 000 册　定价：36.00 元

凡所购买电子工业出版社图书有缺损问题，请向购买书店调换。若书店售缺，请与本社发行部联系，联系及邮购电话：（010）88254888。
质量投诉请发邮件至 zlts@phei.com.cn，盗版侵权举报请发邮件至 dbqq@phei.com.cn。
服务热线：（010）88258888。

前　　言

自从第一台电子计算机诞生以来，人们的生活方式发生了巨大的改变，它使人类高效地认识了世界，而嵌入式技术的诞生则为计算机改造世界提供了强大的武器。嵌入式系统是当前最热门、最有发展前途的IT应用之一。在专业领域，嵌入式系统具有比传统通用计算机更高的可靠性、实用性和更低的成本。

本书共有五个项目，项目一由苏州工业职业技术学院吴振英和蔡成炜编写，项目二由金薇编写，项目三由吴振英编写，项目四由黄璟和苏州达思灵新能源科技有限公司俞鑫东工程师编写，项目五由王莉莉编写。吴振英负责全书统稿并担任主编，王莉莉担任主编，金薇、黄璟、蔡成炜、俞鑫东担任副主编，邵利群和苏州格巨电子科技有限公司陈国红担任主审。

在编写过程中，认真听取了校企合作单位——苏州市汉达工业自动化有限公司技术中心主任张洁、西门子听力技术（苏州）有限公司杨宝书高级工程师等企业专家的意见和建议，在此表示衷心的感谢。

本书在编写过程中，参考了大量的开源技术资料。在此向这些为开源技术做出贡献的公司和各界人士表示衷心的感谢！

由于编者学识和水平有限、时间仓促，书中难免有疏漏和不足之处，恳请广大读者批评指正。

编　者

2014年10月

目　录

项目一　认识嵌入式系统及平台 ··· 1
任务一　了解嵌入式系统 ·· 1
知识 1　嵌入式系统简介 ·· 1
知识 2　嵌入式系统硬件 ·· 5
知识 3　嵌入式系统软件 ·· 6
任务二　嵌入式系统硬件 ·· 7
知识 1　硬件介绍 ··· 7
知识 2　PXA255 最小系统 ······································ 15
任务三　嵌入式系统软件 ·· 17
知识 1　引导程序 ··· 17
知识 2　操作系统 ··· 21
知识 3　应用软件 ··· 25
知识 4　嵌入式系统开发流程 ··································· 25
实验一　嵌入式实验平台的搭建 ······························ 28
思考与练习 ··· 43

项目二　简易计算器项目设计 ··· 44
任务一　ARM 简介 ··· 44
知识 1　ARM 特点 ··· 44
知识 2　ARM 处理器工作状态和工作模式 ················ 47
知识 3　ARM 指令流水 ·· 48
实验二　Qt 环境搭建实验 ······································ 53
任务二　ARM 微处理器和存储器 ······························ 62
知识 1　ARM 寄存器 ··· 62
知识 2　ARM 存储器 ··· 65
实验三　嵌入式串口实验 ·· 70
任务三　简易计算器的设计与实现 ····························· 74
知识 1　开发工具与开发环境的搭建 ························· 74
知识 2　界面及界面元素总览 ·································· 82
实验四　简易计算器软件开发与运行 ························ 83
思考与练习 ··· 95

项目三　电子点菜系统项目设计 ·· 98
任务一　Linux 简介及 Linux 常用命令 ······················ 98
知识 1　Linux 特点、内核组成及源码结构 ················ 98
知识 2　Linux 常用命令 ··· 106
知识 3　文本编辑 ··· 120

  知识4 Linux 网络服务 ··· 122
 任务二 电子点菜菜单的设计与实现 ··· 124
  知识1 ADS 开发环境 ··· 124
  实验五 ADS 下简单 ARM 汇编程序实验 ··· 131
  知识2 Linux 开发环境 ··· 140
  知识3 电子点菜系统项目开发详解 ··· 150
  实验六 文本编辑器实验 ··· 160
 思考与练习 ··· 168

项目四 智能车位管理系统设计 ··· 170

 任务一 ARM 指令系统简介和寻址方式 ··· 170
  知识1 ARM 指令系统简介 ··· 170
  知识2 ARM 指令寻址方式 ··· 172
  知识3 ARM 指令集和 Thumb 指令集 ··· 174
  实验七 温度计界面设计实验 ··· 191
 任务二 ARM 汇编语言伪指令和程序设计 ··· 209
  知识1 符号、数据和过程定义伪指令 ··· 209
  知识2 汇编控制和其他伪指令 ··· 212
  知识3 ARM 汇编语言程序设计、编写和调试 ··· 218
  知识4 Linux GUI 编程 ··· 226
 任务三 智能城市车位管理系统设计 ··· 235
  知识1 应用程序设计 ··· 235
  知识2 停车场管理系统总体设计 ··· 235
  知识3 管理工作站子系统开发 ··· 241
 思考与练习 ··· 247

项目五 数码相框工程项目设计 ··· 249

 任务一 Yaffs 文件系统的生成与烧写 ··· 249
  知识1 Yaffs 文件系统的制作与生成步骤 ··· 249
  知识2 创建根文件系统 ··· 250
  知识3 Busybox 的配置与编译 ··· 251
  实验八 烧写 Yaffs 文件系统 ··· 252
 任务二 Jffs2 文件系统的制作与生成 ··· 254
  知识1 安装 Jffs2 文件系统 ··· 254
  知识2 烧写 Jffs2 文件系统 ··· 255
 任务三 数码相框的设计与实现 ··· 256
  知识1 系统需求分析 ··· 256
  知识2 系统总体设计 ··· 257
  知识3 项目流程 ··· 257
  实验九 实现数码相框 ··· 258
 思考与练习 ··· 265

参考文献 ··· 266

项目一　认识嵌入式系统及平台

项目概述

随着社会信息化的日益加强，计算机和网络已经全面渗透到日常生活的每一个角落。对于我们每个人来说，需要的已经不仅仅是那种放在桌上处理文档、进行工作管理和生产控制的"机器"。任何一个普通人都可能拥有大小不一的、形状各异的、使用嵌入式技术的电子产品。嵌入式系统已成为当前最热门、最有发展前途的 IT 应用之一。据预测，在未来几年，嵌入式系统的发展将为几乎所有的电子设备注入新的活力。

知识目标

（1）了解嵌入式系统的定义、分类与特点；
（2）了解嵌入式系统的组成；
（3）了解嵌入式处理器的分类与特点；
（4）了解嵌入式操作系统的种类与特点；
（5）了解嵌入式系统硬件和软件；
（6）了解嵌入式系统开发流程和开发要点。

技能目标

（1）会在虚拟机中安装操作系统；
（2）学会嵌入式系统开发流程和开发要点。

任务一　了解嵌入式系统

知识 1　嵌入式系统简介

根据美国嵌入式系统专业媒体 RTC 报道，在 21 世纪初的 10 年中，全球嵌入式系统市场具有比 PC 市场大 10 到 100 倍的商机。中国拥有世界上最大的电子产品消费市场，手机、彩电等家用电器的拥有量都居世界第一。随着经济水平的提高和消费结构的改变，人们对消费电子产品的要求越来越高，比如产品的灵活性、可控性、耐用性、性价比等，这些要求我们都可以通过采用合理、有效的嵌入式系统设计和优化来实现。另外，在现代化的医疗、测控仪器和机电产品中对系统的可靠性、实时性要求较高，更需要有专用的嵌入式系统的支持，这些需求都极大地刺激了嵌入式系统的发展和产业化的进程。

一、嵌入式系统的定义

嵌入式系统（Embedded System）是一种"完全嵌入受控器件内部，为特定应用而设计的专用计算机系统"，根据英国电气工程师协会（U.K. Institution of Electrical Engineer）的定义,嵌入式系统为控制、监视或辅助设备、机器或用于工厂运作的设备。与个人计算机这样的通用计算机系统不同,嵌入式系统通常执行的是带有特定要求的、预先定义的任务。由于嵌入式系统只针对一项特殊的任务,所以设计人员能够对它进行优化,减小尺寸、降低成本。嵌入式系统通常生产规模较大,所以单个产品的成本节约,能够随着产量进行成百上千倍的放大。

嵌入式系统的核心由一个或几个预先编程好以用来执行少数几项任务的微处理器或者单片机组成。与通用计算机能够运行用户选择的软件不同,嵌入式系统上的软件通常是暂时不变的,所以经常称为"固件"。长期以来,学术界对嵌入式系统的定义一直在争论中,目前,国内普遍认同的嵌入式系统定义为:以应用为中心,以计算机技术为基础,软、硬件可裁剪,适应应用系统对功能、可靠性、成本、体积、功耗等严格要求的专用计算机系统。

二、嵌入式系统的特点

嵌入式系统是面向应用的专用计算机系统,与通用型计算机系统相比具有以下特点。

1. 系统内核小

由于嵌入式系统一般是应用于小型电子装置的,系统资源相对有限,所以内核较之传统的操作系统要小得多。目前的嵌入式系统的核心往往容量只有几千到几万比特,需要根据实际的使用进行功能扩展或者裁减,由于微内核的存在,使得这种扩展能够非常顺利地进行。

2. 专用性强

嵌入式系统的专用性很强,其中软件系统和硬件系统的结合非常紧密,一般要针对硬件进行系统的移植,即使在同一品牌、同一系列的产品中也需要根据系统硬件的变化和增减不断进行修改。同时针对不同的任务,往往需要对系统进行较大更改,程序的编译下载要和系统相结合,这种修改和通用软件的"升级"完全是两个概念。

嵌入式处理器与通用微处理器的最大区别在于,嵌入式微处理器大多工作在为特定用户群所专门设计的系统中,它将通用 CPU 许多由板卡完成的任务集成到嵌入式微处理器内部,从而有利于嵌入式系统在设计时趋于小型化,同时还具有很高的效率和可靠性,可以增强移动能力和网络耦合能力。

3. 系统比较精简

嵌入式系统一般没有系统软件和应用软件的明显区分,不要求其功能设计及实现上过于复杂,这样一方面利于控制系统成本,同时也利于保证系统安全。

4. 知识密集

嵌入式系统是将先进的计算机技术、半导体技术、电子技术和各个行业的具体应用相结合的产物,这一特点就决定了它必然是一个技术密集、资金密集、高度离散、不断创新的知识集成系统。所以,进入嵌入式系统行业,对知识和技术的要求较高。例如,Palm 之所以在 PDA 领域占有很大的市场份额,就是因为其立足于个人电子消费品,着重发展图形界面和多任务管理;而风河的 VxWorks 之所以在火星车上得以应用,则是因为其高实时性和高可靠性。

5. 高实时性和高可靠性

嵌入式系统经常用于控制领域,这就要求系统软件实时性要强,因此,常常需要将软件固化，以提高速度；软件代码要求高质量和高可靠性。

无论用于控制领域还是用于独立设备、仪器仪表，都要求嵌入式系统具有高可靠性，特别是一些在极端环境下工作的嵌入式系统，其可靠性设计尤其重要。大多数嵌入式系统都包含一些硬件和软件机制来保证系统的可靠性。例如，硬件的看门狗电路在软件失去控制后使系统重新启动；软件的自动纠错功能可使系统检测到软件运行偏离正常流程时，通过软"陷阱"将其重新纳入正常轨道。

6. 多任务的操作系统

嵌入式系统的应用程序可以不通过操作系统直接在芯片上运行；但是为了合理地调度多任务、利用系统资源、系统函数以及和专家库函数接口，用户必须自行选配RTOS（Real Time Operating System）开发平台，这样才能保证程序执行的实时性、可靠性，并减少开发时间，保障软件质量。

7. 开发环境的特殊性

由于嵌入式系统本身资源有限，其本身不具备自主开发能力，设计完成以后用户通常是不能对其中的程序功能进行修改的，必须有一套开发工具和环境才能进行开发，这些工具和环境一般基于通用计算机上的软硬件设备以及各种逻辑分析仪、混合信号示波器等。开发时往往有主机和目标机的概念，主机用于程序的开发，目标机作为最后的执行机，开发时需要交替结合进行。

三、嵌入式系统的应用

随着信息化、智能化、网络化的发展，嵌入式技术获得了广阔的发展空间，几乎渗透到人们生活的每一个角落。下面介绍一些嵌入式技术的典型应用。嵌入式系统的应用前景如图1-1所示。

1. 工业控制

基于嵌入式芯片的工业自动化设备正获得长足的发展，目前已经有大量的8位、16位、32位、64位嵌入式微控制器在应用中。网络化是提高生产效率和产品质量、减少人力资源的主要途径，可用于工业过程控制、数控机床、电力系统、电网安全、电网设备监测、石油开采等。就传统的工业控制产品而言，低端型采用的往往是8位单片机。但是随着技术的发展，32位、64位的处理器逐渐成为工业控制设备的核心。

嵌入式系统还广泛应用于ATM机、自动售货机、工业控制系统等专用设备，与通信相结合可生产出高质量的GPS、GPRS等优质产品。

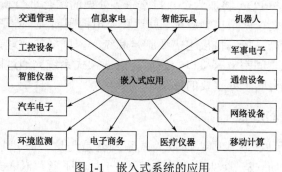

图1-1 嵌入式系统的应用

2. 交通管理

在车辆导航、流量控制、信息监测与汽车服务方面,嵌入式系统技术已经获得了广泛的应用,内嵌 GPS 模块、GSM 模块的移动定位终端已经在各种运输行业获得了成功的使用。目前 GPS 设备已经从尖端产品领域进入了普通百姓的家庭,通过 GPS 嵌入式系统,可以随时随地跟踪移动目标。

3. 信息家电

这已成为嵌入式技术最大的应用领域,冰箱、彩电、洗衣机、空调等家电产品的智能化将引领人们的生活步入一个崭新的空间。智能家居系统的诞生使得即使主人不在家里,也可以通过电话、手机、网络进行远程控制。在这些设备中,嵌入式技术发挥着重要作用。

4. 家庭智能管理系统

水、电、煤气表的远程自动抄表,智能化安全防火、防盗系统的实现,其中嵌有的专用控制芯片将代替传统的人工检查,并实现更高、更准确和更安全的性能。目前在服务领域,如远程点菜系统等已经体现了嵌入式系统的优势。

5. POS 网络及电子商务

公共交通无接触智能卡(Contactless Smart Card,CSC)发行系统、公共电话卡发行系统、自动售货机以及各种智能 ATM 终端将全面走入人们的生活,手持一卡行遍天下已经成为现实。

6. 环境工程与自然

嵌入式系统可应用于水文资料实时监测,防洪体系及水土质量监测、堤坝安全,地震监测网,实时气象信息网,水源和空气污染监测。在很多环境恶劣、地况复杂的地区,嵌入式系统将实现无人监测、自动报警和应急处理。

7. 机器人

嵌入式芯片的发展将使机器人在微型化、高智能方面优势更加明显,同时会大幅度降低机器人的价格,使其在工业领域和服务领域获得更广泛的应用。

8. 消费电子

嵌入式技术提升了移动数据处理和通信的功效,加之易于实现自然人机交互的多媒体界面,因而在消费电子领域获得广泛应用。机顶盒的诞生使数字电视从单向音频传输变成了双向交互平台。手机手写文字输入、语音拨号上网、网页浏览、收发电子邮件已经成为现实。用于物流管理、条码扫描、移动信息采集的小型手持嵌入式系统在企业管理中也已发挥了巨大的作用。未来的手机和 PDA 将成为个人日常事务处理的综合平台和遥控工具。

这些应用中的重点之一就是控制应用。就远程家电控制而言,除了开发出支持 TCP/IP 的嵌入式系统之外,家电产品控制协议也需要制定和统一,同样的道理,所有基于网络的远程控制器件与嵌入式系统之间都应有接口,然后再由嵌入式系统来通过网络实现控制。所以,开发和探讨嵌入式系统有着十分重要的意义。

四、嵌入式系统的发展

我们目前正处于后 PC 时代中,而嵌入式系统就是与这一时代紧密相关的产物。它拉近人与计算机的距离,形成一个人机和谐的工作与生活环境。嵌入式技术的发展经历了 4

个阶段：第一阶段是以单芯片为核心的可编程控制器形式的系统；第二阶段是以嵌入式CPU为基础、以简单任务调度程序为核心的系统；第三阶段是以嵌入式操作系统为标志的系统；第四阶段是以基于Internet互联为标志的系统。嵌入式系统的发展趋势是：3C融合（多媒体手机、IP视频电话、无线PDA等）；灵活性/功率/性能/成本等方面的平衡考虑（尤其体现在便携式嵌入产品的开发）；灵活支持多种格式/制式/技术（包括音频、视频、显示格式、多种无线技术）。

嵌入式操作系统是一种实时的、支持嵌入式系统应用的操作系统软件，它是嵌入式系统（包括硬、软件系统）极为重要的组成部分，通常包括与硬件相关的底层驱动软件、系统内核、设备驱动接口、通信协议、图形界面、标准化浏览器等。目前，嵌入式操作系统的品种较多，据统计，仅用于信息电器的嵌入式操作系统就有40种左右，其中较为流行的主要有：Windows CE、Palm OS、Real-Time Linux、VxWorks、pSOS、Power TV 以及 Microware 公司的 OS-9。与通用操作系统相比较，嵌入式操作系统在系统实时高效性、硬件的相关依赖性、软件固态化以及应用的专用性等方面具有较为突出的特点。

在软件方面，操作系统是嵌入式系统一个非常重要的组成部分。从上世纪90年代开始，陆续出现了一些非常优秀的实时多任务的操作系统，目前应用最广的几个嵌入式操作系统为嵌入式 Linux、VxWorks、Windows CE 等。

实际上，嵌入式系统本身是一个外延极广的名词，凡是与产品结合在一起的具有嵌入式特点的控制系统都可以叫嵌入式系统，而且有时很难给它下一个准确的定义。现在人们讲嵌入式系统时，某种程度上指近些年比较热门的、具有操作系统的嵌入式系统。一般而言，嵌入式系统由硬件和软件两部分组成。

知识 2　嵌入式系统硬件

嵌入式系统是将计算机硬件和软件结合起来构成的一个专门的装置，这个装置可以完成一些特定的功能和任务，能够在没有人工干预的情况下独立地进行实时监测和控制。由于被嵌入对象的体系结构、应用环境不同，所以各个嵌入式系统可以由各种不同的结构组成。一个典型的嵌入式系统如图1-2所示。

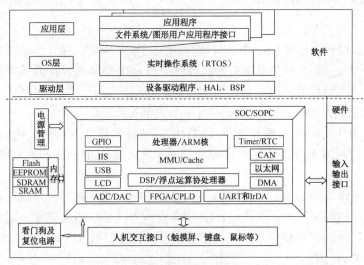

图 1-2　嵌入式系统的组成

嵌入式系统硬件通常包含嵌入式微处理器、存储器（SDRAM、ROM、Flash 等）、通用设备接口和 I/O 接口（A/D、D/A、I/O 等）。在一片嵌入式处理器基础上添加电源电路、时钟电路和存储器电路，就构成了一个嵌入式核心控制模块。其中操作系统和应用程序都可以固化在 ROM 中。

知识 3　嵌入式系统软件

嵌入式系统软件通常由系统引导程序、操作系统和应用程序组成。BSP 是一个介于操作系统和底层硬件之间的软件层次，包括了系统中大部分与硬件联系紧密的软件模块。设计一个完整的 BSP 需要完成两部分工作：嵌入式系统的硬件初始化以及 BSP 功能设计，完成硬件相关的设备驱动。下面简单介绍设计 BSP 需要完成的工作。

1. 嵌入式系统硬件初始化

系统初始化过程可以分为 3 个主要环节，按照自底向上、从硬件到软件的次序依次为：片级初始化、板级初始化和系统级初始化。

片级初始化完成嵌入式微处理器的初始化，包括设置嵌入式微处理器的核心寄存器和控制寄存器、嵌入式微处理器核心工作模式和嵌入式微处理器的局部总线模式等。片级初始化把嵌入式微处理器从上电时的默认状态逐步设置成系统所要求的工作状态。这是一个纯硬件的初始化过程。

板级初始化完成嵌入式微处理器以外的其他硬件设备的初始化。另外，还设置某些软件的数据结构和参数，为随后的系统级初始化和应用程序的运行建立硬件和软件环境。这是一个同时包含软硬件两部分在内的初始化过程。

系统初级始化的过程以软件初始化为主，主要进行操作系统的初始化。BSP 将对嵌入式微处理器的控制权转交给嵌入式操作系统，由操作系统完成余下的初始化操作，包含加载和初始化与硬件无关的设备驱动程序，建立系统内存区，加载并初始化其他系统软件模块，如网络系统、文件系统等。最后，操作系统创建应用程序环境，并将控制权交给应用程序的入口。

2. 完成硬件相关的设备驱动程序

BSP 的另一个主要功能是硬件相关的设备驱动。硬件相关的设备驱动程序的初始化通常是一个从高到低的过程。尽管 BSP 中包含硬件相关的设备驱动程序，但是这些设备驱动程序通常不直接由 BSP 使用，而是在系统初始化过程中由 BSP 将其与操作系统中通用的设备驱动程序关联起来，并在随后的应用中由通用的设备驱动程序调用，实现对硬件设备的操作。与硬件相关的驱动程序是 BSP 设计与开发中另一个非常关键的环节。

系统软件层由实时多任务操作系统（RTOS）、文件系统、图形用户接口（Graphic User Interface，GUI）、网络系统及通用组件模块组成。RTOS 是嵌入式应用软件的基础和开发平台。

嵌入式操作系统（Embedded Operation System，EOS）是一种用途广泛的系统软件，过去它主要应用于工业控制和国防系统领域。EOS 负责嵌入式系统的全部软、硬件资源的分配、任务调度、控制、协调并发起活动。它必须体现其所在系统的特征，能够通过装卸某些模块来达到系统所要求的功能。目前，已推出一些应用比较成功的 EOS 产品系列。随着 Internet 技术的发展、信息家电的普及应用及 EOS 的微型化和专业化，EOS 开始从单一的弱功能向高专业化的强功能方向发展。嵌入式操作系统在系统实时高效性、硬件的相关依赖性、软件固化以及应用的专用性等方面具有较为突出的特点。EOS 是相对于一般操作系统而言的,它除具备了一般操作系统最基本的功能,如任务调度、同步机制、中断处理、文件功能等外,还具有很多特点:可装卸性(开放性、可伸缩性的体系结构);强实时性(EOS 实时性一般较强,可用于各种设备控制当中);统一的接口(提供各种设备驱动接口);操作方便、简单、提供友好的图形界面,追求易学易用;提供强大的网络功能,支持 TCP/IP 协议及其他协议,提供 TCP/UDP/IP/PPP 协议支持及统一的 MAC 访问层接口,为各种移动计算设备预留接口;强稳定性、弱交互性(嵌入式系统一旦开始运行就不需要用户过多的干预,这就要负责系统管理的 EOS 具有较强的稳定性。嵌入式操作系统的用户接口一般不提供操作命令,它通过系统调用命令向用户程序提供服务);固化代码(在嵌入式系统中,操作系统和应用软件被固化在嵌入式系统计算机的 ROM 中,辅助存储器在嵌入式系统中很少使用,因此,嵌入式操作系统的文件管理功能应该能够很容易地使用各种内存文件系统);更好的硬件适应性(也就是良好的移植性)。

任务二 嵌入式系统硬件

嵌入式系统硬件由嵌入式处理器、总线、存储器和外设组成。

知识 1 硬件介绍

嵌入式微处理器将通用 CPU 许多由板卡完成的任务集成在芯片内部,从而有利于嵌入式系统在设计时趋于小型化,同时还具有很高的效率和可靠性。

嵌入式微处理器的体系结构可以采用冯·诺依曼或哈佛体系结构,早期采用冯·诺依曼体系结构,现在多数采用哈佛体系结构。指令系统可以选用精简指令系统(Reduced Instruction Set Computer,RISC)和复杂指令系统(Complex Instruction Set Computer,CISC),一般选用精简指令系统。RISC 计算机在通道中只包含最有用的指令,确保数据通道快速执行每一条指令,从而提高了执行效率并使 CPU 硬件结构设计变得更为简单。

嵌入式微处理器有各种不同的体系,即使在同一体系中也可能具有不同的时钟频率和数据总线宽度,或集成了不同的外设和接口。据不完全统计,目前全世界嵌入式微处理器已经超过 1000 多种,体系结构有 30 多个系列,其中主流的体系有 ARM、MIPS、Power PC、X86 和 SH 等。不同的是,没有一种嵌入式微处理器可以主导市场,仅以 32 位的产品而言,就有 100 种以上的嵌入式微处理器。嵌入式微处理器的选择是根据具体的应用而决定的。

一、嵌入式处理器

目前,常用的嵌入式处理器一般分为嵌入式微处理器、嵌入式微控制器、嵌入式 DSP 处理器和嵌入式片上系统。

1. 嵌入式微处理器

嵌入式微处理器(Embedded MicroProcessor Unit,EMPU)是由通用计算机中的 CPU 演变而来的。它的特征是具有 32 位以上的处理器,具有较高的性能,当然其价格也相应较高。但与计算机处理器不同的是,在实际嵌入式应用中,只保留和嵌入式应用紧密相关的功能硬件,去除其他的冗余功能部分,这样就以最低的功耗和资源实现嵌入式应用的特殊要求。和工业控制计算机相比,嵌入式微处理器具有体积小、重量轻、成本低、可靠性高的优点。主要的嵌入式处理器类型有 Am186/88、386EX、SC-400、Power PC、68000、MIPS、ARM/StrongARM 系列等。

CISC 和 RISC 是目前设计、制造微处理器的两种典型技术,虽然它们都试图在体系结构、操作系统、运行硬件、编译时间和运行时间等诸多因素中实现某种平衡,以求达到高效的目的,但采用的方法不同,因此在很多方面差异很大。

2. 嵌入式微控制器

嵌入式微控制器(MicroController Unit,MCU)又称单片机,顾名思义是将整个计算机系统集成到一块芯片中。从上世纪 70 年代末单片机出现到今天,虽然已经经过了几十年的时间,但这种 8 位的电子器件在嵌入式设备中仍然有着极其广泛的应用。单片机芯片内部集成 ROM/EPROM、RAM、总线、总线逻辑、定时/计数器、看门狗、I/O、串行口、脉宽调制输出、A/D、D/A、Flash RAM、EEPROM 等各种必要功能和外设。和嵌入式微处理器相比,微控制器的最大特点是单片化,体积大大减小,从而使功耗和成本下降、可靠性提高。微控制器的片上外设资源一般比较丰富,适合于控制,因此称微控制器。为适应不同的应用需求,一般一个系列的单片机具有多种衍生产品,每种衍生产品的处理器和内核都是一样的,不同之处在于存储器和外设的配置及封装,这样可以使单片机最大限度地同应用需求相匹配,从而降低功耗和成本。

由于 MCU 低廉的价格,优良的功能,所以拥有的品种和数量最多,比较有代表性的包括 8051、MCS-251、MCS-96/196/296、P51XA、C166/167、68K 系列等,MCU 占嵌入式系统约 70%的市场份额,Atmel 出产的 AVR 单片机由于其集成了 FPGA 等器件,所以具有很高的性价比,势必将推动单片机获得更好的发展。

3. 嵌入式 DSP 处理器

嵌入式 DSP 处理器(Embedded Digital Signal Processor,EDSP)对系统结构和指令进行了特殊设计,使其适合于 DSP 算法,编译效率较高,指令执行速度较快。它是专门用于信号处理方面的处理器,在数字滤波、FFT、谱分析等各种仪器上获得了大规模的应用。

DSP 的理论算法在上世纪 70 年代就已经出现,但是由于专门的 DSP 处理器还未出现,所以这种理论算法只能通过 MPU 等分立元件实现。MPU 较低的处理速度无法满足 DSP 的算法要求,其应用领域仅仅局限于一些尖端的高科技领域。随着大规模集成电路技术发展,1982 年世界上诞生了首枚 DSP 芯片。其运算速度比 MPU 快了几十倍,在语音合成和编码解码器中得到了广泛应用。至上世纪 80 年代中期,随着 CMOS 技术的进步与发展,第二代基于 CMOS 工艺的 DSP 芯片应运而生,其存储容量和运算速度都得到成倍提高,成为语音处理、图像硬件处理技术的基础。到上世纪 80 年代后期,DSP 的运算速度进一步提高,应用领域也从上述范围扩大到了通信和计算机方面。上世纪 90 年代后,DSP 发展到了第五代产品,集成度更高,使用范围也更加广阔。

应用最为广泛的是 TI 的 TMS320C2000/C5000 系列,另外如 Intel 的 MCS-296 和 Siemens 的 TriCore 也有各自的应用范围。

DSP 的设计者们把重点放在了处理连续的数据流上。在嵌入式应用中,如果强调对连续数据流的处理及高精度复杂运算,则应该选用 DSP 器件。

4. 嵌入式片上系统

嵌入式片上系统（System On Chip，SoC）是追求产品系统最大包容的集成器件，是嵌入式应用领域的热门话题之一。它指的是在单个芯片上集成一个完整的系统，对所有或部分必要的电子电路进行包分组。所谓完整的系统一般包括中央处理器、存储器以及外围电路等。SoC 是与其他技术并行发展的，如绝缘硅（SOI），它可以提供增强的时钟频率，从而降低微芯片的功耗。

SoC 最大的特点是成功实现了软硬件无缝结合，直接在处理器片内嵌入操作系统的代码模块。而且 SoC 具有极高的综合性，在一个硅片内部运用 VHDL 等硬件描述语言，实现一个复杂的系统。用户不需要再像传统的系统设计一样，绘制庞大复杂的电路板，一点点地连接焊制，只需要使用精确的语言，综合时序设计直接在器件库中调用各种通用处理器的标准，然后通过仿真，就可以直接交付芯片厂商进行生产。由于绝大部分系统构件都在系统内部，整个系统特别简洁，不仅减小了系统的体积和功耗，而且提高了系统的可靠性，提高了设计生产效率。

由于 SoC 往往是专用的，所以大部分都不为用户所知，比较典型的 SoC 产品是 Philips 的 Smart XA。少数通用系列有 Siemens 的 TriCore，Motorola 的 M-Core，另有某些 ARM 系列器件，如 Echelon 和 Motorola 联合研制的 Neuron 芯片等。

系统芯片技术通常应用于小型的，日益复杂的客户电子设备。例如，声音检测设备的系统芯片是在单个芯片上为所有用户提供包括音频接收端、模数转换器（ADC）、微处理器、必要的存储器以及输入输出逻辑控制等设备。此外系统芯片还应用于单芯片无线产品，例如蓝牙设备，支持单芯片 WLAN 和蜂窝电话解决方案。由于系统芯片的高效集成性能，使 SoC 成为了替代集成电路的主要解决方案。SoC 已经成为当前微电子芯片发展的必然趋势。

二、存储器

嵌入式系统需要存储器来存放和执行代码。嵌入式系统的存储器包含 Cache、主存储器和辅助存储器。

1. Cache

Cache 是一种容量小、速度快的存储器阵列，它位于主存和嵌入式微处理器内核之间，存放的是最近一段时间微处理器使用最多的程序代码和数据。在需要进行数据读取操作时，微处理器尽可能地从 Cache 中读取数据，而不是从主存储器中读取，这样就大大改善了系统的性能，提高了微处理器和主存之间的数据传输速率。Cache 的主要目标：减小存储器（如主存器和辅助存储器）给微处理器内核造成的存储器访问瓶颈，使处理速度更快，实时性更强。

在嵌入式系统中 Cache 全部集成在嵌入式微处理器内，可分为数据 Cache、指令 Cache 和混合 Cache，Cache 的大小依不同处理器而定。一般中高档的嵌入式微处理器才会把 Cache 集成进去。

2. 主存储器

主存储器是嵌入式微处理器能直接访问的寄存器，用来存放系统和用户的程序及数据。它可以位于微处理器的内部或外部，其容量为 256KB~1GB，根据具体的应用而定，一般片内存储器容量小，速度快，片外存储器容量大。常用作主存储器的有：ROM 和 RAM。ROM 中的信息一次写入后只能被读出，而不能被操作者修改或删除，一般由芯片制造商进行掩膜写入，价格便宜，适合于大量应用。ROM 一般用于存放固定的程序，如监控程序、汇编程序等，以及存放各种表格。ROM 可用 Flash、EPROM 和 PROM 等。EPROM（Erasable Programmable ROM）和一般的 ROM 不同点在于它可以用特殊的装置擦除和重写内容，一般用于软件的开发过程。RAM 就是我们平常所说的内存，主要用来存放各种现场的输入、输出数据，中间计算结果，以及与外部存储器交换信息和作为堆栈用。它的存储单元根据具体需要可以读出，也可以写入或改写。RAM 只能用于暂时存放程序和数据，一旦关闭电源或发生断电，其中的数据就会丢失。RAM 可用 SRAM、DRAM 和 SDRAM 等。

3. 辅助存储器

辅助存储器用来存放大数据量的程序代码或信息，它的容量大，但读取速度与主存相比就慢很多，用来长期保存用户的信息。

嵌入式系统中常用的辅助存储器有硬盘、NAND Flash、CF 卡、MMC 和 SD 卡等。

三、通用设备接口和 I/O 接口

嵌入式系统和外界交互需要一定形式的通用设备接口，如 A/D、D/A、I/O 等，外设通过和片外其他设备（或传感器）的连接来实现微处理器的输入/输出功能。每个外设通常都只有单一的功能，它可以在芯片外也可以内置于芯片中。外设的种类很多，可从一个简单的串行通信设备到非常复杂的 802.11 无线设备。I/O 接口有 RS-232 接口（串行通信接口）、Ethernet（以太网接口）、USB（通用串行总线接口）、音频接口、VGA 视频输出接口、I^2C（现场总线）、SPI（串行外围设备接口）和 IrDA（红外线接口）等。

四、总线

总线是指一组互连和传输信息的信号线，是连接系统各个部件之间的桥梁。采用总线结构便于部件和设备的扩充。

嵌入式系统的总线一般分为片内总线和片外总线。片内总线是 CPU 内部的寄存器、算术逻辑部件、控制部件以及总线接口部件之间的公共信息通道。片外总线则泛指 CPU 与外部器件之间的公共信息通道。我们通常所说的总线大多是指片外总线。有的资料上也把片内总线叫内部总线或内总线（Internal Bus），把片外总线叫外部总线或外总线（External Bus）。

总线一般划分为两个结构层：第 1 层是物理层，定义电气参数和总线宽度，如 12 位、32 位或 64 位。第 2 层是协议层，定义处理器与外围设备之间进行数据通信的逻辑规则。

总线的性能指标主要有：总线带宽、总线宽度和总线工作频率。总线的带宽指的是单位时间内总线上可传送的数据量，即我们常说的每秒钟传送多少字节。单位是字节/秒（B/s）或兆字节/秒（MB/s）。总线的宽度指的是总线能同时传送的数据位数，即我们常说的 16 位、32 位、64 位等。在工作频率固定的条件下，总线的带宽与总线的宽度成正比。总线的工作频率即总线的时钟频率，以 MHz 为单位。它是指用于协调总线上的各种操作的时钟信号的频率。工作频率越高则总线工作速度越快。

从微机体系结构来看，有两种总线结构，即单总线结构和多总线结构。在多总线结构中，又以双总线结构为主。单总线结构如图 1-3 所示。计算机的各个部件都与系统总线相连，所以它又称为面向系统的单总线结构。在单总线结构中，各种设备之间都通过系统总线交换信息。单总线结构的优点是控制简单方便，扩充方便。但由于所有设备部件均挂在单一总线上，

使这种结构只能分时工作,即同一时刻只能在两个设备之间传送数据,这就使系统总体数据传输的效率和速度受到限制,这是单总线结构的主要缺点。双总线结构又分为面向 CPU 的双总线结构和面向存储器的双总线结构。

面向 CPU 的双总线结构如图 1-4 所示。其中一组总线是 CPU 与主存储器之间进行信息交换的公共通路,称为存储总线。另一组是 CPU 与 I/O 设备之间进行信息交换的公共通路,称为输入/输出总线(I/O 总线)。外部设备通过连接在 I/O 总线上的接口电路与 CPU 交换信息。由于在 CPU 与主存储器之间、CPU 与 I/O 设备之间分别设置了总线,从而提高了微机系统信息传送的速率和效率。但是由于外部设备与主存储器之间没有直接的通路,它们之间的信息交换必须通过 CPU 才能进行中转,从而降低了 CPU 的工作效率,这是面向 CPU 的双总线结构的主要缺点。

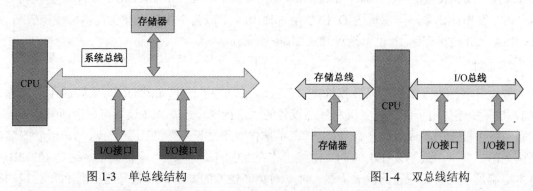

图 1-3 单总线结构　　　　图 1-4 双总线结构

随着对微机性能要求越来越高,现代微机的体系结构已不再采用单总线或双总线的结构,而是采用更复杂的多总线结构。图 1-5 是多总线结构的示意图。

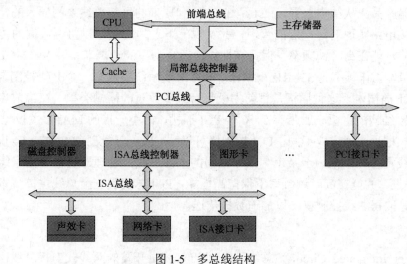

图 1-5 多总线结构

ARM 系统中常用的总线标准有:

1. ISA

ISA（Industry Standard Architecture：工业标准体系结构）是 IBM 公司为 PC/ATJ 计算机而制定的总线标准,为 16 位体系结构,只能支持 16 位的 I/O 设备,数据传输率大约是 16MB/s。也称为 AT 标准。ISA 总线定义如下：IBM-P、RESET、BCLK：复位及总线基本时钟,

BLCK=8MHz；SA19~SA0：存储器及 I/O 空间 20 位地址，带锁存；LA23~LA17：存储器及 I/O 空间 20 位地址，不带锁存；BALE：总线地址锁存，外部锁存器的选通；AEN：地址允许，表明 CPU 让出总线，DMA 开始；SMEMR#、SMEMW#：8 位 ISA 存储器读写控制；ISA 总线引线定义主要信号说明：MEMR#、MEMW#：16 位 ISA 存储器读写控制；SD15~SD0：数据总线，访问 8 位 ISA 卡时高 8 位自动传送到 SD7~SD0；SBHE#：高字节允许，打开 SD15~SD8 数据通路；ISA 总线接口与控制电路；MEMCS16#、IOCS16#：ISA 卡发出此信号确认可以进行 16 位传送；I/OCHRDY：ISA 卡准备好，可控制插入等待周期；NOWS#：不需等待状态，快速 ISA 发出不同插入等待；I/OCHCK#：ISA 卡奇偶校验错；IRQ15、IRQ14、IRQ12~IRQ9、IRQ7~IRQ3：中断请求；DRQ7~DRQ5、DRQ3~DRQ0：ISA 卡 DMA 请求；DACK7#~DACK5#、DACK3#~DACK0#：DMA 请求响应；MASTER#：ISA 主模块确立信号，ISA 发出此信号，与主机内 DMAC 配合使 ISA 卡成为主模块，完全控制总线。C/AT 系统，ISA 从 8 位扩充到 16 位，地址线从 20 条扩充到 24 条。

2. PCI

外设互联标准（或称个人计算机接口，Personal Computer Interface），实际应用中简称为 PCI，是一种连接电子计算机主板和外部设备的总线标准。一般 PCI 设备可分为两种形式：直接布放在主板上的集成电路，在 PCI 规范中称作"平面设备"（Planar Device）；或者安装在插槽上的扩展卡。最早设计出的 PCI 总线工作在 33MHz 频率之下，传输带宽达到 132MB/s，基本上满足了当时处理器的发展需要。随着对更高性能的要求，后来又提出把 PCI 总线的频率提升到 66MHz，传输带宽能达到 264MB/s。1993 年又提出了 64bit 的 PCI 总线，称为 PCI-X，目前广泛采用的是 32bit、33MHz 或者 32bit、66MHz 的 PCI 总线，64bit 的 PCI-X 插槽更多应用于服务器产品。从结构上看，PCI 是在 CPU 和原来的系统总线之间插入的一级总线，具体由一个桥接电路实现对这一层的管理，并实现上下之间的接口以协调数据的传送。管理器提供信号缓冲，能在高时钟频率下保持高性能，适合为显卡、声卡、网卡、MODEM 等设备提供连接接口，工作频率为 33MHz/66MHz。PCI 总线系统要求有一个 PCI 控制卡，它必须安装在一个 PCI 插槽内。这种插槽是目前主板带有最多数量的插槽类型，在当前流行的台式机主板上，ATX 结构的主板一般带有 5~6 个 PCI 插槽，而小一点的 MATX 主板也都带有 2~3 个 PCI 插槽。根据实现方式不同，PCI 控制器可以与 CPU 一次交换 32 位或 64 位数据。

PCI 总线是一种不依附于某个具体处理器的局部总线。管理器提供了信号缓冲，使之能支持 10 种外设，并能在高时钟频率下保持高性能。PCI 总线也支持总线主控技术，允许智能设备在需要时取得总线控制权，以加速数据传送。

3. I^2C 总线

I^2C（Inter Integrated Circuit）总线是由 Philips 公司开发的两线式串行总线，用于连接微控制器及其外围设备。是微电子通信控制领域广泛采用的一种总线标准。它是同步通信的一种特殊形式，具有接口线少，控制方式简单，器件封装形式小，通信速率较高等优点。

I^2C 总线支持任何 IC 生产过程（CMOS、双极性）。通过串行数据（SDA）线和串行时钟（SCL）线在连接到总线的器件间传递信息。每个器件都有一个唯一的地址识别（无论是微控制器、LCD 驱动器、存储器或键盘接口），而且都可以作为一个发送器或接收器（由器件的功能决定）。LCD 驱动器只能作为接收器，而存储器则既可以接收又可以发送数据。除了发送器和接收器外,器件在执行数据传输时也可以被看作是主机或从机。主机是初始化总线的数据传输并产生允许传输的时钟信号的器件。此时,任何被寻址的器件都被认为是从机。

4. SPI 总线

SPI 是串行外设接口(Serial Peripheral Interface)的缩写。它是一种高速的、全双工的、同步的通信总线,并且在芯片的管脚上只占用四根线,节约了芯片的管脚,同时为 PCB 的布局节省空间,提供方便,正是出于这种简单易用的特性,如今越来越多的芯片集成了这种通信协议,比如 AT91RM9200。

在点对点的通信中,SPI 接口不需要进行寻址操作,且为全双工通信,显得简单高效。在多个从设备的系统中,每个从设备需要独立的使能信号,硬件上比 I^{2}C 系统要稍微复杂一些。SPI 接口的不足是:没有指定的流控制,没有应答机制确认是否接收到数据。

5. PC/104 总线

PC/104 是一种工业计算机总线标准。PC/104 有两个版本,8 位和 16 位,分别与 PC 和 PC/AT 相对应。PC/104PLUS 则与 PCI 总线相对应,在 PC104 总线的两个版本中,8 位 PC/104 共有 64 个总线管脚,为单列双排插针和插孔,P1:64 针,P2:40 针,合计 104 个总线信号,PC/104 因此得名。当 8 位模块和 16 位模块连接时,16 位模块必须在 8 位模块的下面。P2 总线连接在 8 位元模块中是可选的。

PC/104PLUS 是专为 PCI 总线设计的,可以连接高速外接设备。PC/104PLUS 在硬件上通过一个 120 孔插座实现,PC/104PLUS 包括了 PCI 规范 2.1 版要求的所有信号。为了向下兼容,PC/104PLUS 保持了 PC/104 的所有特性。PC/104PLUS 与 PC/104 相比有 3 个特点:相对 PC/104 连接,增加了第三个连接接口支持 PCI Bus;改变了组件高度的需求,增加模块的柔韧性;加入了控制逻辑单元,以满足高速度 Bus 的需求;由于 PC/104 的管脚定义与 ISA、PCI 的规范完全兼容,所以公司在产品内部用 PC/104 模块时,也可以应自己的需要设计生产更多的专业应用 PC/104 模块种类。

6. CAN 总线

CAN 是控制器局域网络(Controller Area Network)的简称,由研发和生产汽车电子产品著称的德国 BOSCH 公司开发,并最终成为国际标准(ISO 11898)。是国际上应用最广泛的现场总线之一。 在北美和西欧,CAN 总线协议已经成为汽车计算机控制系统和嵌入式工业控制局域网的标准总线,并且拥有以 CAN 为底层协议,专为大型货车和重工机械车辆设计的 J1939 协议。

CAN 是符合 ISO 的串行通信协议。在汽车产业中,出于对安全性、舒适性、方便性、低公害、低成本的要求,各种各样的电子控制系统被开发了出来。由于这些系统之间通信所用的数据类型及对可靠性的要求不尽相同,由多条总线构成的情况很多,线束的数量也随之增加。为适应"减少线束的数量"、"通过多个 LAN,进行大量数据的高速通信"的需要,1986 年德国电气商博世公司开发出面向汽车的 CAN 通信协议。此后,CAN 通过 ISO 11898 及 ISO 11519 进行了标准化,在欧洲已是汽车网络的标准协议。CAN 的高性能和可靠性已被认同,并被广泛地应用于工业自动化、船舶、医疗设备、工业设备等方面。现场总线是当今自动化领域技术发展的热点之一,被誉为自动化领域的计算机局域网。它的出现为分布式控制系统实现各节点之间实时、可靠的数据通信提供了强有力的技术支持。

CAN 属于现场总线的范畴，它是一种有效支持分布式控制或实时控制的串行通信网络。较之许多 RS-485 基于 R 线构建的分布式控制系统而言，基于 CAN 总线的分布式控制系统在以下方面具有明显的优越性。首先，CAN 控制器工作于多种方式，网络中的各节点都可根据总线访问优先权（取决于报文标识符）采用无损结构的逐位仲裁方式竞争，向总线发送数据，且 CAN 协议废除了站地址编码，而代之以对通信数据进行编码，这可使不同的节点同时接收到相同的数据，这些特点使得 CAN 总线构成的网络各节点之间的数据通信实时性强，并且容易构成冗余结构，提高系统的可靠性和灵活性。其次，CAN 总线通过 CAN 收发器接口芯片 82C250 的两个输出端 CANH 和 CANL 与物理总线相连，而 CANH 端的状态只能是高电平或悬浮状态，CANL 端只能是低电平或悬浮状态，这就不会出现多节点同时向总线发送数据导致总线呈现短路，从而损坏某些节点的现象。而且 CAN 节点在错误严重的情况下具有自动关闭输出功能，以使总线上其他节点的操作不受影响，从而保证不会出现因个别节点出现问题，使得总线"死锁"的现象。而且，CAN 具有的完善的通信协议，可由 CAN 控制器芯片及其接口芯片来实现，从而大大降低系统开发难度，缩短了开发周期。另外，与其他现场总线比较而言，CAN 总线是具有通信速率高、容易实现、且性价比高等诸多特点的一种已形成国际标准的现场总线。上述这些也是 CAN 总线应用于众多领域，具有强劲的市场竞争力的重要原因。与一般的通信总线相比，CAN 总线的数据通信具有突出的可靠性、实时性和灵活性。由于其良好的性能及独特的设计，CAN 总线越来越受到人们的重视。它在汽车领域上的应用是最广泛的，世界上一些著名的汽车制造厂商，如奔驰、宝马、保时捷、劳斯莱斯和美洲豹等都采用了 CAN 总线来实现汽车内部控制系统与各检测和执行机构间的数据通信。同时，由于 CAN 总线本身的特点，其应用范围已不再局限于汽车行业，而向自动控制、航空航天、航海、过程工业、机械工业、纺织机械、农用机械、机器人、数控机床、医疗器械及传感器等领域发展。CAN 已经形成国际标准，并已被公认为几种最有前途的现场总线之一。其典型的应用协议有：SAE J1939/ISO11783、CANOpen、CANaerospace、DeviceNet、NMEA 2000 等。

由于 CAN 为越来越多不同领域所采用和推广，导致要求各种应用领域通信报文的标准化。为此，1991 年 9 月 Philips Semiconductors 制定并发布了 CAN 技术规范（VERSION 2.0）。该技术规范包括 A 和 B 两部分。2.0A 给出了曾在 CAN 技术规范版本 1.2 中定义的 CAN 报文格式，能提供 11 位地址；而 2.0B 给出了标准的和扩展的两种报文格式，提供 29 位地址。此后，1993 年 11 月 ISO 正式颁布了道路交通运载工具——数字信息交换——高速通信控制器局域网（CAN）国际标准（ISO 11898），为控制器局域网标准化、规范化推广铺平了道路。

对于 CAN 总线来讲，数据通信没有主从之分，任意一个节点可以向任何其他（一个或多个）节点发起数据通信，靠各个节点信息优先级先后顺序来决定通信次序，高优先级节点信息在 134μs 以内通信；多个节点同时发起通信时，优先级低的避让优先级高的，不会对通信线路造成拥塞；通信距离最远可达 10km（速率低于 5Kbps），速率可达到 1Mbps（通信距离小于 40m）；CAN 总线传输介质可以是双绞线，同轴电缆；CAN 总线适用于大数据量短距离通信或者长距离小数据量通信，实时性要求比较高，多主多从或者各个节点平等的现场中使用。

知识 2 PXA255 最小系统

一、PXA255 系统框架示意图

PXA255 系统框架示意如图 1-6 所示。

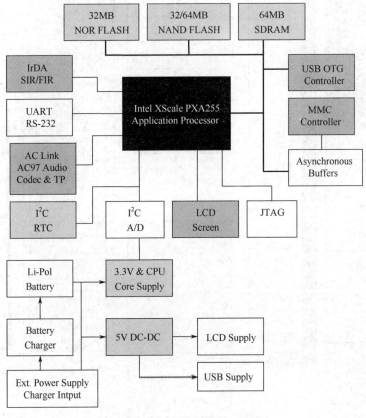

图 1-6 PXA255 系统框架示意图

二、Intel Xscale PXA255 处理器介绍

英特尔公司在 2000 年 9 月推出了基于 StrongARM 处理器的面向无线互联网的嵌入式系统架构——Intel 个人互联网用户架构 PCA，该架构可以分为应用、通信、内存等三个子系统，各个子系统之间可以以模块方式集成、扩充。PCA 应用子系统是基于处理器的可编程计算环境，在嵌入式操作系统的支持下，能够进行用户输入输出设备、扩充设备内存、电源等的管理以及与通信子系统进行交互通信。PCA 通信子系统由一个或多个处理器构成，它完成通信协议的处理任务。PCA 的内存子系统提供具有 Intel 特色的低电压、低功耗和高度集成的 FLASH、SRAM 和 DRAM，可以支持分级存储、高速缓存、片上内存、系统内存和拆卸内存等。

2002 年 2 月 25 日，英特尔公司正式推出了基于 Xscale 技术为新一代无线手持应用产品开发的嵌入式处理器 PXA255。它的内核和 ARM 架构 V5TE 结构兼容，集成了多种微结构的特点，内置 JTAG 调试接口、存储器控制器、实时时钟及系统时钟、通用及红外串行接口、蓝牙接口、AC97 接口、扩展卡接口、LCD 控制器、电源管理模块等等。它主要针对高性能的 PDA 市场，为支持视频流、MP3、无线互联网存取以及其他前沿技术而设计。XScale PXA255

芯片结构如图 1-7 所示。

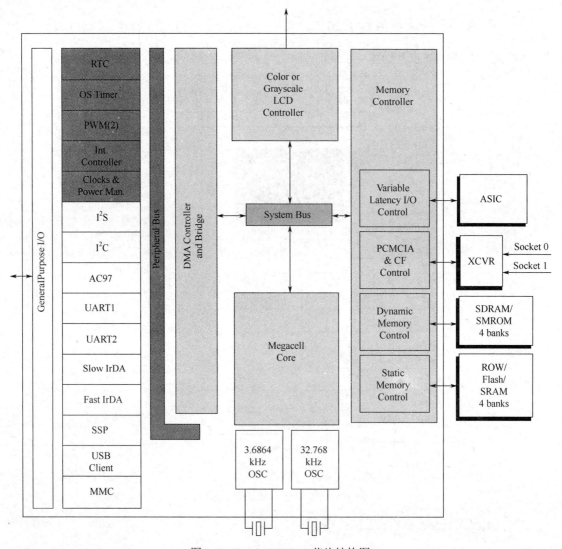

图 1-7　Xscale PXA255 芯片结构图

从图可以看到 PXA255 除了采用了 Xscale 的核外，还集成了众多的外设，比如 DMA 控制器、Memory 控制器、LCD 控制器、UART、AC97、I^2C 等。

三、Xscale 微架构系统结构

Xscale 核是采用 ARM V5TE 架构的处理器，是 Intel 公司的 StongARM 的升级换代产品。具有高性能、低功耗的特点。但它以核的形式作为 ASSP（Application Specific Standard Productor）的构件（Building Block）。PXA255 应用处理机就是为手持式设备设计的 ASSP。Xscale 微架构的系统结构特性如图 1-8 所示。

从图中可以看出，XScale 微架构采用了 ARM V5TE 架构，具有以下显著的特性：7 级超级流水线；乘/累加器 MAC（Multiply/Accumulate）：DSP 功能的 40 位乘累加器；单周期的 16×32 位操作；单指令多数据流 SIMD 的 16 位操作；存储器管理部件 MMU：识别可快存和不可快存（Cacheable 和 Non-cacheable）编码；写回和写直通；允许存储外部存储器的

写缓冲器合并操作；允许数据写分配策略；允许 Xscale 扩展的页面属性操作；指令 Cache：32KB，32 路组相联映像，32 字节/行；循环代替算法；支持锁操作，以提高指令 Cache 的效率；2KB 微小型指令 Cache，2 路组相关映像，32 字节/行，只用于常驻在核内的软件调试；分支目标缓冲器 BTB：128 入口的直接映像 Cache；数据 Cache：32KB，32 路组相关联映像，32 字节/行；循环替代算法；支持锁操作，提高数据 Cache 效率；2KB 微小型数据 Cache，2 路组相联映像，32 字节/行（用于大型流媒体数据）；填入缓冲器：4~8 入口；提高外部存储器的数据读取；相关的暂挂缓冲器；写缓冲器：8 入口；支持合并操作；性能监视：2 个性能监视计数器（监视 Xscale 核的各种事件）；允许用软件测量 Cache 效率，监测系统瓶颈以及程序总的时延；电源管理；时钟管理；调试：测试访问端口 TAP 控制器；支持 JTAG 的标准测试访问端口及边界扫描。

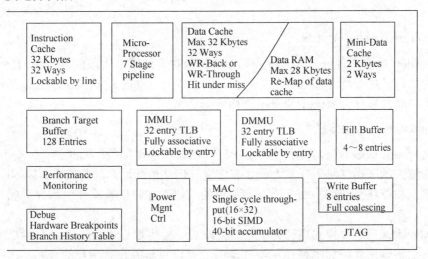

图 1-8　Xscale 微架构的系统结构特性图

任务三　嵌入式系统软件

嵌入式软件就是嵌入在硬件中的操作系统和开发工具软件，它广泛应用于国防、工控、家用、商用、办公、医疗等领域，如我们常见的移动电话、掌上机、数码相机、机顶盒、MP3 播放器等都是用嵌入式软件技术对传统产品进行智能化改造的结果。

知识 1　引导程序

在嵌入式操作系统中，BootLoader 在操作系统内核运行之前运行。它可以初始化硬件设备、建立内存空间映射图，从而将系统的软硬件环境带到一个合适状态，以便为最终调用操作系统内核准备好正确的环境。在嵌入式系统中，通常并没有像 BIOS 那样的固件程序（有的嵌入式 CPU 也会内嵌一段短小的启动程序），因此整个系统的加载启动任务就完全由 BootLoader 来完成。在一个基于 ARM7TDMI 核心的嵌入式系统中，系统在上电或复位时通常都从地址 0x00000000 处开始执行，而在这个地址处安排的通常就是系统的 BootLoader 程序。

一、BootLoader 概述

1. BootLoader 所支持的 CPU 和嵌入式开发板

每种不同的 CPU 体系结构都有不同的 BootLoader。有些 BootLoader 也支持多种体系结构的 CPU，如后面要介绍的 U-Boot 就同时支持 ARM 体系结构和 MIPS 体系结构。除了依赖于 CPU 的体系结构外，BootLoader 实际上也依赖于具体的嵌入式板级设备的配置。

2. BootLoader 的安装媒介

系统加电或复位后，所有的 CPU 通常都从某个由 CPU 制造商预先安排的地址上取指令。而基于 CPU 构建的嵌入式系统通常都有某种类型的固态存储设备（如 ROM、EEPROM 或 FLASH 等）被映射到这个预先安排的地址上。因此在系统加电后，CPU 将首先执行 BootLoader 程序。

3. BootLoader 的启动过程

BootLoader 的启动过程分为单阶段和多阶段两种。通常多阶段的 BootLoader 能提供更为复杂的功能以及更好的可移植性。从固态存储设备上启动的 BootLoader 大多都是 2 阶段的启动过程，启动过程分为 stage1 和 stage2 两部分。

4. BootLoader 的操作模式

大多数 BootLoader 都包含两种不同的操作模式："启动加载"模式和"远程下载"模式，这两种操作模式的区别仅对于开发人员才有意义。但从最终用户的角度看，BootLoader 的作用就是用来加载操作系统的，而并不存在所谓的"启动加载"模式和"远程下载"模式的区别。

启动加载模式：这种模式也称为"自主"模式。也就是 BootLoader 从目标机上的某个固态存储设备上将操作系统加载到 RAM 中运行，整个过程并没有用户的介入。这种模式是嵌入式产品发布时的通用模式。下载模式：在这种模式下，目标机上的 BootLoader 将通过串口或网络等通行手段从开发主机（Host）上下载内核映像等到 RAM 中。可以被 BootLoader 写到目标机上的固态存储媒质中，或者直接进入系统的引导。也可以通过串口接收用户的命令。比如：下载内核映像和根文件系统映像等。从主机下载的文件通常首先被 BootLoader 保存到目标机的 RAM 中，然后再被 BootLoader 写到目标机上的 FLASH 类固态存储设备中。BootLoader 的这种模系统是在更新时使用的。工作于这种模式下的 BootLoader 通常都会向它的终端用户提供一个简单的命令行接口。

5. BootLoader 与主机之间进行文件传输所用的通信设备及协议

常见的情况是目标机上的 BootLoader 通过串口与主机之间进行文件传输，传输协议通常是 xmodem/ymodem/zmodem 协议中的一种。但是，串口传输的速度是有限的，因此通过以太网连接并借助 TFTP 协议来下载文件是个更好的选择。

二、BootLoader 层次介绍

一个嵌入式 Linux 系统从软件的角度看通常可以分为四个层次：

1. 引导加载程序。包括固化在固件（Firmware）中的 Boot 代码（可选）和 BootLoader 两大部分。
2. Linux 内核。特定于嵌入式板子的定制内核以及内核的启动参数。

3. 文件系统。包括根文件系统和建立于 Flash 内存设备之上的文件系统。通常用 RamDisk 来作为 Rootfs。

4. 用户应用程序。特定于用户的应用程序。有时在用户应用程序和内核层之间可能还会包括一个嵌入式图形用户界面。常用的嵌入式 GUI 有：MicroWindows 和 MiniGUI 等。

引导加载程序是系统加电后运行的第一段软件代码。PC 机中的引导加载程序由 BIOS 和位于硬盘 MBR 中的 OS BootLoader 一起组成。BIOS 在完成硬件检测和资源分配后，将硬盘 MBR 中的 BootLoader 读到系统的 RAM 中，然后将控制权交给 OS BootLoader。BootLoader 的主要运行任务就是将内核映像从硬盘上读到 RAM 中，然后跳转到内核的入口点去运行，也即开始启动操作系统。

对于嵌入式系统，BootLoader 是基于特定硬件平台来实现的。因此，几乎不可能为所有的嵌入式系统建立一个通用的 BootLoader，不同的处理器架构都有不同的 BootLoader。BootLoader 不但依赖于 CPU 的体系结构，而且依赖于嵌入式系统板级设备的配置。对于两块不同的嵌入式开发板而言，即使它们是基于同一种 CPU 构建的，要想让运行在一块板子上的 BootLoader 程序也能运行在另一块板子上，通常也需要修改 BootLoader 的源程序。尽管如此，仍然可以对 BootLoader 归纳出一些通用的概念来，用以指导用户特定的 BootLoader 设计与实现。

三、BootLoader 启动流程

BootLoader 的启动流程一般分为两个阶段：Stage1 和 Stage2，下面分别对这两个阶段进行讲解。

1. BootLoader 的 Stage1

在 Stage1 中 BootLoader 主要完成以下工作：基本的硬件初始化，包括屏蔽所有的中断、设置 CPU 的速度和时钟频率、RAM 初始化、初始化 LED、关闭 CPU 内部指令和数据 Cache 灯。

为加载 Stage2 准备 RAM 空间，通常为了获得更快的执行速度，通常把 Stage2 加载到 RAM 空间中来执行，因此必须为加载 BootLoader 的 Stage2 准备好一段可用的 RAM 空间范围。设置堆栈指针 sp，这是为执行 Stage2 的 C 语言代码做好准备。

2. BootLoader 的 Stage2

在 Stage2 中 BootLoader 主要完成用汇编语言跳转到"main"入口函数。由于 Stage2 的代码通常用 C 语言来实现，目的是实现更复杂的功能和取得更好的代码可读性和可移植性。但是与普通 C 语言应用程序不同的是，在编译和链接 BootLoader 这样的程序时，不能使用"glibc"库中的任何支持函数。

初始化本阶段要使用到的硬件设备，包括初始化串口、初始化计时器等。在初始化这些设备之前可以输出一些打印信息。检测系统的内存映射，所谓内存映射就是指在整个 4GB 物理地址空间中指出哪些地址范围被分配用来寻址系统的 RAM 单元。加载内核映像和根文件系统映像，这里包括规划内存占用的布局和从 Flash 上复制数据。设置内核的启动参数。

四、常见 BootLoader 介绍

1. Redboot 介绍

Redboot 是 RedHat 公司随 eCos 发布的一个 Boot 方案，是嵌入式操作系统 eCos 的一个最小版本，它是一个开源项目。Redboot 是标准的嵌入式调试和引导解决方案，是一个专门为嵌

入式系统定制的引导工具。

Redboot 支持的处理器构架有 ARM、MIPS、MN10300、PowerPC、Renesas SHx、v850、x86 等，是一个完善的嵌入式系统 Boot Loader。

Redboot 是在 eCos 的基础上剥离出来的，继承了 eCos 的简洁、轻巧、可灵活配置、稳定可靠等优点。它可以使用 X-modem 或 Y-modem 协议经由串口下载，也可以经由以太网口通过 BOOTP/DHCP 服务获得 IP 参数，使用 TFTP 方式下载程序映像文件，常用于调试支持和系统初始化（Flash 下载更新和网络启动）。Redboot 可以通过串口和以太网口与 GDB 进行通信，调试应用程序，甚至能中断被 GDB 运行的应用程序。Redboot 为管理 FLASH 映像、映像下载、Redboot 配置以及其他如串口、以太网口提供了一个交互式命令行接口，自动启动后，Redboot 用来从 TFTP 服务器或者从 Flash 下载映像文件，加载系统的引导脚本文件保存在 Flash 上。Redboot 是标准的嵌入式调试和引导解决方案，支持几乎所有的处理器构架以及大量的外围硬件接口，并且还在不断地完善过程中。

2. ARMboot 介绍

ARMboot 是一个 ARM 平台的开源固件项目，它严重依赖于 PPCBoot，一个为 PowerPC 平台上的系统提供类似功能的姊妹项目。

ARMboot 支持的处理器构架有 StrongARM、ARM720T、PXA250 等，是为基于 ARM 或者 StrongARM CPU 的嵌入式系统所设计的。ARMboot 的目标是成为通用的、容易使用和移植的引导程序，非常轻便地运用于新的平台上。ARMboot 特性为：支持多种类型的 FLASH；允许映像文件经由 BOOTP、DHCP、TFTP 从网络传输；支持串行口下载 S-record 或者 binary 文件；允许内存的显示及修改；支持 jffs2 文件系统等。

Armboot 对 S3C44B0 板的移植相对简单，在经过删减后，仅仅需要完成初始化、串口收发数据、启动计数器和 FLASH 操作等步骤，就可以下载引导 uCLinux 内核完成板上系统的加载。总体来说，ARMboot 介于大、小型 BootLoader 之间，相对轻便，基本功能完备，缺点是缺乏后续支持。

3. U-Boot 介绍

U-Boot（Universal BootLoader）是遵循 GPL 条款的开放源代码项目，它是由开源项目 PPCBoot 发展起来的，ARMboot 并入了 PPCBoot，和其他一些架构的 Loader 合称 U-Boot。U-Boot 涵盖了绝大部分处理器构架，提供了大量外设驱动，支持多个文件系统，附带调试、脚本、引导等工具，特别支持 Linux，为板级移植做了大量的工作。U-Boot1.1.1 版本特别包含了对 SA1100 和 44B0 芯片的移植，所以 44B0 移植主要是针对 Board 的移植，包括 FLASH、内存配置以及串口波特率等。U-Boot 的完整功能性和后续不断的支持，使系统的升级维护变得十分方便。

U-Boot 支持的处理器构架包括 PowerPC（MPC5xx，MPC8xx，MPC82xx，MPC7xx，MPC74xx，4xx）、ARM（ARM7，ARM9，StrongARM，Xscale）、MIPS、x86 等，它是在 GPL 下资源代码最完整的一个通用 BootLoader。

U-Boot 主要特性为：SCC/FEC 以太网支持；BOOTP/TFTP 引导；IP、MAC 预置功能；在线读写 FLASH、DOC、IDE、IIC、EEROM、RTC；支持串行口 kermit、S-record 下载代码；识别二进制、ELF32、pImage 格式的 Image，对 Linux 引导有特别的支持；监控（minitor）命令集：读写 I/O、内存、寄存器、内存、外设测试功能等；脚本语言支持（类似 BASH 脚本）；

支持 WatchDog、LCD logo，状态指示功能等。

4. Blob 介绍

Blob（Boot Loader Object）是由 Jan-Derk Bakker and Erik Mouw 发布的，是专门为 StrongARM 构架下的 LART 设计的 Boot Loader。

Blob 支持 SA1100 的 LART 主板，但用户也可以自行修改移植。Blob 提供两种工作模式，在启动时处于正常的启动加载模式，但是它会延时 10 秒等待终端用户按下任意键而将 Blob 切换到下载模式。如果在 10 秒内没有用户按键，则 Blob 继续启动 Linux 内核。其基本功能为：初始化硬件（CPU 速度，存储器，中断，RS 232 串口）；引导 Linux 内核并提供 Ramdisk；给 LART 下载一个内核或者 Ramdisk；给 FLASH 片更新内核或者 Ramdisk；测定存储配置并通知内核；给内核提供一个命令行；Blob 功能比较齐全，代码较少，比较适合做修改移植，用来引导 Liunx，目前大部分 S3C44B0 板都将 Blob 修改移植后来加载 uCLinux。

5. Bios-lt 介绍

Bios-lt 专门支持三星（Samsung）公司 ARM 构架处理器 S3C4510B，可以设置 CPU/ROM/SDRAM/EXTIO，管理并烧写 FLASH，装载引导 uCLinux 内核。Bios-lt 还提供了 S3C4510B 的一些外围驱动。

6. Bootldr 介绍

Bootldr 是康柏（Compaq）公司发布的，类似于 Compaq iPAQ Pocket PC，支持 SA1100 芯片。它被推荐用来引导 Linux，支持串口 Y-modem 协议以及 jffs 文件系统。

7. Vivi 介绍

Vivi 是韩国 Mizi 公司开发的，适用于 ARM9 处理器。和所有的 BootLoader 一样，Vivi 有两种工作模式：启动加载模式和下载模式。启动加载模式可以在一段时间后（这个时间可更改）自行启动 Linux 内核，这是 Vivi 的默认模式。在下载模式下，Vivi 为用户提供一个命令行接口，通过接口可以使用 Vivi 提供的一些命令。

Vivi 作为一种 BootLoader，其运行过程分成两个阶段。第一阶段的代码在 vivi/arch/s3c2410/head.s 中定义，大小不超过 10 KB，它包括从系统上电后在 0x00000000 地址开始执行的部分。这部分代码运行在 Flash 中，它包括对 S3C2410 的一些寄存器、时钟等的初始化并跳转到第二阶段执行。第二阶段的代码在 vivi\init\main.c 中，主要进行开发板初始化、内存映射和内存管理单元初始化等工作，最后会跳转到 boot_or_vivi()函数中接收命令并进行处理。需要注意的是在 Flash 中执行完内存映射后，会将 Vivi 代码复制到 SDRAM 中执行。

知识 2　操作系统

一、操作系统概述

1. 操作系统

操作系统（Operating System，OS）是计算机用户和计算机硬件之间的媒介，它是管理和控制计算机硬件与软件资源的计算机程序，是直接运行在"裸机"上的最基本的系统软件，任何其他软件都必须在操作系统的支持下才能运行。

操作系统是用户和计算机的接口，同时也是计算机硬件和其他软件的接口。操作系统的功能包括管理计算机系统的硬件、软件及数据资源、控制程序运行、改善人机界面、为其他应用软件提供支持等，使计算机系统所有资源最大限度地发挥作用，提供了各种形式的用户界面，使用户有一个好的工作环境，为其他软件的开发提供必要的服务和相应的接口。实际上，用户是不用接触操作系统的，操作系统管理着计算机硬件资源，同时根据应用程序的资源请求，为其分配资源。

操作系统的种类相当多，各种设备安装的操作系统根据从简单到复杂，可分为智能卡操作系统、实时操作系统、传感器节点操作系统、嵌入式操作系统、个人计算机操作系统、多处理器操作系统、网络操作系统和大型机操作系统。按应用领域划分主要有三种：桌面操作系统、服务器操作系统和嵌入式操作系统。

操作系统一般提供以下服务：

（1）程序运行

一个程序的运行离不开操作系统的配合，其中包括指令和数据载入内存、I/O 设备和文件系统的初始化等。

（2）I/O 设备访问

每种 I/O 设备的管理和使用都有其自身的特点，而操作系统接管了这些工作，从而使得用户在使用这些 I/O 设备的过程中会感觉更方便。

（3）文件访问

文件访问不仅需要熟悉相关 I/O 设备（磁盘驱动器等）的特点，而且还要熟悉相关的文件格式。另外，对于多用户操作系统或者网络操作系统，从计算机安全角度考虑，需要对文件的访问权限做出相应的规定和处理。这些都是操作系统所要完成的工作。

（4）系统访问

对于一个多用户或者网络操作系统而言，操作系统需要对用户系统访问权限做出相应的规定和处理。

（5）错误检测和反馈

当操作系统运行时，会出现这样那样的问题。操作系统应当提供相应的机制来检测这些信息，并且能对某些问题给出合理的处理方法，或者向用户提供相应的报告信息。

（6）系统使用纪录

在一些现代操作系统中，出于系统性能优化或者系统安全角度考虑，操作系统会对用户使用过程记录相关信息。

（7）程序开发

一般操作系统都会提供丰富的 API 供程序员开发应用程序；很多程序编辑工具，集成开发环境等也都是通过操作系统提供的。而计算机有很多资源，它们分别用于数据的传输、处理或存储以及这些操作的控制。这些资源的管理工作就交给了操作系统。

2. 操作系统发展史

（1）串行处理系统

在二十世纪四五十年代，电子计算机发展初期，没有操作系统的概念，人们通过显示灯、跳线、某些输入输出设备同计算机打交道。当需要执行某个计算机程序时，人们通过输入设备将程序灌入计算机中，然后等待运行结果。如果中间出现错误，程序员就得检查计算机寄存器，内存甚至是一些元器件以找出原因所在。如果顺利完成，结果就从打印机上打印出来。

人们称这种工作方式为串行处理方式。

（2）简单批处理系统

由于早期的计算机系统十分昂贵，人们希望通过某种方式提高计算机的利用率。于是批处理的概念就被引入了。

在早期的批处理系统中，功能相对比较简单，其核心思想就是借助某个称为监视器的软件，用户不需要直接和计算机硬件打交道，而只需要将自己所要完成的计算任务提交给计算机操作员。在操作员那里，所有计算任务按照一定的顺序被成批输入计算机中。当某个计算任务结束之后，监视器会自动开始执行下一个计算任务。

（3）多道程序设计批处理系统

即便是采用了批处理技术，也不能对计算机资源进行有效利用。一个很头疼的问题就是I/O 设备的操作速度往往比处理器慢很多。当某个批处理任务需要访问 I/O 设备的时候，处理器往往处于空闲状态。基于这方面的考虑，多道程序设计思想被引入了批处理系统中。通常，多道程序设计也可被称为多任务，即多道程序设计批处理系统也可称为多任务批处理系统。

多道程序设计思想的引入允许某个计算任务在等待 I/O 操作的时候，计算机可以转而执行其他计算任务。从而提高处理器的利用率。

（4）分时系统

在多任务批处理系统中，计算机资源的利用率得到了很大提高。问题是如果用户希望能够干预计算任务的执行该怎么办？此时我们需要引入一种交互模式来实现这一功能，分时的概念就由此产生。在分时系统中，处理器时间按照一定的分配策略在多个用户中间共享。在实际的单处理器系统中，多个任务交替获取处理器控制权，交替执行，从而提供更好的交互性能。

（5）现代操作系统

现代操作系统技术是在综合了以上四种典型的操作系统技术的基础上提出的操作系统实现方式，它适应了现代计算机系统管理和使用的要求。其主要特征是多任务、分时，而且很多系统都开始陆续加入多用户功能。现代操作系统一般包括：进程及进程管理；内存及虚拟管理；信息保护和安全；调度和资源管理；模块化系统化设计。

3. 嵌入式操作系统

嵌入式操作系统（Embedded Operating System，EOS）是指用于嵌入式系统的操作系统。嵌入式操作系统是一种用途广泛的系统软件，通常包括与硬件相关的底层驱动软件、系统内核、设备驱动接口、通信协议、图形界面、标准化浏览器等。嵌入式操作系统负责嵌入式系统的全部软、硬件资源的分配、任务调度，控制、协调并发活动。它必须体现其所在系统的特征，能够通过装卸某些模块来达到系统所要求的功能。目前在嵌入式领域广泛使用的操作系统有：Linux、Windows CE、μC/OS-II、VxWorks 等，以及应用在智能手机和平板电脑的 Android、iOS 等。

Linux 是一套免费使用和自由传播的类 UNIX 操作系统，是一个基于 POSIX 和 UNIX 的多用户、多任务、支持多线程和多 CPU 的操作系统。它能运行主要的 UNIX 工具软件、应用程序和网络协议；支持 32 位和 64 位硬件。Linux 继承了 UNIX 以网络为核心的设计思想，是一个性能稳定的多用户网络操作系统。Linux 可安装在各种计算机硬件设备中，比如手机、平板电脑、路由器、视频游戏控制台、台式计算机、大型机和超级计算机。

在嵌入式系统应用方面，Linux 小得可以放在一张软盘上运行。为实时系统而开发的各种

RTLinux(Real-Time Linux)，可以让 Linux 支持硬件实时任务。Linux 的开放式原则使得 Linux 下的驱动和升级越来越多，越来越快。

Windows CE 是微软公司推出的面向移动智能连接设备的模块化实时嵌入式操作系统。凭借其广泛的适应性、丰富的功能，强大的多媒体能力和友好的开发环境，Windows CE 已经被广泛地应用于掌上机，智能手机，汽车电子，信息终端等领域。

简单地说，Windows CE 就是基于掌上型设备的电子设备操作系统。其中 CE 中的 C 代表袖珍（Compact）、消费（Consumer）、通信能力（Connectivity）和伴侣（Companion）；E 代表电子产品（Electronics）。它是一个抢占式多任务式的、具有强大通信能力的 Win32 嵌入式操作系统，是微软专门为信息设备、移动应用、消费电子产品、嵌入式等非 PC 领域而从头设计的战略性操作系统产品。Windows CE 的设计目标是：模块化及可伸缩性、实时性能好，通信能力强大，支持多种 CPU。

从操作系统的内核角度看，Windows CE 具有灵活的电源管理功能，包括睡眠/唤醒模式。在 Windows CE 中，还使用了对象存储技术，包括文件系统、注册表及数据库。它还具有很多高性能、高效率的操作系统特性，包括按需换页、共享存储、交叉处理同步、支持大容量对等。

Windows CE 具有良好的通信能力。它广泛支持各种通信硬件，亦支持直接的局域网连接以及拨号连接，并提供与 PC、内部网以及 Internet 的连接，包括用于应用级数据传输的设备至设备间的连接。在提供各种基本的通信基础结构的同时，Windows CE 还提供与 Windows 9x/NT 的最佳集成和通信。

Windows CE 的图形用户界面相当出色。它拥有基于 Microsoft Internet Explorer 的 Internet 浏览器，此外，还支持 TrueType 字体。开发人员可以利用丰富灵活的控件库在 Windows CE 环境下为嵌入式应用建立各种专门的图形用户界面。Windows CE 甚至还能支持诸如手写体和声音识别、动态影像、3D 图形等特殊应用。

μC/OS-II 是 Jean J.Labrosse 开发的一种小型嵌入式操作系统，是一种基于优先级的抢占式多任务实时操作系统，包含了实时内核、任务管理、时间管理、任务间通信同步（信号量、邮箱、消息队列）和内存管理等功能。它主要面向中小型嵌入式系统，具有执行效率高、占用空间小、可移植性强、实时性能优良和可扩展性强等特点。μC/OS-II 结构小巧，最小内核可编译至 2KB，即使包含全部功能如信号量、消息邮箱、消息队列及相关函数等，编译后的内核也仅有 6～10KB；扩展性能好，如果需要，可自行加入文件系统等。

VxWorks 操作系统是美国 WindRiver 公司于 1983 年设计开发的一种嵌入式实时操作系统（RTOS），是嵌入式开发环境的关键组成部分，具有良好的持续发展能力、高性能的内核以及友好的用户开发环境，在嵌入式实时操作系统领域占据一席之地。VxWorks 操作系统以其良好的可靠性和卓越的实时性被广泛地应用在通信、军事、航空、航天等高精尖技术及实时性要求极高的领域中，如卫星通信、军事演习、弹道制导、飞机导航等。在美国的 F-16、FA-18 战斗机、B-2 隐形轰炸机和爱国者导弹上，甚至火星探测器上也都使用到了 VxWorks。

嵌入式 Vxworks 系统的主要应用领域有以下几方面：数据网络、远程通信、医疗设备、消费电子、交通运输、工业、航空航天和多媒体等。VxWorks 的系统结构是一个相当小的微内核的层次结构。内核仅提供多任务环境、进程间通信和同步功能。这些功能模块足够支持 VxWorks 在较高层次所提供的丰富的性能要求。

Android 是一种基于 Linux 的自由及开放源代码的操作系统，主要使用于移动设备，如智能手机和平板电脑，由 Google 公司和开放手机联盟领导及开发。尚未有统一中文名称，中国大陆地区较多人使用"安卓"或"安致"。Android 操作系统最初由 Andy Rubin 开发，主要支持手机。第一部 Android 智能手机发布于 2008 年 10 月。Android 逐渐扩展到平板电脑及其他领域上，如电视、数码相机、游戏机等。

iOS 是由苹果公司开发的移动操作系统。苹果公司最早于 2007 年 1 月 9 日的 Macworld 大会上公布这个系统，最初是设计给 iPhone 使用的，后来陆续套用到 iPod、iPad 以及 Apple TV 等产品上。iOS 与苹果的 Mac OS X 操作系统一样，它也是以 Darwin 为基础的，因此同样属于类 UNIX 的商业操作系统。原本这个系统名为 iPhone OS，因为 iPad、iPhone、iPod 都使用 iPhone OS，所以 2010WWDC 大会上宣布改名为 iOS。

从软件上，主要可以依据操作系统的类型来划分。嵌入式系统的软件主要有两大类：实时系统和分时系统。其中实时系统又分为两类：硬实时系统和软实时系统。

实时嵌入系统是为执行特定功能而设计的，可以严格按时序执行功能。其最大的特征就是程序的执行具有确定性。在实时系统中，如果系统在指定的时间内未能实现某个确定的任务，会导致系统的全面崩溃，则系统被称为硬实时系统。而在软实时系统中，虽然响应时间同样重要，但是超时却不会导致致命错误。一个硬实时系统往往在硬件上需要添加专门用于时间和优先级管理的控制芯片，而软实时系统则主要在软件方面通过编程实现时限的管理。比如 Windows CE 就是一个多任务分时系统，而 μC/OS-II 则是典型的实时操作系统。

知识 3　应用软件

嵌入式应用软件是针对特定应用领域，基于某一固定的硬件平台，用来达到用户预期目标的计算机软件。由于用户任务可能有时间和精度上的要求，因此有些嵌入式应用软件需要特定嵌入式操作系统的支持。嵌入式应用软件和普通应用软件有一定的区别，它不仅要求准确性、安全性和稳定性等方面能够满足实际应用的需要，而且还要尽可能地进行优化，以减少对系统资源的消耗，降低硬件成本。目前我国市场上已经出现了各式各样的嵌入式应用软件，包括浏览器、E-mail 软件、文字处理软件、通信软件、多媒体软件、个人信息处理软件、智能人机交互软件、各种行业应用软件等。嵌入式系统中的应用软件是最活跃的力量，每种应用软件均有特定的应用背景，尽管规模较少，但专业性较强，所以嵌入式应用软件不像操作系统和支撑软件那样受制于国外产品垄断，是我国嵌入式软件的优势领域。

知识 4　嵌入式系统开发流程

一、嵌入式系统开发模式

嵌入式系统开发分为软件开发部分和硬件开发部分。嵌入式系统在开发过程一般都采用如图 1-9 所示的"宿主机/目标板"开发模式，开发时使用宿主机上的交叉编译工具链（包括编译、汇编及链接工具）来生成目标板上运行的二进制的代码，然后把可执行文件下载到目标机上运行。当内核编译成功后，通过串口或 USB 将其下载到开发板上运行。交叉编译调试环境建立在宿主机（即一台 PC 机）上，基于"宿主机—目标机"的交叉编译模式。图 1-10 是一种典型的交叉开发的方法。

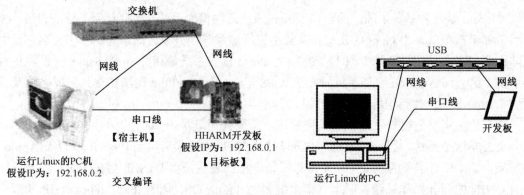

图 1-9 "宿主机/目标板"开发模式　　　　图 1-10 交叉开发

在软件设计上,如图 1-11 所示为结合 ARM 硬件环境及 ADS 软件开发环境所设计的嵌入式系统开发流程图。整个开发过程基本包括以下几个步骤。

（1）源代码编写：编写源 C/C++及汇编程序；

（2）程序编译：通过专用编译器编译程序；

（3）仿真调试：在 SDK 中仿真软件运行情况；

（4）下载：通过 JTAG、USB、UART 方式下载到目标板上；

（5）测试、调试：通过 JTAG 等方式联合调试程序；

（6）固化：程序无误，下载到产品上生产。

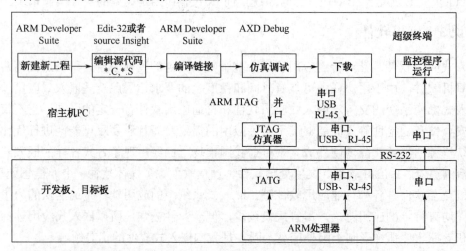

图 1-11 嵌入式系统软件开发流程

二、嵌入式系统开发流程

嵌入式开发已经逐步规范化,在遵循一般工程开发流程的基础上,嵌入式开发有其自身的一些特点,如图 1-12 所示为嵌入式系统开发的一般流程。主要包括系统需求分析（要求有严格规范的技术要求）、体系结构设计、软硬件及机械系统设计、系统集成、系统测试,最终完成产品的开发。

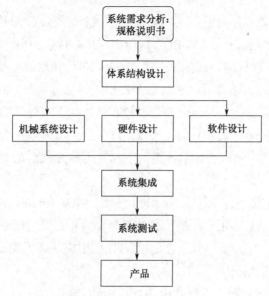

图 1-12 嵌入式开发流程图

① 需求分析。确定设计任务和设计目标,并提炼出设计规格说明书,作为正式设计指导和验收的标准。系统的需求一般分功能性需求和非功能性需求两方面。功能性需求是系统的基本功能,如输入输出信号、操作方式等;非功能需求包括系统性能、成本、功耗、体积、重量等因素。

② 结构设计。描述系统如何实现所述的功能和非功能需求,包括对硬件、软件和执行装置的功能划分,以及系统的软件、硬件选型等。一个好的体系结构是设计成功与否的关键。

③ 硬软件协同设计。基于体系结构,对系统的软件、硬件进行详细设计。为了缩短产品开发周期,设计往往是并行的。嵌入式系统设计的工作大部分都集中在软件设计上,采用面向对象技术、软件组件技术、模块化设计是现代软件工程经常采用的方法。

④ 系统集成。把系统的软件、硬件和执行装置集成在一起,进行调试,发现并改进单元设计过程中的错误。

⑤ 系统测试。对设计好的系统进行测试,看其是否满足规格说明书中给定的功能要求。

嵌入式系统开发模式最大特点是软件、硬件综合开发。这是因为嵌入式产品是软硬件的结合体,软件针对硬件开发、固化,不可修改。

如果在一个嵌入式系统中使用 Linux 技术开发,根据应用需求的不同有不同的配置开发方法,但是,一般情况下都需要经过如下的过程。

① 开发环境,操作系统一般使用 RedHat Linux,选择定制安装或全部安装,通过网络下载相应的 GCC 交叉编译器进行安装(比如,arm-1inux-gcc、arnl-uclibc-gcc),或者安装产品厂家提供的相关交叉编译器。

② 开发主机,配置 MINICOM,一般的参数为波特率 115200 Baud/s,数据位 8 位,停止位为 1,无奇偶校验,软件硬件流控设为无。在 Windows 下的超级终端的配置也是这样。MINICOM 软件的作用是作为调试嵌入式开发板的信息输出的监视器和键盘输入的工具。配置网络主要是配置 NFS 网络文件系统,需要关闭防火墙,简化嵌入式网络调试环境设置过程。

③ 引导装载程序 BootLoader，可从网络上下载一些公开源代码的 BootLoader，如 U-BOOT、BLOB、VIVI、LILO、ARM-BOOT、RED-BOOT 等，根据具体芯片进行移植修改。有些芯片没有内置引导装载程序，比如，三星的 ARV17、ARM9 系列芯片，这就需要编写开发板上 FLASH 的烧写程序，读者可以在网上下载相应的烧写程序，也有 Linux 下的公开源代码的 J-FLASH 程序。如果不能烧写自己的开发板，就需要根据自己的具体电路进行源代码修改。这是让系统可以正常运行的第一步。如果用户购买了厂家的仿真器，则比较容易烧写 FLASH，虽然无法了解其中的核心技术，但对于需要迅速开发自己的应用的人来说可以极大提高开发速度。

④ 已经移植好的 Linux 操作系统，如 MCLinux、ARM-Linux、PPC-Linux 等，如果有专门针对所使用的 CPU 移植好的 Linux 操作系统那是再好不过，下载后再添加特定硬件的驱动程序，然后进行调试修改，对于带 MMU 的 CPU 可以使用模块方式调试驱动，而对于 MCLinux 这样的系统只能编译内核进行调试。

⑤ 根文件系统，可以从网上下载使用 BUSYBOX 软件进行功能裁减，产生一个最基本的根文件系统，再根据自己的应用需要添加其他的程序。由于默认的启动脚本一般都不会符合应用的需要，所以就要修改根文件系统中的启动脚本，它的存放位置位于/etc 目录下，包括/etc/init.d/rc.S、/etc/profile、/etc/.profile 等，自动挂装文件系统的配置文件/etc/fstab，具体情况会随系统不同而不同。根文件系统在嵌入式系统中一般设为只读，需要使用 mkcramfs、genromfs 等工具产生烧写映像文件。

⑥ 应用程序的 FLASH 磁盘分区，一般使用 JFFS2 或 YAFFS 文件系统，这需要在内核中提供这些文件系统的驱动，有的系统使用一个线性 FLASH（NOR 型，512KB～32MB），有的系统使用非线性 FLASH（NAND 型，8MB～512MB），有的两个同时使用，需要根据应用规划 FLASH 的分区方案。

⑦ 应用程序，可以放入根文件系统中，也可以放入 YAFFS、JFFS2 文件系统中，有的应用不使用根文件系统，直接将应用程序和内核设计在一起，这有点类似于 μC/OS-II 的方式。

⑧ 内核、根文件系统和应用程序，发布产品。

实验一 嵌入式实验平台的搭建

【实训目的】

（1）掌握嵌入式 Linux 开发的流程；
（2）熟悉嵌入式 Linux 的环境搭建。

【实训设备】

（1）装有 Linux 系统或装有 Linux 虚拟机的 PC 机一台；
（2）物联网多网技术综合教学开发设计平台一套；
（3）miniUSB 线一条；
（4）JTAG 线一条；
（5）串口线一条或 USB 线（A-B）。

【实训要求】

（1）能够熟练掌握嵌入式 Linux 的开发流程；
（2）熟练掌握嵌入式 Linux 开发的环境搭建。

【实训准备】

一、预备知识

绝大多数 Linux 软件开发都是以本地方式进行的，即本机开发、调试，本机运行的方式。这种方式通常不适合于嵌入式系统的软件开发，因为对于嵌入式系统的开发，没有足够的资源在本机（即板子上系统）运行开发工具和调试工具。通常的嵌入式系统的软件开发采用一种交叉编译调试的方式。交叉编译调试环境建立在宿主机（即一台 PC 机）上，对应的开发板叫作目标板。运行 Linux 的 PC（宿主机）开发时使用宿主机上的交叉编译、汇编及链接工具形成可执行的二进制代码（这种可执行代码并不能在宿主机上执行，而只能在目标板上执行），然后把可执行文件下载到目标机上运行。调试的方法很多，可以使用串口，以太网口等，具体使用哪种调试方法可以根据目标机处理器提供的支持选择。宿主机和目标板的处理器一般不相同，比如宿主机为 Intel 处理器，而目标板为凌阳 Cortex-A8 实验仪，核心芯片为三星 S5PV210。GNU 编译器提供这样的功能，在编译器编译时可以选择开发所需的宿主机和目标机从而建立开发环境。所以在进行嵌入式开发前第一步的工作就是要配备一台装有指定操作系统的 PC 机作为宿主开发机，对于嵌入式 Linux，宿主机上的操作系统一般要求为 Ubuntu。嵌入式开发通常要求宿主机配置有网络，支持 NFS（为交叉开发时 Mount 所用）。然后要在宿主机上建立交叉编译调试的开发环境。

二、嵌入式 Linux 开发流程

嵌入式Linux开发，根据应用需求的不同有不同的配置开发方法。

三、对宿主 PC 机的性能要求

由于 Ubuntu 安装后占用空间约为 2.4GB～5GB 之间，还要安装 ARM-LINUX 开发软件，因此对开发计算机的硬盘空间要求较大。硬件要求：CPU：高于奔腾 500MB，推荐高于奔腾 1.0GB；内存：大于 128MB，推荐高于 256MB；硬盘：大于 10GB，推荐高于 40GB。

四、实验流程

系统搭建流程如图1-13所示，其中包括PC平台Linux虚拟机环境建立、QT 环境安装、ARM平台Linux系统搭建。

图 1-13　系统搭建流程图

【实训步骤】

1. Ubuntu 10.10 的安装

（1）安装 VMware 虚拟机软件

双击 VMware 图标，本书所使用的图标名称为 VMware-player-3.1.0-261024.exe，开始安装虚拟机软件。等待系统自动弹出如图 1-14 所示的窗口，显示安装 VMware Player 对话框，单击"Next"进入下一步。

图 1-14　安装虚拟机环境

系统弹出路径选择对话框，可选择任意磁盘路径，如图 1-15 所示；单击"Next"，进入下一步。

图 1-15　选择安装路径

系统弹出如图 1-16 所示对话框，选择默认选项即可，单击"Next"，进入下一步。

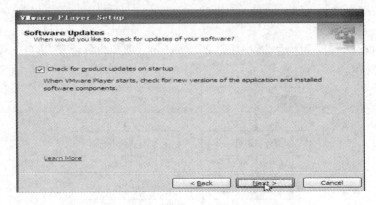

图 1-16　检测软件更新

系统弹出如图 1-17 所示的界面，选择默认选项即可，单击"Next"，进入下一步。

图 1-17　帮助改善 VMware Player

系统弹出如图 1-18 所示的界面，选择默认选项即可，单击"Next"，进入下一步。

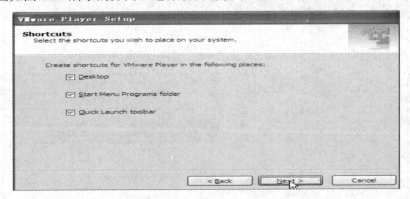

图 1-18　启动方式选择

系统弹出如图 1-19 所示的界面，单击"Continue"，进入下一步。

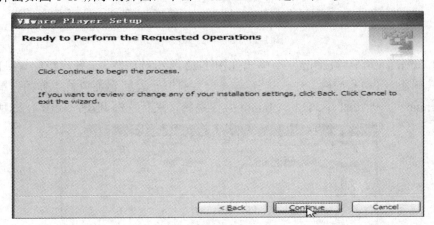

图 1-19　按照要求安装

接下来等待安装结束后，系统弹出安装完毕对话框，选择"Restart Now"；如图 1-20 所示。至此虚拟机安装完毕。

图 1-20　安装完毕

（2）在虚拟机中安装 Ubuntu10.10

打开虚拟机，双击桌面图标，出现如图 1-21 所示界面。

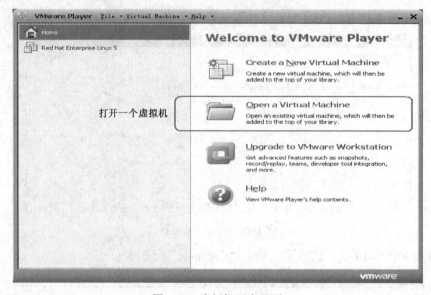

图 1-21　虚拟机开启界面

单击"Open a Virtual Machine"，弹出如图 1-22 所示对话框，选择已经配置过的 Ubuntu 系统，将其解压至 PC 相应磁盘中，选择.vmx 文件打开，返回到虚拟机主界面；单击"Play virtual machine"，即可打开 PC 机 Ubuntu 操作系统，进行程序开发，如图 1-23 所示。

图 1-22　虚拟机系统路径

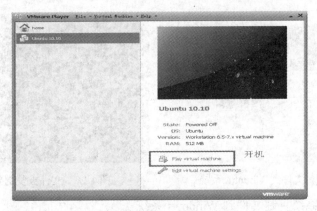

图 1-23　开机

等待片刻，开机后出现登录界面，单击选择"UNSP"用户，并输入密码"111111"，登录到系统，如图 1-24 所示。

如果认为默认的 Ubuntu 系统的显示界面不符合屏幕要求，可在"系统"→"首选项"→"显示器"菜单中更改系统的分辨率，如图 1-25 所示。

图 1-24　输入系统密码

图 1-25　更改系统分辨率

2. Ubuntu 系统和 Windows 系统之间相互复制文件

（1）从 Window 系统复制文件到 Ubuntu 系统

将文件或文件夹复制到 Ubuntu 虚拟机系统内的方法非常简单，直接将 Windows 系统上的文件拖拽到 Ubuntu 的桌面即可完成复制工作，类似于图 1-26 所示。

复制完成之后，可以看到在 Ubuntu 的桌面中出现拖拽过来的文件，如图 1-27 所示。

图 1-26 拖动文件到 Ubuntu 系统

图 1-27 文件被复制到 Ubuntu 内

（2）从 Ubuntu 系统复制文件到 Windows 系统

将文件从 Ubuntu 系统复制到 Windows 系统的方法类似，只需要从 Ubuntu 中拖动文件到 Windows 的文件夹内即可，如图 1-28 所示。

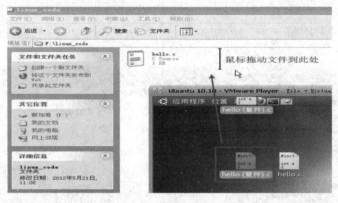
图 1-28 拖动文件到 Windows 系统中

复制完成后，在 Windows 的文件夹内即可看到拖拽过来的文件，如图 1-29 所示。

图 1-29 文件被复制到 Windows 系统中

3. 为实验箱的开发准备 PC 端的环境

实验箱是一个完整的计算机系统，其内部运行了一个与 PC 上类似的 Linux 系统。在一般的开发过程中，我们需要首先在 PC 端做一些准备工作，这些设置包括：实验箱与 PC 的硬件连接、串口通信软件设置、网络环境设置。一般情况下，实验箱同时需要两种方式与 PC 建立连接：串口和以太网。首先使用标准 9 针串口线，将实验仪的 UART0 与 PC 的串口相连；然后，使用实验箱附带的网线，将实验箱的以太网接口与 PC 的网卡直接相连，或者将实验箱与路由器相连。这样就完成了硬件连接，如图 1-30 所示。

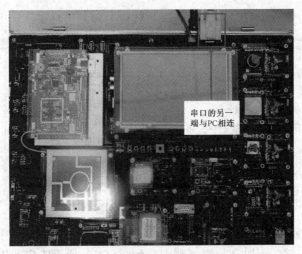

图 1-30　实验箱与 PC 的基本硬件连接

(1) 串口通信软件设置

在 PC 端需要使用串口通信软件来对实验箱进行控制。通常情况下，使用 Windows 系统自带的"超级终端"工具即可（或者用户也可以使用其他同类型的软件，这里仅针对"超级终端"做详细设置说明）。首先在"开始"菜单中，找到"程序"→"附件"→"通讯"→"超级终端"，如图 1-31 所示。

图 1-31　打开超级终端

设置超级终端名称，任意名称即可，如图 1-32 所示。

选择串口，例如，如果串口线接在串口 1 上就选择 COM1，如图 1-33 所示。

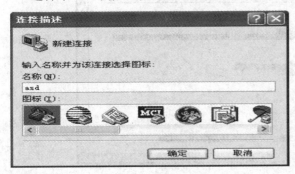

图 1-32　输入连接的名称

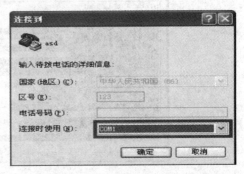

图 1-33　选择连接的串口

设置串口属性，每秒位数设置为 115200，数据流控制选择无，如图 1-34 所示。

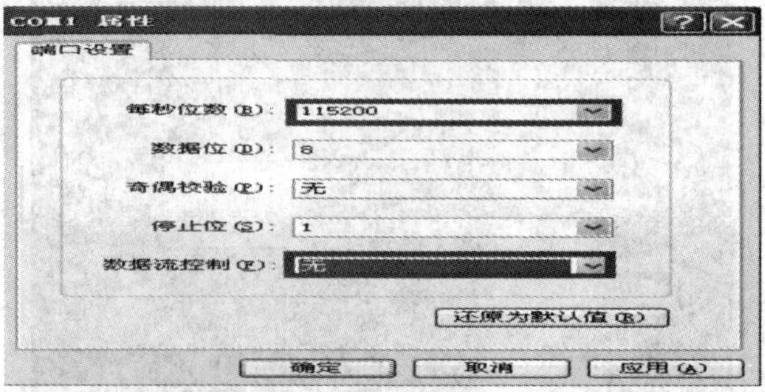

图 1-34 选择串口的设置属性

此时，将物联网多网设计平台的电源打开，A8 实验仪的拨动开关拨至 "ON"，并按下实验仪上的 "Power" 键，可以在超级终端中看到图 1-35 所示的启动提示信息。

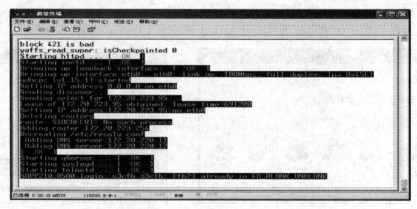

图 1-35 U-boot 启动界面

看到 "Hit any key to stop autoboot" 的提示，表示实验仪正在准备启动 Linux 系统。此时，如果不做任何操作，则在倒计时结束后将会启动 Linux。如果在倒计时的过程中按下键盘的空格键，即可进入到 U-Boot 的命令行，可以对系统启动参数进行调整，或者可以重新安装操作系统等。待系统正常启动之后，可以看到 "SAPP210。××××login: " 的提示，如图 1-36 所示。其中，××××的内容根据不同的实验箱可能会有所不同。此时，表示 Linux 系统已经正常启动，等待用户登录。

图 1-36 Linux 启动完成

按下"Enter"键开始登录，输入用户名"root"，密码"111111"，即可登录到系统，如图 1-37 所示。注意，密码输入时超级终端中不会有任何显示。登录成功之后，可以看到类似于"[root@SAPP210 /root]#"的提示。

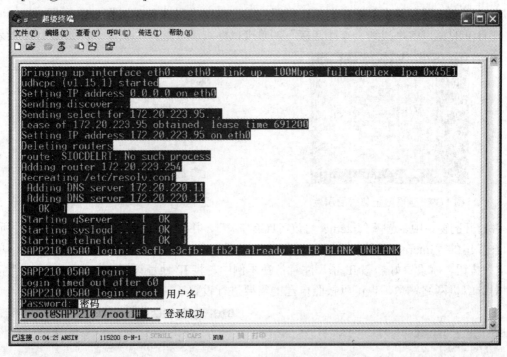

图 1-37　登录到实验箱的 Linux 系统

可以看到，实验箱的 Linux 系统启动过程中，会输出一些带有颜色的符号，导致超级终端软件的屏幕出现黑白相间的花屏。可以执行"clear"命令来清除屏幕，如图 1-38 所示。

网络环境设置：如果实验箱使用网线连入局域网，而局域网中存在 DHCP 服务器，则实验箱启动过程中，将会自动获取到 IP 地址，正如上面的图 1-36 中看到的这些提示一样。

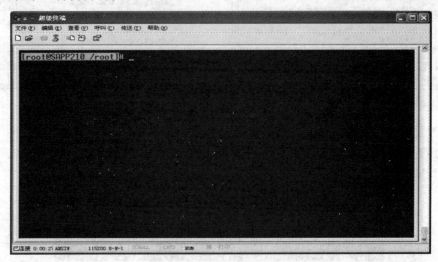

图 1-38　使用 clear 命令清屏

其中，"172.20.223.95"即为实验箱的 IP 地址。将实验箱连入局域网，用 DHCP 服务器为其分配 IP 地址，是我们推荐的做法。然而，如果没有局域网的条件，或者局域网不具备 DHCP 服务器，则也可以通过手动配置的方式，来为实验仪分配 IP 地址。使用手动配置实验仪 IP 地址时必须设置计算机为静态 IP，方法如下：

在桌面上"网上邻居"图标上单击鼠标右键，选择"属性"，如图 1-39 所示。

在打开的窗口中，找到"本地连接"，单击鼠标右键，选择"属性"，如图 1-40 所示。

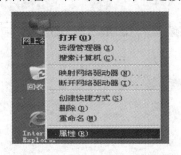
图 1-39 查看网上邻居的属性

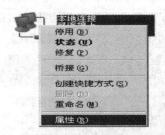
图 1-40 查看本地连接的属性

在打开的窗口中，选择"Internet 协议（TCP/IP）"，并单击"属性"按钮，如图 1-41 所示。

在弹出的"Internet 协议（TCP/IP）属性"对话框中，按照如图 1-42 所示设置 IP，单击"确定"按钮，就设置好静态 IP 了。注意：在本例中，将 IP 地址设置为"192.168.87.1"，如用户对计算机网络熟悉，也可以按照自己的需要进行设置。

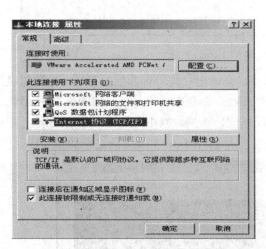
图 1-41 查看 Internet 协议属性

图 1-42 设置静态 IP

（2）配置实验仪 IP 地址

在超级终端中，执行命令"ipconfig eth0 -i192.168.87.130 -m 255.255.255.0 -g 192.168.87.1"，即可为实验箱手动配置 IP 地址，如图 1-43 所示。

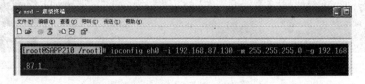
图 1-43 手动配置实验箱的 IP 地址

其中，-i 后面的参数是实验箱的 IP 地址；-m 后面的参数是子网掩码；-g 后面的参数是网关地址。如果不需要网关，可以将-g 和其后面的参数省略。设置完成之后，需要执行"service network restart"命令重启网络服务，使设置生效，如图 1-44 所示。需要注意的是，实验箱的 IP 地址需要设置为与计算机同一个网段，例如，在本例中，计算机的 IP 地址为"192.168.87.1/255.255.255.0"，而实验箱的 IP 地址为"192.168.87.130/255.255.255.0"。

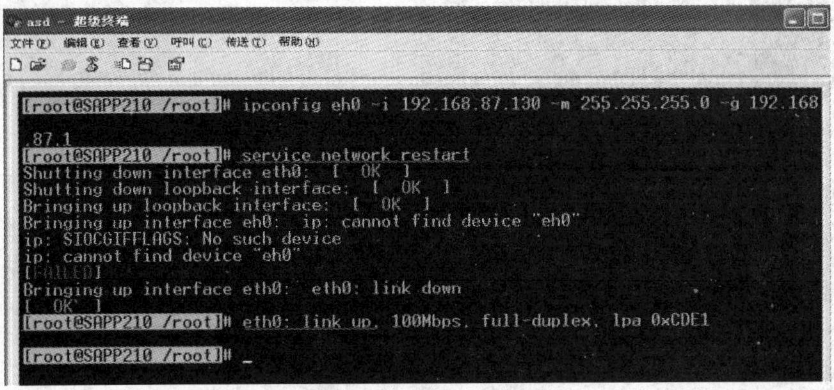

图 1-44 重启网络服务

当看到"eth0: link up"的提示，表示配置已经生效。

如需查看实验箱当前的 IP 地址，可以执行命令"ifconfig eth0"，如图 1-45 所示。

图 1-45 查看当前的 IP 地址

注：如需将实验箱重新配置成自动获取 IP 地址，只需执行命令"ipconfig eth0 -a"，并重启网络服务即可。

（3）在 Ubuntu 下编译嵌入式 C 程序

此过程是嵌入式 Linux 开发非常重要的一个过程，后续绝大部分的实验都会重复使用本节的方法，以便在 Ubuntu 下编译可以在实验箱上运行的程序。用户无论在 Windows 下，或者在 Ubuntu 下编写完 C 程序之后，都必须首先保证该源程序文件存储到 Ubuntu 系统内。在本例中，我们首先在 Ubuntu 系统中的"主文件夹"中保存一个名为"hello.c"的文件。打开"主文件夹"的方法如图 1-46 所示。

在主文件夹下，单击右键选件"创建文档"→"空文件"，保存文档名为"hello.c"，如图 1-47 所示。

图 1-46　打开 Ubuntu 系统的主文件夹　　　图 1-47　在主文件夹下创建 hello.c 文档

在 hello.c 文档中输入以下内容，如图 1-48 所示。

```c
#include <stdio.h>
int main(int argc, char *argv[])
{
    printf("Hello, world!\n");
    return 0;
}
```

图 1-48　在 hello.c 文档中输入的内容

为了编译这个 C 程序，我们需要打开 Ubuntu 系统中的"终端"程序，该程序是一个命令行工具，可以运行标准的 Linux 命令，并可以用来编译程序"终端"，单击即可打开，如图 1-49 所示。或者可以直接单击 Ubuntu 系统中"系统"菜单右侧的"终端"快捷图标，如图 1-50 所示。

图 1-49　在"应用程序"中打开"终端"

"终端"程序打开之后，可以看到图 1-51 所示的界面。

图 1-50　使用快捷图标打开"终端"　　　图 1-51　"终端"程序界面

终端程序打开之后，默认的工作目录即为"主文件夹"，在终端中输入"ls"命令，可以看到 hello.c 文件，如图 1-52 所示。

图 1-52 使用 ls 命令确认文件是否存在于当前目录

输入命令"arm-Linux-gcc -o hello hello.c"，即可将 hello.c 程序编译成为实验箱可以运行的可执行文件，如图 1-53 所示。其中，"arm-Linux-gcc"表示用于 ARM 系列芯片的编译器，"-o hello"表示编译之后生成的可执行文件的名字为"hello"，最后的"hello.c"即为待编译的 C 源程序文件。

图 1-53 编译 hello.c 程序

使用 ls 命令查看，可以看到目录下多了一个"hello"文件，该文件即为用于实验箱的可执行程序文件，如图 1-54 所示。

图 1-54 确认编译的文件是否生成

（4）将编译生成的文件复制到实验箱上并运行

首先将编译好的可执行程序文件从 Ubuntu 中复制到 Windows 系统，然后打开"我的电脑",在地址栏中输入"ftp://192.168.87.130"并按回车键（上述 IP 为开发板的 IP 地址），如图 1-55 所示,其中,开发板的 IP 地址可以参考前面示意图的"ifconfig eth0"命令来查看。

接下来,跟操作本地文件一样,我们可以使用复制/粘贴的方式将编译好的"hello"文件放入实验箱内,如图 1-56 所示。

图 1-55　通过 FTP 访问实验箱的文件　　　图 1-56　通过 FTP 将文件直接粘贴到实验箱内

在超级终端中,输入"ls"命令,可以看到"hello"文件已经被复制到了实验箱的系统内,如图 1-57 所示。

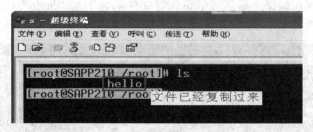

图 1-57　确认文件已经复制到实验箱

在超级终端中执行命令"chmod +x hello",为"hello"文件增加可执行权限,如图 1-58 所示。

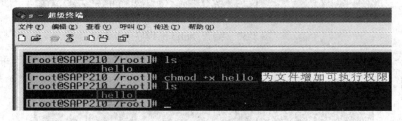

图 1-58　为文件增加可执行权限

最后执行"./hello"命令,即可运行"hello"程序,如图 1-59 所示。

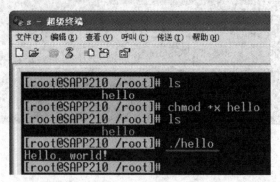

图 1-59　运行程序

思考与练习

一、填空

1. 嵌入式系统一般由_____和_____两部分组成,硬件通常包含_____、_____和_____,软件通常由_____、_____和_____组成。
2. 存储器用于存放_____和_____,嵌入式系统的存储器由_____、_____和_____组成。
3. 嵌入式系统硬件的核心是嵌入式处理器,现在多数采用哈佛体系结构,指令系统一般为精简指令集(RISC),常用的嵌入式处理器分为_____、_____以及_____和_____。
4. 嵌入式系统定义为:以_____为中心,以_____为基础,软、硬件可裁剪,适应应用系统对_____、_____、_____、_____等严格要求的专用计算机系统。
5. 一个嵌入式 Linux 系统从软件的角度看通常可以分为四个层次:_____、_____以及_____和_____。

二、思考与简单题

1. 嵌入式系统开发流程主要包括哪些?
2. 请列举一些常见的 BootLoader。
3. 什么是操作系统?什么是嵌入式操作系统?
4. 什么是存储器?嵌入式系统的存储器主要由哪几部分组成?
5. 简述操作系统提供的服务。
6. 嵌入式开发一般需要哪些流程?
7. 请你列举几个嵌入式操作系统。

项目二 简易计算器项目设计

项目概述

电子计算器作为计算工具,为人们的生活带来了很多的方便和实惠。随着科学技术的进步,尤其是电子工业技术的发展,计算器的实现载体已经从先前的半导体发展到高集成度芯片。计算器小巧精致的外观和多功能化的发展依旧在当今信息电子化的时代扮演着不可替代的角色。本项目目标是基于 Qt 的计算器的设计与实现。

通过本项目的学习,达到以下教学目标。

知识目标

(1) 了解 ARM 微处理器的特点及系列;
(2) 理解 ARM 处理器工作状态和工作模式;
(3) 了解 ARM 指令流水;
(4) 了解 ARM 寄存器的特点;
(5) 理解 ARM 存储器的特点、组织及管理;
(6) 掌握 Qt 项目开发的步骤。

技能目标

(1) 会搭建 Qt 开发环境;
(2) 会利用 Qt 实现简易计算器项目设计。

任务一 ARM 简介

ARM英文全称为Advanced RISC Machines,是英国微处理器行业的一家知名企业,该公司成立于1990年11月,是苹果公司,Acorn集团和VLSI Technology投资的合资企业。ARM公司设计了大量高性能、廉价、耗能低的RISC处理器、相关技术及软件。目前,ARM 微处理器已遍及工业控制、消费类电子产品、通信系统、网络系统、无线系统等各类产品市场,基于ARM 技术的微处理器应用约占据了32位RISC 微处理器75%以上的市场份额,ARM 技术正在逐步渗入到我们生活的各个方面。

知识1 ARM 特点

ARM 处理器是一种低功耗、高性能的 32 位 RISC 处理器。

一、ARM 微处理器的应用领域

到目前为止,ARM微处理器及技术的应用几乎已经深入到各个领域:

1. 工业控制领域

作为 32 位的 RISC 架构，基于 ARM 核心的微控制器芯片不但占据了高端微控制器市场的大部分市场份额，同时也逐渐向低端微控制器应用领域扩展，ARM 微控制器以其低功耗、高性价比，向传统的 8 位/16 位微控制器提出了挑战。

2. 无线通信领域

目前已有超过85%的无线通信设备采用了ARM技术，ARM以其高性能和低成本，在该领域的地位日益巩固。

3. 网络应用

随着宽带技术的推广，采用ARM技术的ADSL芯片正逐步获得竞争优势。此外，ARM在语音及视频处理上进行了优化，并获得广泛支持，也对DSP的应用领域提出了挑战。

4. 消费类电子产品

ARM技术在目前流行的数字音频播放器、数字机顶盒和游戏机中得到广泛采用。

5. 成像和安全产品

现在流行的数码相机和打印机中绝大部分采用ARM技术。手机中的32位SIM智能卡也采用了ARM技术。

二、ARM 微处理器的特点

1. 低功耗、低成本、高性能

2. 采用 RISC 体系结构

采用 RISC 架构的 ARM 处理器一般具有固定长度的指令格式，指令整洁、简单，基本寻址方式有 2～3 种；使用单周期指令，便于流水线操作执行；ARM 数据处理指令只对寄存器进行操作，只有加载/存储指令可以访问存储器，以提高指令的执行效率。

3. 大量使用寄存器

ARM 处理器共有 37 个寄存器，被分为若干个组，这些寄存器包括：31 个通用寄存器，包括程序计数器（PC指针），均为 32 位的寄存器；6 个状态寄存器，用以标识 CPU 的工作状态及程序的运行状态，均为 32 位。

4. 高效的指令系统

ARM 微处理器支持两种指令集，即 ARM 指令集和 Thumb 指令集。ARM 指令为 32 位的长度，Thumb 指令为 16 位长度。Thumb 指令集为 ARM 指令集的功能子集，但与等价的 ARM 代码相比较，可省 30%～40%以上的存储空间，同时具备 32 位代码的所有优点。

5. 其他技术

ARM 体系结构还采用了一些特别的技术，在保证高性能的前提下尽量缩小芯片的面积，并降低功耗：所有的 ARM 指令都可根据前面的执行结果决定是否被执行，从而提高指令的执行效率。可用加载/存储指令批量传输数据，以提高数据的传输效率。可在一条数据处理指令中同时完成逻辑处理和移位处理。在循环处理中使用地址的自动增减来提高运行效率。

三、ARM 微处理器系列

ARM 微处理器系列包括 ARM7 系列、ARM9 系列、ARM9E 系列、ARM10E 系列、

SecurCode 系列和 Intel 的 Xscale。其中，ARM7、ARM9、ARM9E 和 ARM10E 为 4 个通用处理器系列，每一个系列提供一套相对独特的性能来满足不同应用领域的需求。例如，SecurCore 系列专门为安全要求较高的应用而设计。

1. ARM7 微处理器系列

ARM7 系列微处理器为低功耗的 32 位 RISC 处理器，最适合用于对价位和功耗要求较高的消费类应用。ARM7 微处理器系列具有如下特点：具有嵌入式 ICE-RT 逻辑，调试开发方便；极低的功耗，适合对功耗要求较高的应用，如便携式产品；能够提供 0.9MIPS/MHz 的三级流水线结构；代码密度高并兼容 16 位的 Thumb 指令集；对操作系统的支持广泛，包括 Windows CE、Linux、Palm OS 等；指令系统与 ARM9 系列、ARM9E 系列和 ARM10E 系列兼容，便于用户的产品升级换代；主频最高可达 130MIPS，高速的运算处理能力能胜任绝大多数的复杂应用。

ARM7 系列微处理器包括如下几种类型的核：ARM7TDMI、ARM7TDMI-S、ARM720T、ARM7EJ。其中，ARM7TDMI 是目前使用最广泛的 32 位嵌入式 RISC 处理器，属低端 ARM 处理器核。TDMI 的基本含义为：T：支持 16 位压缩指令集 Thumb；D：支持片上 Debug；M：内嵌硬件乘法器（Multiplier）；I：嵌入式 ICE，支持片上断点和调试点。

2. ARM9 微处理器系列

ARM9 系列微处理器在高性能和低功耗特性方面提供最佳的性能。具有以下特点：5 级整数流水线，指令执行效率更高；提供 1.1MIPS/MHz 的哈佛结构；支持 32 位 ARM 指令集和 16 位 Thumb 指令集；支持 32 位的高速 AMBA 总线接口；全性能的 MMU，支持 Windows CE、Linux、Palm OS 等多种主流嵌入式操作系统；MPU 支持实时操作系统；支持数据 Cache 和指令 Cache，具有更高的指令和数据处理能力。

ARM9 系列微处理器包含 ARM920T、ARM922T 和 ARM940T 三种类型，以适用于不同的应用场合。

3. ARM9E 微处理器系列

ARM9E 系列微处理器为可综合处理器，使用单一的处理器内核提供了微控制器、DSP、Java 应用系统的解决方案，极大减少了芯片的面积和系统的复杂程度。ARM9E 系列微处理器提供了增强的 DSP 处理能力，很适合于那些需要同时使用 DSP 和微控制器的应用场合。ARM9E 系列微处理器的主要特点如下：支持 DSP 指令集，适合于需要高速数字信号处理的场合；5 级整数流水线，指令执行效率更高；支持 32 位 ARM 指令集和 16 位 Thumb 指令集；支持 32 位的高速 AMBA 总线接口；支持 VFP9 浮点协处理器；全性能的 MMU，支持 Windows CE、Linux、Palm OS 等多种主流嵌入式操作系统；MPU 支持实时操作系统。支持数据 Cache 和指令 Cache，具有更高的指令和数据处理能力；主频最高可达 300MIPS。

4. ARM10E 微处理器系列

ARM10E 系列微处理器具有高性能、低功耗的特点，由于采用了新的体系结构，与同等的 ARM9 器件相比较，在同样的时钟频率下，性能提高了近 50%，同时，ARM10E 系列微处理器采用了两种先进的节能方式，使其功耗极低。

ARM10E 系列微处理器的主要特点如下：支持 DSP 指令集，适合于需要高速数字信号处理的场合；6 级整数流水线，指令执行效率更高；支持 32 位 ARM 指令集和 16 位 Thumb

指令集；支持 32 位的高速 AMBA 总线接口；支持 VFP10 浮点协处理器；全性能的 MMU，支持 Windows CE、Linux、Palm OS 等多种主流嵌入式操作系统；支持数据 Cache 和指令 Cache，具有更高的指令和数据处理能力；主频最高可达 400MIPS；内嵌并行读/写操作部件。

ARM10E 系列微处理器包含 ARM1020E、ARM1022E 和 ARM1026EJ-S 三种类型，以适用于不同的应用场合。

5. SecurCore 微处理器系列

SecurCore 系列微处理器专为安全需要而设计，提供了完善的 32 位 RISC 技术的安全解决方案，因此，SecurCore 系列微处理器除了具有 ARM 体系结构的低功耗、高性能的特点外，还具有其独特的优势，即提供了对安全解决方案的支持。

SecurCore 系列微处理器包含 SecurCore SC100、SecurCore SC110、SecurCore SC200 和 SecurCoreSC210 四种类型，以适用于不同的应用场合。

6. Xscale 处理器

Xscale 是 ARM 体系结构的一种内核，基于 ARMv5TE，由 Intel 公司开发，在架构扩展的同时也保留了对于以往产品的向下兼容，因此获得了广泛的应用。相比于 ARM 处理器，Xscale 功耗更低，系统伸缩性更好，同时核心频率也得到提高，达到了 400MHz 甚至更高。

知识 2 ARM 处理器工作状态和工作模式

一、ARM 处理器的工作状态

1. ARM 处理器的两种工种状态

第一种为 ARM 状态：
① 理器执行 32 位的 ARM 指令；② RM 指令要求字对齐。

第二种为 Thumb 状态：
① 理器执行 16 位的 Thumb 指令；② humb 指令要求半字对齐。

2. ARM 处理器两种工作状态的切换

① 在程序执行过程中，处理器可以随时在两种工作状态之间切换。
② 处理器工作状态的转变并不影响处理器的工作模式和相应寄存器中的内容。
③ ARM 微处理器在开始处理代码时总是先处理 ARM 状态，也就是复位后先进入 ARM 状态。

3. ARM 处理器两种工作状态的切换方法

（1）进入 Thumb 状态
① 执行 BX 指令。

BX：带状态切换的跳转指令。当操作数寄存器的最低位[0]为 1 时，可以使微处理器从 ARM 状态切换到 Thumb 状态。

② 处理器工作在 Thumb 状态，如果发生异常并进入异常处理子程序，则异常完毕返回时，自动从 ARM 状态切换到 Thumb 状态。

（2）进入 ARM 状态
① 执行 BX 指令 BX：带状态切换的跳转指令。当操作数寄存器的最低位[0]为 0 时，可

以使微处理器从 Thumb 状态切换到 ARM 状态。

② 处理器工作在 Thumb 状态，如果发生异常并进入异常处理子程序，则进入时，自动从 Thumb 状态切换到 ARM 状态。

二、ARM 处理器的工作模式

ARM 处理器共有 7 种运行模式如表 2-1 所示。

表 2-1　ARM 处理器运行模式

处理器模式	描　　述
用户模式（User,usr）	正常程序执行的模式
快速中断模式（FIQ,fiq）	用于高速数据传输和通道处理
外部中断模式（IRQ,irq）	用户通常的中断使用
管理模式（Supervisor,svc）	供操作系统使用的一种保护模式
数据访问中止模式（Abort,abt）	用于虚拟存储及存储保护
未定义指令中止模式（Undefined,und）	用于支持通过软件仿真硬件的协处理器
系统模式（System,sys）	用于运行特权级的操作系统任务

除了用户模式以外，其他 6 种处理器模式可以称为特权模式，在这些模式下，程序可以访问所有的系统资源，也可以任意地进行处理器模式的切换。其中除了系统模式外的其他 5 种特权模式又称为异常模式。处理器模式可以通过软件来切换，在 ARM Linux 操作系统中，只有运行在内核态的程序才有可能更改处理器模式，用户态的程序是不能访问受操作系统保护的系统资源的，更不能直接进行处理器模式的切换。当需要处理器模式切换的时候，用户态的程序可以中断，内核态的中断处理程序开始响应并做出处理。

以上 7 种模式对应了系统中的中断向量表，这在移植操作系统的时候很重要。系统中所有的调度都是围绕着中断向量表展开的，在不用操作系统的系统（也就是通常所谓的裸机系统）程序中，对于中断向量表的处理也很关键。这个向量表一般加载在 CPU 复位执行的开始地址的一段空间。在 ARM Linux 操作系统中，Boot Loader 程序的移植中需要考虑这些问题，而一旦 Boot Loader 移植成功，运行起来以后，开发人员就不需要再考虑这个问题了。

知识 3　ARM 指令流水

流水线技术通过多个功能部件并行工作来缩短程序执行时间，提高处理器核的效率和吞吐率，从而成为微处理器设计中最为重要的技术之一。

ARM7 处理器核使用了典型三级流水线的冯·诺伊曼结构，ARM7 的三级流水线在执行单元完成了大量的工作，包括与操作数相关的寄存器和存储器读写操作、ALU 操作以及相关器件之间的数据传输。执行单元的工作往往占用多个时钟周期，从而成为系统性能的瓶颈。ARM9 采用了更为高效的基于五级流水线的哈佛结构，增加了 2 个功能部件分别访问存储器并写回结果，且将读寄存器的操作转移到译码部件上，使流水线各部件在功能上更平衡；同时其哈佛架构避免了数据访问和取指的总线冲突，进一步提高了处理器的性能。

然而不论是三级流水线还是五级流水线，当出现多周期指令、跳转分支指令和中断发生的时候，流水线都会发生阻塞，而且相邻指令之间也可能因为寄存器冲突导致流水线阻塞，降低流水线的效率。

一、ARM7、ARM9 流水线技术

1. ARM7 流水线技术

ARM7 系列处理器中每条指令分取指、译码、执行三个阶段，分别在不同的功能部件上依次独立完成。取指部件用于从存储器装载一条指令，通过译码部件产生下一周期数据路径需要的控制信号，完成寄存器的解码，再送到执行单元完成寄存器的读取、ALU 运算及运算结果的写回，需要访问存储器的指令完成存储器的访问。流水线上虽然一条指令仍需 3 个时钟周期来完成，但通过多个部件并行，使得处理器的吞吐率约为每个周期一条指令，提高了流式指令的处理速度，从而可达到 0.9 MIPS/MHz 的指令执行速度。

在三级流水线下，通过 R15 访问 PC（程序计数器）时会出现取指位置和执行位置不同的现象。这须结合流水线的执行情况考虑，取指部件根据 PC 取指，取指完成后 PC 加 4 送到 PC，并把取到的指令传递给译码部件，然后取指部件根据新的 PC 取指。因为每条指令 4 字节，故 PC 值等于当前程序执行位置加 8。

2. ARM9 流水线技术

ARM9 系列处理器的流水线分为取指、译码、执行、访存、回写。取指部件完成从指令存储器取指；译码部件读取寄存器操作数，与三级流水线中不占有数据路径区别很大；执行部件产生 ALU 运算结果或产生存储器地址（对于存储器访问指令来讲）；访存部件访问数据存储器；回写部件完成执行结果写回寄存器。把三级流水线中的执行单元进一步细化，减少了在每个时钟周期内必须完成的工作量，进而允许使用较高的时钟频率，且具有分开的指令和数据存储器，减少了冲突的发生，每条指令的平均周期数明显减少。

二、三级流水线运行情况分析

三级流水线在处理简单的寄存器操作指令时，吞吐率为平均每个时钟周期一条指令；但是在存在存储器访问指令、跳转指令的情况下会出现流水线阻断情况，导致流水线的性能下降。图 2-1 给出了流水线的最佳运行情况，图中的 MOV、ADD、SUB 指令为单周期指令。从 T1 开始，用 3 个时钟周期执行了 3 条指令，指令平均周期数（CPI）等于 1 个时钟周期。

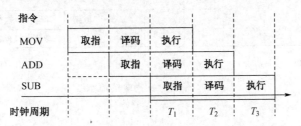

图 2-1　ARM7 单周期指令最佳流水线

流水线中阻断现象也十分普遍，下面就各种阻断情况下的流水线性能进行详细分析。

1. 带有存储器访问指令的流水线

对存储器的访问指令 LDR 就是非单周期指令，如图 2-2 所示。这类指令在执行阶段，首先要进行存储器的地址计算，占用控制信号线，而译码的过程同样需要占用控制信号线，所以下

一条指令（第一个 SUB）的译码被阻断，并且由于 LDR 访问存储器和回写寄存器的过程中需要继续占用执行单元，所以下一条指令（第一个 SUB）的执行也被阻断。由于采用冯·诺伊曼体系结构，不能够同时访问数据存储器和指令存储器，当 LDR 处于访存周期的过程中时，MOV 指令的取指被阻断。因此处理器用 8 个时钟周期执行了 6 条指令，指令平均周期数（CPI）=1.3 个时钟周期。

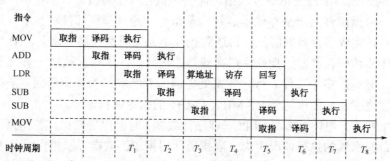

图 2-2 带有存储器访问指令的流水线

2. 带有分支指令的流水线

当指令序列中含有具有分支功能的指令（如 BL 等）时，流水线也会被阻断，如图 2-3 所示。分支指令在执行时，其后第 1 条指令被译码，其后第 2 条指令进行取指，但是这两步操作的指令并不被执行。因为分支指令执行完毕后，程序应该转到跳转的目标地址处执行，因此在流水线上需要丢弃这两条指令，同时程序计数器就会转移到新的位置接着进行取指、译码和执行。此外还有一些特殊的转移指令需要在跳转完成的同时进行写链接寄存器、程序计数寄存器的操作，如 BL 执行过程中包括两个附加操作——写链接寄存器和调整程序指针。这两个操作仍然占用执行单元，这时处于译码和取指的流水线被阻断了。

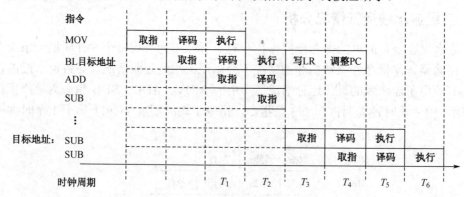

图 2-3 带有分支指令的流水线

3. 中断流水线

处理器中断的发生具有不确定性，与当前所执行的指令没有任何关系。在中断发生时，处理器总是会执行完当前正被执行的指令，然后去响应中断。如图 2-4 所示，在 0x90000 处的指令 ADD 执行期间 IRQ 中断发生，这时要等待 ADD 指令执行完毕，IRQ 才获得执行单元，处理器开始处理 IRQ 中断，保存程序返回地址并调整程序指针指向 0x18 内存单元。在 0x18 处有 IRQ 中断向量（也就是跳向 IRQ 中断服务的指令），接下来执行跳转指令转向中断服务程序，流水线又被阻断，执行 0x18 处指令的过程同带有分支指令的流水线。

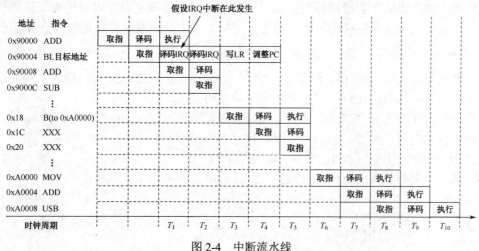

图 2-4 中断流水线

三、五级流水线技术

五级流水线技术在多种 RISC 处理器中被广泛使用，被认为是经典的处理器设计方式。五级流水线中的存储器访问部件（访存）和寄存器回写部件，解决了三级流水线中存储器访问指令在指令执行阶段的延迟问题。图 2-5 为五级流水线的运行情况（五级流水线也存在阻断）。

图 2-5 ARM9 的五级最佳流水线

1. 五级流水线互锁分析

五级流水线只存在一种互锁，即寄存器冲突。读寄存器是在译码阶段，写寄存器是在回写阶段。如果当前指令（A）的目的操作数寄存器和下一条指令（B）的源操作数寄存器一致，B 指令就需要等 A 回写之后才能译码。这就是五级流水线中的寄存器冲突。如图 2-6 所示，LDR 指令写 R9 是在回写阶段，而 MOV 中需要用到的 R9 正是 LDR 在回写阶段将会重新写入的寄存器值，MOV 译码需要等待，直到 LDR 指令的寄存器回写操作完成。

图 2-6 ARM9 的五级流水线互锁

虽然流水线互锁会增加代码执行时间，但是为初期的设计者提供了巨大的方便，可以不必考虑使用的寄存器会不会造成冲突；而且编译器以及汇编程序员可以通过重新设计代码的顺序或者其他方法来减少互锁的数量。另外分支指令和中断的发生仍然会阻断五级流水线。

2. 五级流水线优化

采用重新设计代码顺序在很多情况下可以很好地减少流水线的阻塞，使流水线的运行流畅。下面详细分析代码优化对流水线的优化和效率的提高。

要实现把内存地址 0x1000 和 0x2000 处的数据分别复制到 0x8000 和 0x9000 处。

0x1000 处的内容：1，2，3，4，5，6，7，8，9，10

0x2000 处的内容：H，e，l，l，o，W，o，r，l，d

实现第一个复制过程的程序代码及指令的执行时空图如图 2-7 所示。

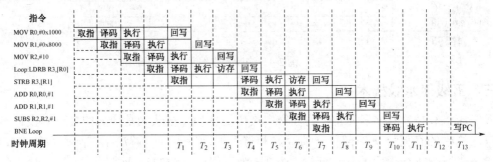

图 2-7 未经优化的流水线

全部复制过程由两个结构相同的循环各自独立完成，分别实现两块数据的复制，并且两个复制过程极为类似，分析其中一个即可。

T_1~T_3 是 3 个单独的时钟周期；T_4~T_{11} 是一个循环，在时空图中描述了第一次循环的执行情况。在 T_{12} 的时候写 LR 的同时，开始对循环的第一条语句进行取指，所以总的流水线周期数是 3+10×10+2×9=121。整个复制过程需要 121×2+2=244 个时钟周期完成。

考虑到通过减少流水线的冲突可以提高流水线的执行效率，而流水线的冲突主要来自寄存器冲突和分支指令，因此对代码做如下两方面调整：

① 将两个循环合并成一个循环能够充分减少循环跳转的次数，减少跳转带来的流水线停滞；

② 调整代码的顺序，将带有与临近指令不相关的寄存器插到带有相关寄存器的指令之间，能够充分地避免寄存器冲突导致的流水线阻塞。

对代码的调整和流水线的时空图如图 2-8 所示。

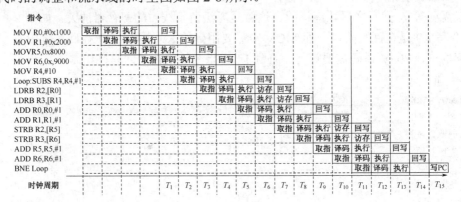

图 2-8 优化后的流水线

调整之后，$T_1 \sim T_5$ 是 5 个单独的时钟周期，$T_6 \sim T_{13}$ 是一个循环，同样在 T_{14} 的时候 BNE 指令在写 LR 的同时，循环的第一条指令开始取指，所以总的指令周期数为 5+10×10+2×9+2=125。

通过两段代码的比较可看出：调整之前整个复制过程总共使用了 244 个时钟周期，调整了循环内指令的顺序后，总共使用了 125 个时钟周期就完成了同样的工作，时钟周期减少了 119 个，缩短了 119 / 244=48.8%，效率提升十分明显。

代码优化前后执行周期数对比的情况如表 2-2 所列。

表 2-2 代码优化前后执行周期数对比

	优化前周期数	优化后周期数	提高比例（%）
顺序语句	6	5	16.7
循环 1	118	60	49.2
循环 2	120	60	50
总周期数	224	125	48.8

流水线技术提高了处理器的并行性，与串行 CPU 相比大大提高了处理器性能。通过调节指令序列的方法又能够有效地避免流水线冲突的发生，从而提高了流水线的执行效率。因此如何采用智能算法进行指令序列的自动调节以提高流水线的效率和进一步提高处理器的并行性将是以后研究的主要方向。

实验二 Qt 环境搭建实验

【实验目的】

（1）熟悉 Qt 编程方法；
（2）掌握 Qt 平台搭建；
（3）学会使用 Qt 编写一个简单的应用程序。

【实验设备】

（1）装有 Linux 系统或装有 Linux 虚拟机的 PC 机一台；
（2）物联网多网技术综合教学开发设计平台一套；
（3）串口线一条或 USB 线（A-B）。

【实验要求】

使用 Qt 建立一个工程，单击"show"，显示文字为"Hello Qt"，单击"hide"，隐藏文字。

【实验原理】

一、Qt 简介

Qt 是一个多平台的 C++图形用户界面应用程序框架。它提供给应用程序开发者建立艺术级的图形用户界面所需的所用功能。Qt 是完全面向对象的，很容易扩展，并且允许真正地组件编程。自从 1996 年早些时候进入商业领域，Qt 已经成为全世界范围内数千种成功的应用程序的基础。Qt 也是流行的 Linux 桌面环境 KDE 的基础，KDE 是所有主要的 Linux 发行版的一个标准组件。Qt 有可移植、易用、执行速度快等特点。

二、Qt Creator

为了帮助开发人员更容易、高效地开发基于 Qt 这个应用程序框架的程序，Nokia 在收购 Qt 之后推出了 Qt Creator 这一个轻量级的集成开发环境。Qt Creator 可以实现代码的查看、编辑、界面的查看、以图形化的方式设计、修改、编译等工作，甚至在 PC 环境下还可以对应用程序进行调试。同时，Qt Creator 还是一个跨平台的工具，它支持包括 Linux、Mac OS、Windows 在内的多种操作系统平台。这使得不同的开发工作者可以在不同平台下共享代码或协同工作。

三、Qt Embedded

Qt 本身是一个跨平台的应用程序框架，而且它的源码非常容易获得。原则上用户可以使用它的源码，将其编译成任何可以运行在多种操作系统下，如 MS-Window、Linux、Unix、Mac 等，具体的编译方法可以查看 Qt 官方文档，这里不再赘述。在实验箱光盘中提供的 Ubuntu 虚拟机镜像中，已经安装好了 Qt Creator，以及 Qt Embedded for A8。在本实验中，主要介绍利用 Qt Creator 创建应用程序、编译和在开发板上运行 Qt 程序的方法。

四、Qt 编程

常见的 Qt 应用程序的开发有两种方式：使用文本编辑器编写 C++代码，然后在命令行下生成工程并编译；使用 Qt Creator 编写 C++代码，并为 Qt Creator 安装 Qt Embedded SDK，然后利用 Qt Creator 编译程序。

由于 Qt Creator 具有良好的可视化操作界面，同时它包含了一个功能非常强大的 C++代码编辑器，所以第二种方法是我们的首选。

使用 Qt Creator 进行 Qt 应用程序开发的具体方法参见实验步骤。

【实验步骤】

在 Ubuntu 系统中，可以看到桌面上有一个 Qt Creator 的图标，如图 2-9 所示，双击运行它。

在打开的主界面中，单击菜单栏的"File"，在弹出的下拉菜单中左键单击"New File or Project"，如图 2-10 所示。

图 2-9　Qt Creator 图标

图 2-10　Qt Creator 的新建工程

选择新建的文件类型，这里需要在左侧选择"Qt C++ Project"，并在右侧选择"Qt Gui Application"，如图 2-11 所示，并单击"Choose"。

输入工程名称，选择创建工程的路径，单击"Next"，如图 2-12 所示。

项目二 简易计算器项目设计

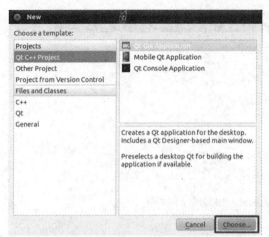

图 2-11 选择工程类型

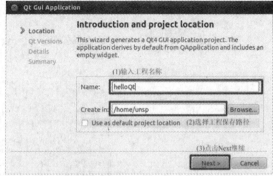

图 2-12 创建工程文件夹名称及路径

选择编译的方式，选中"Qt 4.7.0 OpenSource"是表示 PC 机的编译方式，选中"Qt forA8"表示的是嵌入式版本的编译方式，一般两项都选择，单击"Next"继续，如图 2-13 所示。

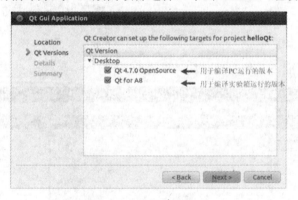

图 2-13 选择编译方式

选择基类为"QWidget"，并输入自定义类的名称"MyWidget"，单击"Next"继续，如图 2-14 所示。

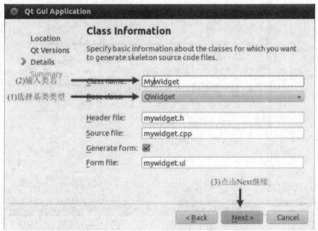

图 2-14 Qt Creator 的新建类名和基类

看到当前新建工程的目录结构，左键单击"Finish"后完成工程的新建；如图 2-15 所示。

· 55 ·

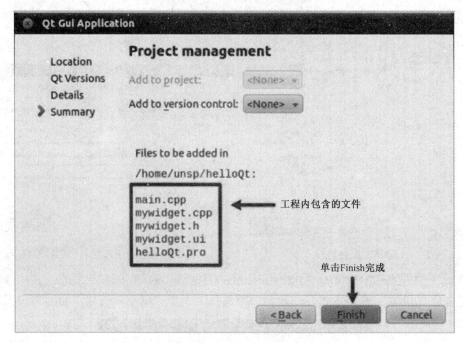

图 2-15　完成工程新建

进入 Qt 的编辑界面，具体布局结构如图 2-16 所示。

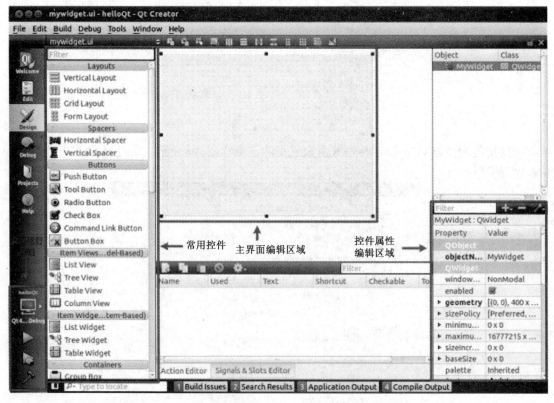

图 2-16　Qt Creator 的窗口

在常用控件区域中找到"Push Button"，使用鼠标将其拖动到主界面编辑区域，重复该步骤，即可在主界面中添加两个 PushButton，如图 2-17 所示。

左键双击"PushButton"，将其中一个命名为"Show"，另一个命名为"Hide"，如图 2-18 所示。

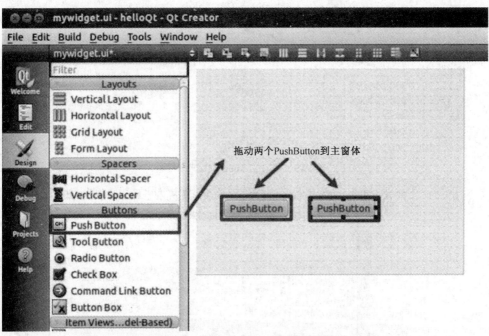

图 2-17　拖动 PushButton 到编辑窗口

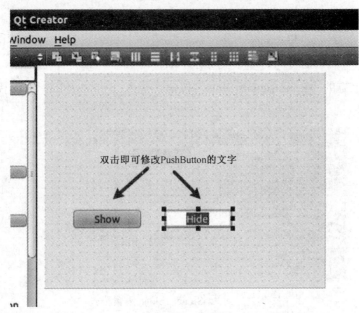

图 2-18　修改 PushButton 的名称

类似的方法，在常用控件中找到"Label"，拖动到主窗体中，如图 2-19 所示。

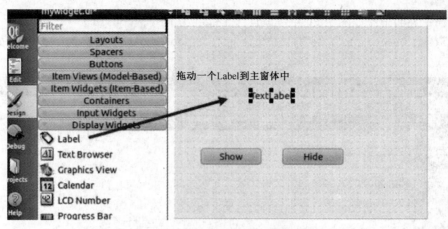

图 2-19　拖动 Label 到编辑窗口

左键双击这个 Label，即可修改其显示的文字，将其改名为"Hello Qt"，如所图 2-20 所示。

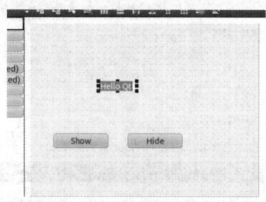

图 2-20　改名为"Hello Qt"

单击主窗体上方的"Edit Signals/Slots"按钮，进入 Signals/Slots 编辑模式，如图 2-21 所示。

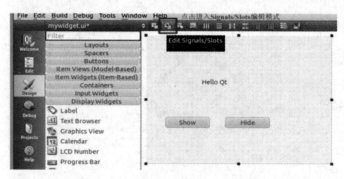

图 2-21　进入 Signals/Slots 编辑模式

在该模式下，可以对控件之间的动作进行关联，左键单击"Show"按钮不要松开鼠标，然后拖动到"Hello Qt"上方，此时可以看到界面中出现一个箭头由"Show"按钮指向"Hello Qt"标签，如图 2-22 所示。

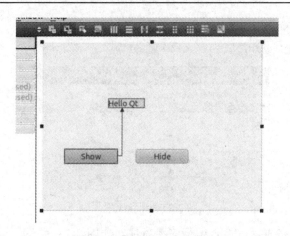

图 2-22 通过拖动产生箭头

拖动"Show"指向"H"窗口，首先选中"Show signals and slots inherited from QWidget"复选框，以便可以看到尽量多的控件的动作，然后在左侧选择"clicked()"，在右侧选择"show()"，表示按钮被单击的事件，将与标签的显示动作相关联。

同样的方法，将"Hide"按钮的"clicked()"与"Hello Qt"标签的"hide()"关联，如图 2-24 和图 2-25 所示。

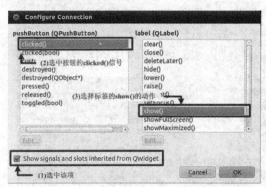

图 2-23 选择"Show"到 label 的信号连接

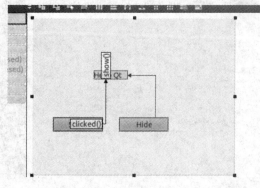

图 2-24 拖动"Hide"指向"Hello Qt"

至此，便将两个按键的单击事件分别与同一个标签的显示和隐藏动作相关联，接下来左键单击左编译运行按钮，如图 2-26 所示，即可启动编译过程，并在编译成功之后自动运行该程序（注：默认情况下，编译的程序为 PC 运行的版本，可以直接在 Ubuntu 系统中运行）。

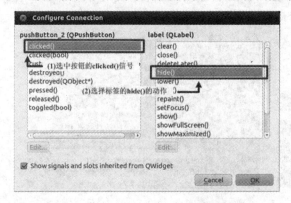

图 2-25 选择"Hide"和"Label"的连接

图 2-26 编译运行

第一次编译运行可能会弹出图 2-27 所示的保存文件提示，勾选"Always save files before build"并单击"Save All"即可。

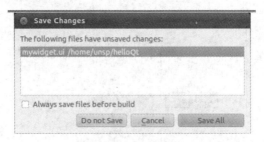

图 2-27　保存工程

等待片刻，待编译完成后，将会运行应用程序，如图 2-28 所示。至此，应用程序已经成功运行。单击"Show"和"Hide"按钮，可以看到"Hello Qt"标签将会显示或隐藏起来。

接下来编译用于实验箱运行的 Qt 应用程序，首先将实验箱的串口和网线连接到 PC 机，硬件连接如图 2-29 所示。

图 2-28　单击"Show"的显示　　　　　　图 2-29　Qt 硬件连接

单击 Qt Creator 的"Build"菜单下的"Clean All"，清理一下之前编译生成的文件，防止编译嵌入式版本的程序出错，如图 2-30 所示。

单击左下角如图 2-31 所示的图标，会弹出编译选择框。单击"Build"右侧的下拉列表，可以看到其中有四项编译类型，这里选择"Qt for A8 Release"。

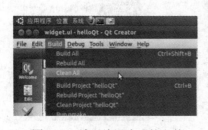　　

图 2-30　清理编译生成的文件　　　　　图 2-31　单击编译选择图标

选择完成后的界面如图 2-32 所示。

图 2-32 编译选择窗口

单击图 2-33 所示的左下角的"Build All"按钮，即可开始编译实验箱运行的版本。当看到编译选择按钮上方的进度条变成绿色，即表示编译完成，如图 2-34 所示。

图 2-33 编译程序

图 2-34 编译工程

在工程的保存目录中，可以找到一个名为"helloQt-build-desktop"的文件夹，如图 2-35 所示。编译生成的可执行程序即在此文件夹中。

图 2-35 目标文件夹

将"helloQt-build-desktop"文件夹中的"helloQt"文件按照图 2-35 中将编译生成的文件复制到实验箱上并运行下载程序的方法，下载到实验箱。

在超级终端中，为 hello Qt 添加可执行权限，并运行它：

```
Chmad+x hellQt
./helloQt
```

在实验箱上使用触摸屏即可对应用程序进行操作。

任务二 ARM 微处理器和存储器

知识 1 ARM 寄存器

ARM 处理器含有 37 个寄存器,这些寄存器包括以下两类:31 个通用寄存器和 6 个状态寄存器,31 个通用寄存器都是 32 位寄存器;状态寄存器也是 32 位的寄存器,但是只使用了其中的 12 位。

一、通用寄存器

在 ARM 处理器的 7 种模式下都有一组对应的寄存器组。在任意时刻,可见的寄存器组包括 15 个通用寄存器 R0~R14、一个或两个状态寄存器和 PC。在所有的寄存器中,有些是各种模式下共用的同一个物理寄存器,有些是各种模式自己独立拥有的物理寄存器。如表 2-3 所示。

表 2-3 ARM 物理寄存器

用户模式	系统模式	特权模式	中止模式	未定义指令模式	外部中断模式	快速中断模式
R0	R0	R0	R0	R0	R0	R0
R1	R1	R1	R1	R1	R1	R1
R2	R2	R2	R2	R2	R2	R2
R3	R3	R3	R3	R3	R3	R3
R4	R4	R4	R4	R4	R4	R4
R5	R5	R5	R5	R5	R5	R5
R6	R6	R6	R6	R6	R6	R6
R7	R7	R7	R7	R7	R7	R7
R8	R8	R8	R8	R8	R8	R8_fiq
R9	R9	R9	R9	R9	R9	R9_fiq
R10	R10	R10	R10	R10	R10	R10_fiq
R11	R11	R11	R11	R11	R11	R11_fiq
R12	R12	R12	R12	R12	R12	R12_fiq
R13	R13	R13_svc	R13_abt	R13_und	R13_irq	R13_fiq
R14	R14	R14_svc	R14_abt	R14_und	R14_irq	R14_fiq
PC	PC	PC	PC	PC	PC	PC
CPSR	CPSR	CPSR	CPSR	CPSR	CPSR	CPSR
		SPSR_svc	SPSR_abt	SPSR_und	SPSR_irq	SPSR_fiq

通用寄存器通常又可以分为下面 3 类：未备份寄存器（包括 R0~R7）；备份寄存器（包括 R8~R14）；程序计数器 PC（R15）。

1. 未备份寄存器 R0~R7

对于每个未备份寄存器来说，在所有的处理器模式下指的都是同一个物理寄存器，在异常中断造成处理器模式切换时，由于不同的处理器模式使用相同的物理寄存器，可能造成寄存器中数据被破坏。未备份寄存器没有被系统用于特别的用途，任何可采用通用寄存器的应用场合都可以使用未备份寄存器。

2. 备份寄存器 R8~R14

备份寄存器中的每个寄存器对应于两个不同的物理寄存器。例如，当使用快速中断模式下的寄存器时，寄存器 R8 和寄存器 R9 分别记作 R8_fiq 和 R9_fiq，当使用用户模式下的寄存器时，寄存器 R8 和寄存器 R9 分别记作 R8_usr 和 R9_usr 等。在这两种情况下使用的是不同的物理寄存器，系统没有将这几个寄存器用于任何的特殊用途。中断处理非常简单，仅仅使用 R8~R14 寄存器时，FIQ 处理程序可以不必执行保存和恢复中断现场的指令，从而可以使中断处理过程很迅速。

对于备份寄存器 R13、R14 来说，每个寄存器对应于 6 个不同的物理寄存器，其中的一个是用户模式和系统模式共用的，另外的 5 个则对应于其他 5 种处理器模式，采用下面的方法来标识：R13_mode，其中 mode 是 usr、svc、abt、und、irq 和 fiq 中的一种。R13 通常用作堆栈指针。每一种模式都拥有自己的物理 R13。程序初始化 R13，使其指向该模式专用的栈地址。当进入该模式时，可以将需要使用的寄存器保存在 R13 所指的栈中，当退出该模式时，将保存在 R13 所指的栈中的寄存器值弹出。这样就实现了程序的现场保护。寄存器 R14 又被称为连接寄存器（LR），在 ARM 中有两种特殊用途：每一种处理器模式在自己的物理 R14 中存放当前子程序的返回地址。当通过 BL 或者 BLX 指令调用子程序时，R14 被设置成该子程序的返回地址。在子程序中，当把 R14 的值复制到程序计数器 PC 中时，就实现了子程序返回。具体的汇编调用方式是：MOV PC, LR 或 BX LR；当发生异常中断的时候，该模式下的特定物理 R14 被设置成该异常模式将要返回的地址。

3. 程序计数器 PC（R15）

由于 ARM 处理器采用的是流水线机制，当正确地读取 PC 值时，该值为当前指令地址值加 8 字节。也就是说对于 ARM 指令来说，PC 指向当前指令的下两条指令的地址，由于 ARM 指令是字对齐的，PC 值的第 0 位和第 1 位总是为 0。当成功地向 PC 写入一个地址数值时，程序将跳转到该地址执行。

在 ARM 系统进行代码级调试时对于 R13、R14 及 PC 的跟踪很重要，可以用来分析系统堆栈及 PC 指针值的变化等。

二、程序状态寄存器

CPSR（当前程序状态寄存器）可以在任何处理器模式下被访问。每一种模式下都有一个专用的物理状态寄存器，称为 SPSR（备份程序状态寄存器）。当特定的异常中断发生时，这个寄存器用于存放当前程序状态寄存器的内容。在异常退出时，可以用 SPSR 中保存的值来恢复 CPSR。CPSR 的具体格式如下：

31	30	29	28	27	26	7	6	5	4	3	2	1	0
N	Z	C	V	Q	DNMLRAZ	T	F	I	M4	M3	M2	M1	M0

1. 条件标志位

N（Negative）、Z（Zero）、C（Carry）及 V（Overflow）统称为条件标志位。大部分的 ARM 指令可以依据 CPSR 中的这些标志位来选择性地执行。各条件标志位的具体含义如表 2-4 所示。

表 2-4　CPSR 标志位含义

标志位	含　义
N	本位设置成当前指令运算结果的 bit[31]的值 当两个补码表示的有符号整数运算时，N＝1 表示运算的结果为负数，N＝0 表示结果为正数或零
Z	Z＝1 表示运算结果是 0，Z＝0 表示运算结果不是零 对于 CMP 指令，Z＝1 表示进行比较的两个数大小相等
C	在加法指令中（包括比较指令 CMN），结果产生进位了，则 C＝1，表示无符号数运算发生上溢出，其他情况下 C＝0 在减法指令中（包括比较指令 CMP），结果产生借位了，则 C＝0，表示无符号数运算发生下溢出，其他情况下 C＝1 对于包含移位操作的非加/减法运算指令，C 中包含最后一次被溢出的位的数值，对于其他非加/减法运算指令，C 位的值通常不受影响
V	对于加/减法运算指令，当操作数和运算结果为二进制的补码表示的带符号数时，V＝1 表示符号位溢出，其他的指令通常不影响 V 位

2. Q 标志位

在 ARM v5 的 E 系列处理器中，CPSR 的 bit[27]称为 Q 标志位，主要用于指示增强的 DSP 指令是否发生了溢出，同样地，SPSR 的 bit[27]也称为 Q 标志位，用于在异常中断发生时保存和恢复 CPSR 中的 Q 标志位。

3. CPSR 中的控制位

CPSR 的低 8 位 I、F、T 及 M[4:0]统称为控制位，当异常中断发生时这些位发生变化。在特权级的处理器模式下，软件可以修改这些控制位。

（1）I 中断禁止位

当 I＝1 时禁止 IRQ 中断；当 F＝1 时禁止 FIQ 中断。

通常一旦进入中断服务程序可以通过置位 I 和 F 来禁止中断，但是在本中断服务程序退出前必须恢复原来 I、F 位的值。

（2）T 控制位

用来控制指令执行的状态，即说明本指令是 ARM 指令还是 Thumb 指令。对于不同版本的 ARM 处理器，T 控制位的含义是有些不同的。对于 ARM v3 及更低的版本和 ARM v4 的非 T 系列版本的处理器，没有 ARM 和 Thumb 指令的切换，所以 T 始终为 0。对于 ARM v4 及更高版本的 T 系列处理器，T 控制位含义如下：

当 T=0，表示执行 ARM 指令。
当 T=1，表示执行 Thumb 指令。
对于 ARM v5 及更高的版本的非 T 系列处理器，T 控制位的含义如下：
当 T=0，表示执行 ARM 指令。
当 T=1，表示强制下一条执行的指令产生为定义指令中断。

（3）M 控制位

控制位 M[4:0]称为处理器模式标识位，具体说明如表 2-5 所示。

表 2-5 CPSR 处理器模式位

M[4:0]	处理器模式	可访问的寄存器
0b10000	User	PC,R14~R0,CPSR
0b10001	FIQ	PC,R14_fiq~R8_fiq,R7~R0,CPSR,SPSR_fiq
0b10010	IRQ	PC,R14_irq~R13_irq,R12~R0,CPSR,SPSR_irq
0b10011	Supervisor	PC,R14_svc~R13_svc,R12~R0,CPSR,SPSR_svc
0b10111	Abort	PC,R14_abt~R13_abt,R12~R0,CPSR,SPSR_abt
0b11011	Undefined	PC,R14_und~R13_und,R12~R0,CPSR,SPSR_und
0b11111	System	PC,R14~R0,CPSR（ARM v4 及更高版本）

CPSR 的其他位用于将来 ARM 版本的扩展，程序可以先不操作这些位。

知识 2 ARM 存储器

一、ARM 存储器简介

我们可以把存储器看成一个具有输出和输入功能的黑盒子。输入量是地址，输出的是对应地址上存储的数据。当然这个黑盒子是由很复杂的半导体电路实现的，具体的实现的方式我们现在不管。存储单位一般是字节。这样，每个字节的存储单元对应一个地址，当一个合法地址从存储器的地址总线输入后，该地址对应的存储单元上存储的数据就会出现在数据总线上面。普通的单片机把可执行代码和数据存放到存储器中。单片机中的 CPU 从存储器中取指令代码和数据。其中存储器中每个物理存储单元与其地址是一一对应而且是不可变的。而 ARM 比较复杂，ARM 芯片与普通单片机在存储器地址方面的不同在于：ARM 芯片中有些物理存储单元的地址可以根据设置变换。就是说一个物理存储单元现在对应一个地址，经过设置以后，这个存储单元就对应了另外一个地址。

二、ARM 存储器的特点

1. 系统中可能包含多种类型的存储器，如 FLASH、RAM、ROM 和 EEPROM 等，不同类型的存储器的速度和宽度等各不相同。

2. 通过使用 Cache 及 Write Buffer 技术缩小处理器和存储系统速度差别，从而提高系统的整体性能。

3. 内存管理部件通过内存映射技术实现虚拟空间到物理空间的映射。在系统加电时，将 ROM/FLASH 映射为地址 0x00000000，这样可以进行一些初始化处理；当这些初始化完成后将 RAM 地址映射为 0x00000000，并把系统程序加载到 RAM 中运行，这样很好地解决了嵌入式系统的需要。

4．引入存储保护机制，增强系统的安全性。
5．引入一些机制保证 I/O 操作映射为成内存操作后，各种 I/O 操作能够得到正确的结果。

三、存储器重新映射

存储器重新映射是将复位后用户可见的存储器中部分区域，再次映射到其他的地址上。存储器重新映射包括两个方面：Boot Block 重新映射；异常（中断）向量重新映射。

1．Boot Block 重新映射

本来 Boot Block 位于片内 Flash 的最高 8KB，但是为了与将来器件相兼容，生产商为了产品的升级换代，在新型芯片中增加内部 Flash 容量时，不至于因为位于 Flash 高端的 Boot Block 的地址发生了变化而改写其代码，整个 Boot Block 都要被重新映射到内部存储器空间的顶部，即片内 RAM 的最高 8KB。

2．异常（中断）向量重新映射

本来中断向量表在片内 Flash 的最低 32 字节，重新映射时要把这 32 个字节再加上其后的 32 个字节（后面这 32 个字节是存放快速中断 IRQ 的服务程序的）共 64 个字节重新映射（地址为：0x00000000~0x0000003F）。重新映射到的地方有三个：内部 Flash 高端的 64 字节空间、内部 RAM 低端的 64 字节空间和外部 RAM 低端的 64 字节空间，再加上原来的内部 Flash 低端的 64 字节空间，异常向量一共可以在四个地方出现。为了对存储器映射进行控制，处理器设置了存储器映射控制寄存器 MEMMAP，其控制格式如下所示：

（1）当 MEMMAP[1:0]=00 时是映射到内部 Flash 高端，同内部 Flash 高端的 Boot Block 一起又被映射到了内部 RAM 高端；

（2）当 MEMMAP[1:0]=01 时相当于没有重新映射，异常向量表在内部 Flash 低端；

（3）当 MEMMAP[1:0]=10 时映射到了内部 RAM 的低端；

（4）当 MEMMAP[1:0]=11 时映射到了外部 RAM 低端。

四、存储器组织

在现代 SoC 设计中，为了实现高性能，微处理器核必须连接一个容量大、速度高的存储器系统。如果存储器容量太小，就不能存储足够大的程序来使处理器全力工作；如果速度太慢，就不能为处理器快速地提供指令。但一般存储器的容量和速度之间成反比关系，即容量越大，速度越慢。因此，设计一个足够大又足够快的单一存储器，使高性能处理器充分发挥其能力，是有一定困难的。一般的解决方法是构建一个复合的存储器系统，这就是普遍使用的多级存储器层次的概念。

多级存储器系统包括一个容量小但速度快的从存储器以及一个容量大但速度慢的主存储器。根据典型程序的实验统计，这个存储器系统的外部行为在绝大部分时间像一个即大又快的存储器。这个容量小但速度快的元件是 Cache。它自动地保存处理器经常用到的指令和数据的复制信息。

1．ARM 支持的数据类型

ARM 处理器支持以下 6 种数据类型：8 位有符号和无符号字节；16 位有符号和无符号半

字节,它们以 2 字节的边界对齐;32 位有符号和无符号字,它们以 4 字节的边界对齐。

ARM 指令全是 32 位的字节,必须以字节为单位且必须以 2 字节为单位边界对齐。

2. 存储器组织

在以字节为单位寻址的存储器中有小端和大端 2 种模式存储字。这 2 种模式是根据最低有效字节与相邻较高有效字节相比的结果,来决定存放在较低的地址还是较高的地址的。2 种存储模式如图 2-36 所示。

小端模式:较高的有效字节存放在较高的存储器地址,较低的有效字节存放在较低的存储器地址。

大端模式:较高的有效字节存放在较低的存储器地址,较低的有效字节存放在较高的存储器地址。

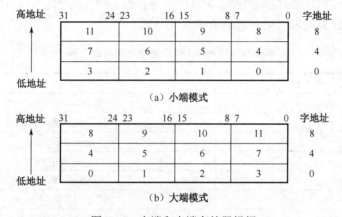

图 2-36 小端和大端存储器组织

一个基于 ARM 内核的芯片可以只支持大端模式或小端模式,也可以两者都支持。在 ARM 指令集中不包含任何直接选择大小端的指令,但是一个同时支持大小端模式的 ARM 芯片可以通过硬件配置(一般使用芯片的引脚来配置)来匹配存储器系统所使用的规则。

五、存储管理单元

在创建多任务嵌入式系统时,最好有一个简单的方式来编写、装载及运行各自独立的任务。目前大多数的嵌入式系统不再使用自己定制的控制系统,而使用操作系统来简化这个过程。较高级的操作系统采用基于硬件的存储管理单元 MMU 来实现上述操作。

MMU 提供的一个关键服务是使各个任务作为各自独立的程序在其自己的私有存储空间中运行。在带 MMU 的操作系统控制下,运行的任务无需知道其他与之无关的任务的存储需求情况,这就简化了各个任务的设计。

MMU 提供了一些资源以允许使用虚拟存储器。MMU 作为转换器,将程序和数据的虚拟地址转换成实际的物理地址,即在物理主存中的地址。这个转换过程允许运行的多个程序使用相同的虚拟地址,而各自存储在物理存储器的不同位置。

这样存储器就有两种类型的地址:虚拟地址和物理地址。虚拟地址由编译器和连接器在定位程序时分配;物理地址用来访问实际的主存硬件模块(物理上程序存在的区域)。

ARM 系统中,MMU 主要完成以下工作:

(1)虚拟存储空间到物理存储空间的映射,它能够实现从虚拟地址到物理地址的转换;

(2) 存储器访问权限的控制；

(3) 设置虚拟存储空间的缓存特性。

MMU 通过它的协处理器寄存器来确定传输表在内存中的位置，并通过这些寄存器来向 ARM 处理器提供内存访问错误信息。

从虚拟地址到物理地址的变换过程是查询传输表的过程，由于传输表放在内存中，这个查询过程通常代价很大。访问时间通常是 1~2 个内存周期。为了减少平均内存访问时间，ARM 结构体系中采用一个容量更小（通常为 8~16 个字）、访问速度和 CPU 中通用寄存器相当的存储器件来存放当前访问需要的地址变换条目，它是一个小容量的 Cache。这个小容量的页表 Cache 称为 TLB（Translation Lookaside Buffer）。

MMU 可以将整个存储空间分为最多 16 个域（Domain）。每个域对应一定的内存区域，该内存区域具有相同的访问控制属性。MMU 中寄存器 c3 用于控制与域有关的属性配置。表 2-6 列出了与 MMU 有关的协处理器寄存器及其作用。

表 2-6　与 MMU 有关的协处理器寄存器

协处理器寄存器	作　　用
c1 中某些位	配置 MMU 中的一些操作
c2	保存内存中页表基地址
c3	设置域访问权限
c4	保留
c5	内存访问失效状态标准
c6	内存访问失效时失效地址
c8	控制与清除 TLB 内容相关的操作
c10	控制与锁定 TLB 内容相关的操作

六、NAND Flash 控制器

1. 概述

当前，NOR Flash存储器的价格比较昂贵，而SDRAM和NAND Flash存储器的价格相对来说比较合适，这样就激发了一些用户产生希望从NAND Flash启动和引导系统，而在SDRAM上执行主程序代码的想法。

S3C2410A恰好满足这一要求，它可以实现从NAND Flash上执行引导程序。为了支持NAND Flash的系统引导，S3C2410A配备了一个内部SDRAM缓冲器"Steppingstone"。当系统启动时，NAND Flash存储器的前面4KByte字节将被自动载入到Steppingstone中，然后系统自动执行这些载入的引导代码。

一般情况下，这4KB的引导代码需要将NAND Flash中程序内容复制到SDRAM中，在引导代码执行完毕后跳转到SDRAM执行。使用S3C2410A内部硬件ECC功能可以对NAND Flash的数据进行有效性的检测。

2. 自动导入模式执行步骤

NAND Flash控制器结构图如图2-37所示，NAND Flash控制器的工作机制如图2-38所示。

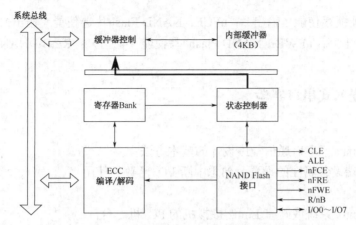

图 2-37 NAND Flash 控制器结构图

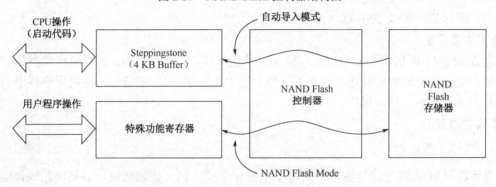

图 2-38 NAND Flash 控制器的工作机制。

自动导入模式执行步骤：

（1）完成复位。

（2）如果自动导入模式使能，NAND Flash 存储器的前面 4KB 字节被自动复制到 Steppingstone 内部缓冲器中。

（3）Steppingstone被映射到nGCS0。

（4）CPU在Steppingstone的4KB内部缓冲器中开始执行引导代码。

注意：

在自动导入模式下，不进行ECC检测。因此，NAND Flash的前4KB应确保不能有位错误（一般NAND Flash厂家都确保）。

3. NAND Flash 模式配置

（1）通过NFCONF寄存器配置NAND Flash；

（2）写NAND Flash命令到NFCMD寄存器；

（3）写NAND Flash地址到NFADDR寄存器；

（4）在读写数据时，通过NFSTAT寄存器来获得NAND Flash的状态信息。应该在读操作前或写入之后检查R/nB信号（准备好/忙信号）。

4. 管脚配置

D[7:0]：数据/命令/地址/的输入/输出口（与数据总线共享）；CLE：命令锁存使能　（输

出）；ALE：地址锁存使能（输出）；nFCE：NAND Flash片选使能（输出）；nFRE：NAND Flash读使能（输出）；nFWE：NAND Flash 写使能（输出）；R/nB：NAND Flash 准备好/繁忙（输入）。

实验三　嵌入式串口实验

【实验目的】

（1）掌握 Linux 下串口通信程序设计的基本方法；

（2）熟悉终端设备属性的设置，熟悉中断 I/O 函数的使用。

【实验设备】

（1）装有 Linux 系统或装有 Linux 虚拟机的 PC 机一台；

（2）物联网多网技术综合教学开发设计平台一套；

（3）串口线一条或 USB 线（A-B）。

【实验要求】

设置 S5PV210 的串口 0 为 Raw 模式，并使用该串口实现：PC 机通过串口发送数据给实验箱，实验箱将该数据发送两次给 PC 机。当 PC 发送"1"字符时，应用程序将串口的设置恢复到默认状态，然后退出。

【实验原理】

1. UART 原理

异步串行I/O方式是将传输数据的每个字符一位接一位（如先低位、后高位）地传送。数据的各不同位可以分时使用同一传输通道，因此串行I/O可以减少信号连线，最少用一对线即可进行。接收方对于同一根线上一连串的数字信号，首先要分割成位，再按位组成字符。为了恢复发送的信息，双方必须协调工作。在微型计算机中大量使用异步串行I/O方式，双方使用各自的时钟信号，而且允许时钟频率有一定误差，因此实现较容易。但是由于每个字符都要独立确定起始和结束（即每个字符都要重新同步），字符和字符间还可能有长度不定的空闲时间，因此效率较低。

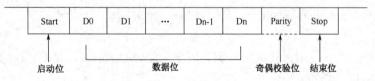

图 2-39　UART 数据帧格式

2. POSIX 接口简介

POSIX是Portable Operating System Interface for UNIX 的缩写词，是一套符合IEEE和ISO标准。这个标准定义了应用程序和操作系统之间的一个接口。只要保证程序的设计符合POSIX标准，开发人员就能确信他们的程序可以和支持POSIX 的操作系统互联。这样的操作系统包括大部分版本的UNIX。POSIX标准现在由IEEE的一个分支机构Portable Applications Standards Committee（PASC）维护。

3. Linux 下的串口操作

Linux下的串口驱动遵循POSIX接口标准，此处将所有的设备都看作一个文件，因此使用此接口标准可以像操作文件一样操作串口，例如打开串口使用open 函数进行操作；读串口使用read函数。另外由于在Linux中将串口作为一个终端设备，所以其具有终端设备的一些特殊操作函数。

4. UART 常用 API 介绍

（1）【函数原型】int open（const char *path, int oflag, ...）

【功能】以oflag 所指示的方式打开名为path的设备，打开成功后返回设备句柄。

【参数】path：设备名，如：/dev/ s3c2410_serial0

oflag：打开设备的方式，可选值可以参考。

【头文件】使用本函数需要包含<unistd.h>、<termios.h>。

【返回值】打开的设备句柄，此后对文件的操作都通过此句柄进行。

表 2-7 打开方式对照表

打 开 方 式	意　　义
O_RDONLY	只读方式打开
O_RDONLY	只写方式打开
O_RDWR	只读方式打开（等同于 O_RDONLY|O_RDONLY）
O_CREAT	如果文件不存在则首先创建
O_EXCL	独占方式打开
O_NOCTTY	禁止取得终端控制
O_TRYBC	消除文件原有内容
O_APPEND	追加方式打开
O_SYNC	便每次 write 都等待物理 I/O 操作完成
O_NONBLOCK	采用非阻塞文件/O 方式
O_RSYNC	使每次 read 都等待物理 I/O 操作完成

（2）【函数原型】ssize_t read（int fd, void *buf, size_t len）

【功能】从文件的当前位置开始中读取len个字节的数据。

【参数】fd：由open函数返回的文件句柄；

buf：读出的数据缓冲区；

len：读出的数据长度。

【返回值】实际读出的数据长度。

【头文件】使用本函数需要包含<unistd.h>。

（3）【函数原型】ssize_t write（ int fd, const void *buf, size_t len ）

【功能】从文件的当前位置开始读取len个字节的数据。

【参数】fd：由open函数返回的文件句柄；

buf：写入的数据缓冲区；

len：写的数据长度。

【返回值】实际写入的数据长度。

【头文件】使用本函数需要包含<unistd.h>。

（4）【函数原型】int tcgetattr（int fd，struct termios *option）

【功能】得到串口终端的属性值。

【参数】fd：由open函数返回的文件句柄；

option：串口属性结构体指针；
termios：结构如下所示。

```
struct termios
{
unsigned int c_iflag;        //输入参数
unsigned int c_oflag;        //输出参数
unsigned int c_cflag;        //控制参数
unsigned int c_iflag;        //局部控制参数
unsigned int c_cc[NCCS];     //控制字符
unsigned int c_ispeed;       //输入波特率
unsigned int c_ospeed;       //输出波特率
}
```

【返回值】成功返回 0，失败返回-1。
【头文件】使用本函数需要包含<unistd.h>、<termios.h>。
注：结构体 termios 中的各参数的常量定义请参考<termios.h>。
（5）【函数原型】int tcsetattr（int fd, int optact, const struct termios *option）
【功能】设置串口终端的属性。
【参数】fd：由 open 函数返回的文件句柄；
　　　　optact：选项值，有三个选项以供选择：
　　　　TCSANOW：　不等数据传输完毕就立即改变属性；
　　　　TCSADRAIN：等待所有数据传输结束才改变属性；
　　　　TCSAFLUSH：清空输入输出缓冲区才改变属性。
　　　　option：串口属性结构体指针。
【返回值】成功返回 0，失败返回 -1。
【头文件】使用本函数需要包含<unistd.h>、<termios.h>。
（6）【函数原型】int cfsetispeed（struct termios *option, speed_t speed）
【功能】设置串口的输入波特率。
【参数】option：串口属性结构体指针；
　　　　speed：波特率，例如：B115200 表示设置波特率为 115200。
【返回值】成功返回 0，失败返回 -1。
【头文件】使用本函数需要包含<unistd.h>、<termios.h>。
（7）【函数原型】int cfsetospeed（struct termios *option, speed_t speed）
【功能】设置串口的输出波特率。
【参数】option：串口属性结构体指针；
　　　　speed：波特率，例如：B115200 表示设置波特率为 115200。
【返回值】成功返回 0，失败返回-1。
【头文件】使用本函数需要包含<unistd.h>、<termios.h>。

5. 本实验原理

对任何设备或文件进行操作前，必须先将其"打开"，此处使用 open 函数打开串口，得到一个指向此设备的句柄，之后的读写操作都通过此句柄进行操作，本实验的流程图如图 2-40 所示。其中"读取串口"操作是通过 read 函数实现的，"输出读取的数据"是通过 write 函数实现的。

【实验步骤】

（1）将实验箱的串口和网线连接到PC机，硬件详细连接如图2-41所示。

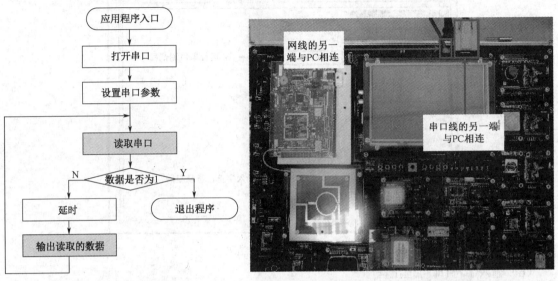

图 2-40　UART 通信流程图　　　　图 2-41　UART 实验的硬件连接

（2）按照实验原理和流程图的描述编写程序，并保存成后缀名为".c"的源程序文件。

（3）在Linux下，运行命令"arm-Linux-gcc ex03_Serial.c -o ex03_Serial.c"编译实验程序，如图2-42所示。

图 2-42　交叉编译文件

（4）将生成的ex03_Serial文件复制到目标板，具体传送过程参考"实验一嵌入式实验平台的搭建"。

(5)加入可执行权限,并在目标板上的Linux下运行ex03_Serial,观察现象是否如图2-43所示。

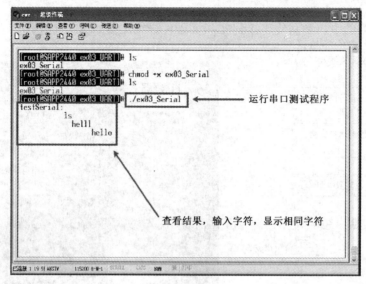

图2-43 查看运行结果

(6)输入字符1即可退出程序。

任务三 简易计算器的设计与实现

知识1 开发工具与开发环境的搭建

一、开发环境的搭建

1. 建立 Qt/Embedded 开发环境所需安装包

(1)Tmake 1.11 或更高版本(生成 Qt/Embedded 应用工程的 Makefile 文件);
(2)Qt/Embedded 2.3.7(Qt/Embedded 安装包);
(3)Qt 2.3.2 for X11(Qt 的 X11 版的安装包,它将产生 x11 开发环境所需要的两个工具)。

2. Qt/Embedded 开发环境搭建

(1)安装 Tmake
在 Linux 命令模式下运行以下命令:

```
tar xfz tmake-1.11.tar.gz
export TMAKEDIR=$PWD/tmake-1.11
export TMAKEPATH=$TMAKEDIR/lib/qws/Linux-x86-g++
export PATH=$TMAKEDIR/bin:$PATH
```

(2)安装 Qt/Embedded 2.3.7
在 Linux 命令模式下运行以下命令:

```
tar xfz qt-embedded-2.3.7.tar.gz
cd qt-2.3.7
export QTDIR=$PWD
export QTEDIR=$QTDIR
```

```
export PATH=$QTDIR/bin:$PATH
export LD_LIBRARY_PATH=$QTDIR/lib:$LD_LIBRARY_PATH
./configure -qconfig -qvfb -depths 4,8,16,32
make sub-src
cd ..
```

上述命令"./configure -qconfig -qvfb -depths 4,8,16,32"指定 Qt 嵌入式开发包生成虚拟缓冲帧工具 qvfb，并支持 4，8，16，32 位的显示颜色深度。另外我们也可以在 configure 的参数中添加-system-jpeg 和-gif，使 Qt/Embedded 平台能支持 jpeg、gif 格式的图形。

上述命令"make sub-src"指定按精简方式编译开发包，也就是说有些 Qt 类未被编译。Qt 嵌入式开发包有 5 种编译范围的选项，使用这些选项，可控制 Qt 生成的库文件的大小，但是用户的应用所使用到的一些 Qt 类将可能因此在 Qt 的库中找不到链接。编译选项的具体用法可运行"./configure-help"命令查看。

3. 安装 Qt/X11 2.3.2

在 Linux 命令模式下运行以下命令：

```
tar xfz qt-x11-2.3.2.tar.gz
cd qt-2.3.2
export QTDIR=$PWD
export PATH=$QTDIR/bin:$PATH
export LD_LIBRARY_PATH=$QTDIR/lib:$LD_LIBRARY_PATH
./configure -no-opengl
Make
make -C tools/qvfb
mv tools/qvfb/qvfb bin
cp bin/uic $QTEDIR/bin
cd ..
```

根据开发者本身的开发环境，也可以在 configure 的参数中添加别的参数，比如-no-opengl 或-no-xfs，可以键入"./configure –help"来获得一些帮助信息。

二、开发工具简介

1. Qt 的支撑工具

Qt 包含了许多支持嵌入式系统开发的工具，有两个最实用的工具是 Qmake 和 Qt designer（图形设计器）。Qmake 是一个为编译 Qt/Embedded 库和应用而提供的 Makefile 生成器。它能够根据工程文件（.qro）产生不同平台下的 Makefile 文件。Qmake 支持跨平台开发和影子生成（Shadow Builds），影子生成是指当工程的源代码共享给网络上的多台机器时，每台机器编译链接这个工程的代码将在不同的子路径下完成，这样就不会覆盖别人的编译链接生成的文件。Qmake 还易于在不同的配置之间切换。开发者可以使用 Qt 图形设计器可视化地设计对话框而不需编写一行代码。使用 Qt 图形设计器的布局管理可以生成具有平滑改变尺寸的对话框，Qmake 和 Qt 图形设计器是完全集成在一起的。

2. 信号与插槽

信号与插槽机制提供了对象间的通信机制，它易于被理解和使用，并完全被 Qt 图形设计器所支持。图形用户接口的应用需要对用户的动作做出响应。例如，当用户单击了一个菜单项或是工具栏的按钮时，应用程序会执行某些代码。大部分情况下，我们希望不同类型的对象之间能够进行通信。程序员必须把事件和相关代码联系起来，这样才能对事件做出响应。信号与插槽是一种强有力的对象间通信机制，它完全可以取代原始的回调和消息映射机制；信号与插槽是迅速的、类型安全的、健壮的及完全面向对象并用 C++来实现的一种机制。

在以前，当我们使用回调函数机制来把某段响应代码和一个按钮的动作相关联时，我们通常把那段响应代码写成一个函数，然后把这个函数的地址指针传给按钮，当那个按钮被按下时，这个函数就会被执行。对于这种方式，以前的开发包不能够确保回调函数被执行时所传递进来的函数参数就是正确的类型，因此容易造成进程崩溃，另外一个问题是，回调这种方式紧紧绑定了图形用户接口的功能元素，因而很难把开发进行独立的分类。Qt 的信号与插槽机制是不同的。Qt 的窗口在事件发生后会激发信号。例如一个按钮被单击时会激发一个"Clicked"信号。程序员通过建立一个函数（称作一个插槽），然后调用 connect()函数把这个插槽和一个信号连接起来，这样就完成了一个事件和响应代码的连接。如图 2-44 所示。

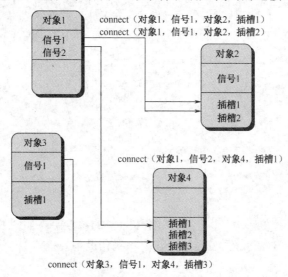

图 2-44　一些信号与插槽连接的抽象图

信号与插槽机制并不要求类之间互相知道细节，这样就可以相对容易地开发出代码重用性强的类。信号与插槽机制是类型安全的，它以警告的方式报告类型错误，而不会使系统产生崩溃。

信号与插槽机制是以纯 C++代码来实现的，实现的过程使用到了 Qt 开发工具包提供的预处理器和元对象编译器（MOC）。MOC 读取应用程序的头文件，并产生支持信号与插槽的必要的代码。开发者没必要编辑或是浏览这些自动产生的代码，当有需要时，Qmake 生成的 Makefile 文件里会显式地包含运行 MOC 的规则。除了可以处理信号与插槽机制之外，MOC 还支持翻译机制，属性系统和运行时的信息。

3. 窗体

Qt 拥有丰富的满足不同需求的窗体（按钮，滚动条等），Qt 的窗体使用起来很灵活，为了满足特别的要求,它很容易就可以被子类化。窗体是 QWidget 类或其子类的实例,客户自己的窗体类需要从 QWidget 或其子类继承。

一个窗体可以包含任意数量的子窗体,子窗体可以显示在父窗体的客户区,一个没父窗体的窗体我们称之为顶级窗体(一个"窗口"),一个窗体通常有一个边框和标题栏作为装饰。Qt 并未对一个窗体有什么限制,任何类型的窗体都可以是顶级窗体,任何类型的窗体都可以是别的窗体的子窗体。在父窗体显示区域的子窗体的位置可以通过布局管理自动进行设置,也可以人为指定。当父窗体无效、隐藏或被删除后,它的子窗体都会进行同样的动作。标签、消息框、工具栏等并未被限制使用什么颜色、字体和语言。Qt 的文本呈现窗体可以使用 HTML 子集显示一个多语言的宽文本。

(1)通用窗体

下面是一些主要的 Qt 窗体的截屏图,如图 2-45 至图 2-48 所示。这些窗体使用了窗口样式。

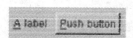

图 2-45 使用 QHBox 排列标签和按钮　　　图 2-46 使用 QButtonGroup 的单选框和复选框

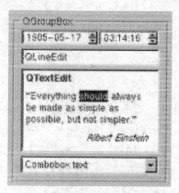

图 2-47 使用 QGroupBox 排列日期类 QdateTimeEdit,行编辑框类 QlineEdit,文本编辑类 QTextEdit 和组合框类 QComboBox

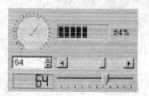

图 2-48 以 QGrid 排列 QDial、QProgressBar、QSpinBox、QScrollBar、QLCDNumber 和 QSlider

有些时候在进行字符输入时,我们希望输入的字符满足了某种规则才能使输入被确认。Qt 提供了解决的办法,如 QComboBox、QLineEdit 和 QSpinBox 的字符输入可以通过 QValidator 的子类来进行约束和有效性检查。通过继承 QScrollView、QTable、QListView、QTextEdit 和其他窗体能够显示大量的数据,并且自动拥有滚动条。许多 Qt 创建的窗体能够显示图像,如按钮、标签、菜单项等。QImage 类支持几种图形格式的输入、输出和操作,它目前支持的图形格式有 BMP、GIF、JPEG、MNG、PNG、PNM、XBM 和 XPM。

（2）画布

QCanvas 类提供了一个高级的平面图形编程接口，它可以处理大量的像线条、矩形、椭圆、文本、位图、动画等这些画布项，画布项可以较容易地做成交互式的。

画布项是 QCanvasItem 子类的实例，它们比窗体类 QWidget 更显得轻量级，它们能够被快速移动、隐藏和显示。QCanvas 可以更有效地支持冲突检测，它能够列出一个指定区域里面的所有的画布项。QCanvasItem 可以被子类化，从而可以提供更多的客户画布项类型，或者扩展已有的画布项的功能。

QCanvas 对象是由 QCanvasView 进行绘制的，QCanvasView 对象可以以不同的译文、比例、旋转角度、剪切方式去显示同一个画布。

QCanvas 对象是理想的数据表现方式，它已经被使用者用于绘制地图和显示网络拓扑结构。它也可用于制作快节奏的且有大量角色的平面游戏。

（3）主窗口

QMainWindow 类为应用的主窗口提供了摆放相关窗体的框架。一个主窗口包含了一组标准窗体的集合。主窗口的顶部包含一个菜单栏，它的下方放置着一个工具栏，工具栏可以移动到其他的停靠区域。主窗口允许停靠的位置有顶部、左边、右边和底部。工具栏可以被拖放到一个停靠的位置，从而形成一个浮动的工具面板。主窗口的下方，也就是在底部的停靠位置之下有一个状态栏。主窗口的中间区域可以包含其他的窗体。提示工具和"这是什么"帮助按钮以旁述的方式阐述了用户接口的使用方法。对于小屏幕的设备，使用 Qt 图形设计器定义的标准的 QWidget 模板比使用主窗口类更好一些。典型的模板包含菜单栏、工具栏，可能没有状态栏。

（4）菜单

弹出式菜单 QPopupMenu 类以垂直列表的方式显示菜单项，它可以是单个的（如上下文相关菜单），可以以菜单栏的方式出现，或者作为别的弹出式菜单的子菜单出现。每个菜单项可以有一个图标，一个复选框和一个加速器（快捷键），菜单项通常对应一个动作（如存盘），分隔器通常显示成一条竖线，它用于把一组相关联的动作菜单分立成组。

QMenuBar 类实现了一个菜单栏，它会自动设置几何尺寸并在它的父窗体的顶部显示出来，如果父窗体的宽度不够宽以致不能显示一个完整的菜单栏，那么菜单栏将会分为多行显示出来。Qt 内置的布局管理能够自动调整菜单栏。Qt 的菜单系统是非常灵活的，菜单项可以被动态地使能、失效、添加或者删除。

通过子类化 QCustomMenuItem，我们可以建立客户化外观和功能的菜单项。

（5）工具栏

QToolButton 类实现了一个带有图标、三维边框和可选标签的工具栏按钮。切换工具栏按钮具有开、关的特征，其他的按钮则执行一个命令。不同的图标用来表示按钮的活动、无效、使能模式，或者是开或关的状态。如果用户仅为按钮指定了一个图标，那么 Qt 会使用可视提示来表现按钮不同的状态，例如，按钮失效时显示灰色。工具栏按钮通常以一排的形式显示在工具栏上，对于一个有几组工具栏的应用，用户可以随便地到处移动这些工具栏，工具栏差不多可以包含所有的窗体。

（6）旁述

现代的应用主要使用旁述的方式去解释用户接口的用法。Qt 提供了两种旁述的方式："提示栏"和"这是什么"帮助按钮。

"提示栏"通常是小的、黄色的矩形，当鼠标在窗体的一些位置游动时它就会自动出现。它主要用于解释工具栏按钮，特别是那些缺少文字标签说明的工具栏按钮的用途。当提示字符出现之后，用户还可以在状态栏获得更详细的文字说明。

对于一些没有鼠标的设备（例如那些使用触点输入的设备），就不会有鼠标的光标在窗体上进行游动，这样就不能激活提示栏。对于这些设备也许就需要使用"这是什么"帮助按钮，或者使用一种姿态来表示输入设备正在进行游动，例如，用按下或者握住的姿态来表示现在正在进行游动。"这是什么"帮助按钮和提示栏有些相似，只不过前者是要用户单击它才会显示旁述。在小屏幕设备上，要想单击"这是什么"帮助按钮，具体的方法是，在靠近应用的窗口的关闭按钮附近会看到一个显示"？"符号的小按钮，这个按钮就是"这是什么"帮助按钮。一般来说，"这是什么"帮助按钮按下后要显示的提示信息应该比提示栏要多一些。

4. 对话框

使用 Qt 图形设计器这个可视化设计工具，用户可以建立自己的对话框。Qt 使用布局管理自动地设置窗体与别的窗体之间相对的尺寸和位置，这样可以确保对话框能够最好地利用屏幕上的可用空间。使用布局管理意味着按钮和标签可以根据要显示的文字自动改变自身大小，而用户完全不用考虑文字属于哪一种语言。

（1）布局

Qt 的布局管理用于组织管理一个父窗体区域内的子窗体。它的特点是可以自动设置子窗体的位置和大小，并可判断出一个顶级窗体的最小和默认的尺寸，当窗体的字体或内容变化后，它可以重置一个窗体的布局。

使用布局管理，开发者可以编写独立于屏幕大小和方向之外的程序，从而不需要浪费代码空间和重复编写代码。对于一些国际化的应用程序，使用布局管理，可以确保按钮和标签在不同的语言环境下有足够的空间显示文本，不会造成部分文字被剪掉。布局管理使得提供部分用户接口组件（如输入法和任务栏）变得更容易。我们可以通过一个例子说明这一点，当 Qtopia 的用户正在输入文字时，输入法会占用一定的文字空间，应用程序这时也会根据可用的屏幕尺寸的变化调整自己（图 2-49）。

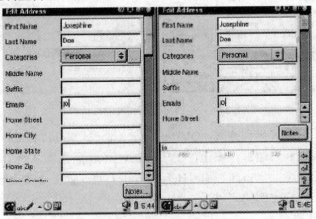

图 2-49 Qtopia 的布局管理

Qt 提供了三种用于布局管理的类（图 2-50）：QHBoxLayout、QVBoxLayout 和 QGridLayout。

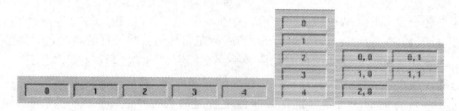

图 2-50　QHBoxLayout，QVBoxLayout 和 QGridLayout 的布局效果

QHBoxLayout 布局管理把窗体按照水平方向从左至右排成一行；QVBoxLayout 布局管理把窗体按照垂直方向从上至下排成一列；QGridLayout 布局管理以网格的方式来排列窗体，一个窗体可以占据多个网格。

在多数情况下，布局管理在管理窗体时执行最优化的尺寸，这样窗口看起来就更好看而且尺寸变化会更平滑。使用以下的机制可以简化窗口布局的过程：

① 为一些子窗口设置一个最小的尺寸，一个最大的或者固定的尺寸。

② 增加拉伸项（Stretch item）或者间隔项（Spacer item）。拉伸项和间隔项可以填充一个排列的空间。

③ 改变子窗口的尺寸策略，程序员可以调整窗体尺寸改变时的一些策略。子窗体可以被设置为扩展、紧缩和保持相同尺寸等策略。

④ 改变子窗口的尺寸提示。QWidget::sizeHint() 和 QWidget::minimumSize-Hint() 函数返回一个窗体根据自身内容计算出的首选尺寸和首选最小尺寸，我们在建立窗体时可考虑重新实现这两个函数。

⑤ 设置拉伸比例系数。设置拉伸比例系数是指允许开发者设置窗体之间占据空间大小的比例系数，例如我们设定可用空间的 2/3 分配给窗体 A，剩下的 1/3 则分配给窗体 B。布局管理也可按照从右至左，从下到上的方式来进行。当一些国际化的应用需要支持从右至左阅读习惯的语言文字（如阿拉伯文和希伯来文）时，使用从右至左的布局排列是更方便的。布局是可以嵌套的和随意进行的。

下面是一个对话框的例子，它以两种不同尺寸大小来显示，如图 2-51 所示。

图 2-51　小的对话框和大的对话框

这个对话框使用了三种排列方式。QVBoxLayout 管理一组按钮，QHBoxLayout 管理一个显示国家名称的列表框和右边那组按钮，QVBoxLayout 管理窗体上剩下的组件 "Now please select a country" 标签。在 "< Prev" 和 "Help" 按钮之间放置了一个拉伸项（Stretch item），使得两者之间保持了一定比例的间隔。

（2）Qt 图形设计器

Qt 图形设计器是一个具有可视化用户接口的设计工具。Qt 的应用程序可以完全用源代码

来编写,或者使用 Qt 图形设计器来加速开发工作。启动 Qt 图形设计器的方法是:

在 Linux 命令模式下,键入以下命令(假设 Qt X11 安装在/usr/local 下):

```
cd qt-2.3.2/bin
./designer
```

这样就可以启动一个与 Windows 下的 Delphi 相类似的界面。图 2-52 是使用 Qt 图形设计器设计一个表单的截屏图。

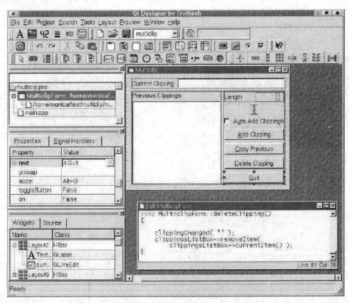

图 2-52 Qt 图形设计器

开发者单击工具栏上的代表不同功能的子窗体/组件的按钮,然后把它放到一个表单上面,这样就可以把一个子窗体/组件放到表单上了。开发者可以使用属性对话框来设置子窗体的属性。精确地设置子窗体的位置和尺寸大小是没必要的。开发者可以选择一组窗体,然后对它们进行排列。例如,我们选定了一些按钮窗体,然后使用"水平排列(Lay out horizontally)"选项对它们进行一个接一个的水平排列。这样做使得设计工作变得更快,而且完成后的窗体将能够按照属性设置的比例填充窗口的可用尺寸范围。使用 Qt 图形设计器进行图形用户接口的设计可以消除应用的编译、链接和运行时间,同时使得修改图形用户接口的设计变得更容易。Qt 图形设计器的预览功能可以使开发者能够在开发阶段看到各种样式的图形用户界面,包括客户样式的用户界面。通过 Qt 集成的功能强大的数据库类,Qt 图形设计器还可提供生动的数据库数据浏览和编辑操作。

开发者可以建立同时包含有对话框和主窗口的应用,其中主窗口可以放置菜单、工具栏、旁述帮助等子窗口部件。Qt 图形设计器提供了几种表单模板,如果窗体会被多个不同的应用反复使用,那么开发者也可建立自己的表单模板,以确保窗体的一致性。Qt 图形设计器使用向导来帮助人们更快、更方便地建立包含有工具栏、菜单和数据库等的应用。程序员可以建立自己的客户窗体,并把它集成到 Qt 图形设计器中。Qt 图形设计器设计的图形界面以扩展名"ui"的文件进行保存,这个文件有良好的可读性,这个文件可被 uic(Qt 提供的用户接口编译工具)编译成为 C++的头文件和源文件。Qmake 工具在它为工程生成的 Makefile 文件中自动包含了 uic 生成头文件和源文件的规则。另一种可选的做法是在应用程序运行期间载入 ui 文件，然后把它转变为具备原先全部功能的表单。这样开发者一方面可以在程序运行期间动态修改应用的界面，而不需重新编译应用，另一方面也使得应用的文件尺寸减小了。

（3）建立对话框

Qt 为许多通用的任务提供了现成的包含了实用的静态函数的对话框类，下边是一些 Qt 的标准的对话框的截屏图。

QMessageBox 类是一个用于向用户提供信息或是给用户进行一些简单选择（如"yes"或"no"）的对话框类，如图 2-53 所示。

QProgressDialog 对话框包含了一个进度栏和一个"Cancel"按钮，如图 2-54 所示。

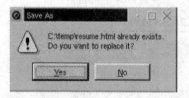

图 2-53　QMessageBox 对话框　　　　图 2-54　QProgressDialog 对话框

QWizard 类提供了一个向导对话框的框架，如图 2-55 所示。

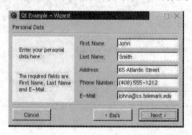

图 2-55　向导类对话框

Qt 提供的对话框还包括 QColorDialog、QFileDialog、QFontDialog 和 QPrintDialog。这些类通常适用于桌面应用，一般不会在 Qt/Embedded 中编译使用。

知识 2　界面及界面元素总览

本项目设计的计算器界面如图 2-56 所示。

图 2-56　简易计算器界面

该计算器界面主要由一个 Dialog 窗口和一个 LineEdit 部件及若干个 Button 部件组成。界面设计中最重要的是界面的布局。由于大部分窗口部件为按钮。固定义了一个 Button 类，专为生成统一风格的按钮所用。Button 类部分代码如下：

```
Button::Button(const QString &text, QWidget *parent)
    : QToolButton(parent)
{
    setSizePolicy(QSizePolicy::Expanding, QSizePolicy::Preferred);
    setText(text);
}
QSize Button::sizeHint() const
{
    QSize size = QToolButton::sizeHint();
    size.rheight() += 20;
    size.rwidth() = qMax(size.width(), size.height());
    return size;
}
```

程序中创建的 Button 类继承自 QToolButton 类。主要功能为定义按钮的类型，大小策略及按钮的文本显示方式。构造函数中的 setSizePolicy()使按钮可以水平扩展的方式去填补界面的空缺。如果没有这个方法，创建不同的按钮将会显示不同的宽度。

在程序中我们调用 createButton()方法来创建按钮，功能实现代码如下：

```
Button *Calculator::createButton(const QString &text, const char *member)
{
    Button *button = new Button(text);
    connect(button, SIGNAL(clicked()), this, member);
    return button;
}
```

实验四　简易计算器软件开发与运行

【实验目的】
（1）熟悉 Qt Creator 的简单操作；
（2）了解 Qt 程序编写框架；
（3）了解信号和插槽机制，熟练掌握信号与插槽在应用程序中的使用。

【实验设备】
（1）装有 Linux 系统或装有 Linux 虚拟机的 PC 机一台；
（2）物联网多网技术综合教学开发设计平台一套；
（3）串口线一条或 USB 线（A-B）。

【实验要求】
（1）查看 API 手册，学习简单的 Qt 类的使用，如 QLineEdit、QPushButton 等；
（2）用 Qt Creator 创建工程，用 Qt 编写计算器程序；
（3）对计算器程序进行移植。

【实验原理】

1. Linux 下 Qt 编写的简易计算器特点

本实验是采用 Qt 编写的一个计算器程序，由于 Qt 是一个跨平台的 C++图形用户界面应用程序框架。它提供给应用程序开发者建立艺术级的图形用户界面所需的所用功能。作为面向对象的软件开发工具，它使用信号 Signal/插槽 Slot 机制来进行对象间的通信。信号/插槽机制是 Qt 的一个中心特征并且也许是 Qt 与其他工具包的最不相同的部分。其主要用途是我们在用户界面上的操作，如单击某个按钮与内部对象之间的信号传输。Qt 运行速度快、执行效率高，再加上它提供了一组更容易理解的 GUI 类，信号与插槽易使用，它所拥有的插入体系结构，使得我们可以将代码加载到一个应用中而无需进行重新编译或重链接，为我们本次设计增色不少，能使图形界面看起来更加舒服，使用起来更加灵活。

2. 系统流程图

系统流程图如图 2-57 所示。

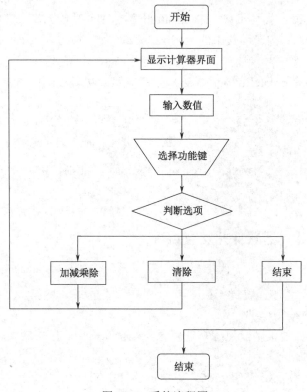

图 2-57　系统流程图

【实验步骤】

1. 创建工程

（1）打开 Qt Creator，如图 2-58 所示。

（2）选择 File→New File or Project，然后在弹出的对话框中选择 Other Project→Empty Qt project（如图 2-59 所示），然后进入下一步。

项目二　简易计算器项目设计

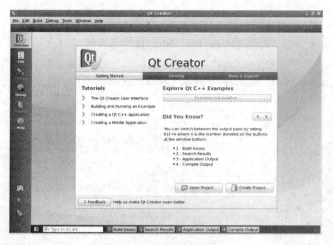

图 2-58　打开 Qt Creator

图 2-59　创建新工程

（3）定义新工程的工程名并选择保存路径（如图 2-60 所示），然后进入下一步。

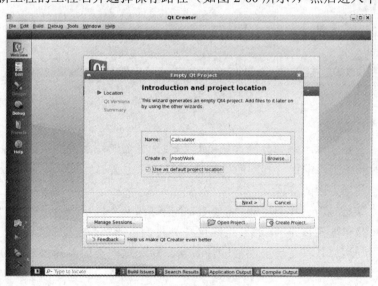

图 2-60　定义工程名并保存

（4）选择 Qt 版本，这里选择使用 Qt4.7.1，取消对 Qt in PATH 的选择（如图 2-61 所示），然后进入下一步，完成新工程的创建（如图 2-62 所示）。

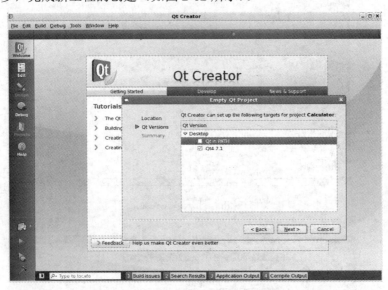

图 2-61　取消对 Qt in PATH 的选择

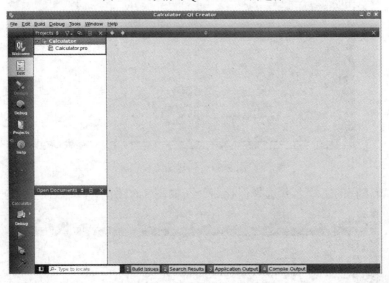

图 2-62　新工程的创建

2. 计算器程序的实现

计算器程序主要分以下两部分工作：一是实现计算器的图形界面；二是实现按键事件和该事件对应的功能绑定，即信号和对应处理槽函数的绑定。

（1）计算器图形界面的实现

通过分析计算器的功能我们可知，需要 16 个按键和一个显示框，同时考虑到整体的排布，还需要水平布局器和垂直布局器。通过组织这些类我们可以实现一个简单的带有数字 0~9 的、可以进行简单四则运算且具有清屏功能的计算器。对于这些类的具体操作会在后面的代码中详细说明。

(2) 信号和对应槽函数的绑定

分析计算器的按键我们可以把按键事件分为以下三类,一是简单的数字按键,主要进行数字的录入,这类按键包括按键 0~9;二是运算操作键,用于输入数学运算符号,进行数学运算和结果的显示,这类按键包括"+","-","*","/","=";三是清屏操作键,用于显示框显示信息的清除。

(3) 进入刚才创建的空工程,双击左侧的 Calculator.pro,在主编辑框中目前显示 Calculator.pro 的内容为空,如图 2-63 所示。

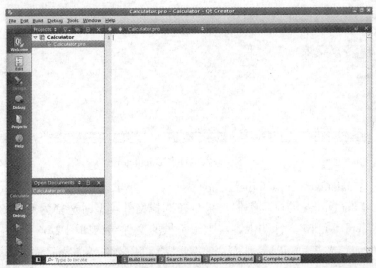

图 2-63 创建的空工程

(4) 添加文件 calculator.h

在工程 Calculator 上面单击右键,然后单击 Add New,选择添加 C++ Header File(如图 2-64 所示),进入下一步后输入文件名 calculator.h(如图 2-65 所示),然后完成文件的添加。

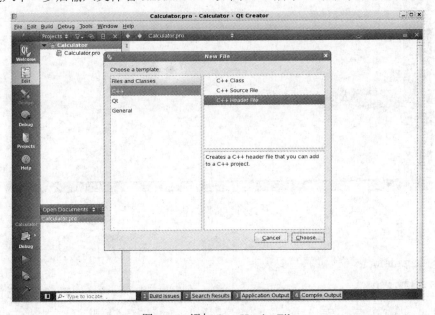

图 2-64 添加 C++ Header File

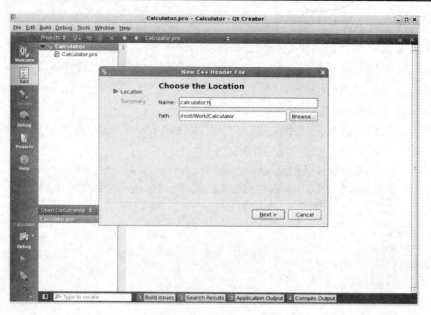

图 2-65　输入文件名 calculator.h

(5) 添加文件 calculator.cpp 和 main.cpp

与添加文件 calculator.h 的过程类似，只是在选择文件类型时选择为 C++ Source File。完成后可以查看 Calculator.pro 文件的内容，整个工程的文件结构如图 2-66 所示。

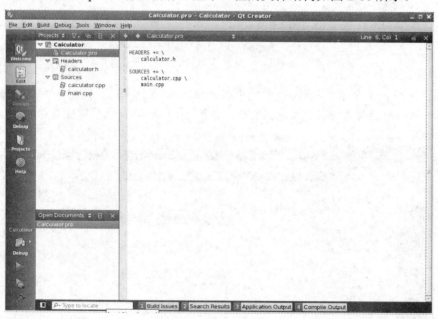

图 2-66　文件结构图

3. 计算器程序源代码的分析说明

(1) 对 calculator.h 源代码的简要说明

```
#ifndef CALCULATOR_H
#define CALCULATOR_H              //对 calculator.h 头文件的声明
#include<QWidget>                 //包含主窗体类
```

```cpp
#include<QPushButton>            //包含按键类
#include<QVBoxLayout>            //包含垂直布局器类
#include<QHBoxLayout>            //包含水平布局器类
#include<QLineEdit>              //包含显示框类
class Calculator : publicQWidget//计算器继承自主窗体类
{
    Q_OBJECT                     //必须加上这句,如果要调用信号/槽函数的操作的话
public:
    Calculator();                //计算器类的构造函数
    ~Calculator();               //计算器类的析构函数
public slots:                    //定义各个按键按下后对应操作处理的槽函数
void zeroButtonPress();
void oneButtonPress();
void twoButtonPress();
void threeButtonPress();
void fourButtonPress();
void fiveButtonPress();
void sixButtonPress();
void sevenButtonPress();
void eightButtonPress();
void nineButtonPress();
void addButtonPress();
void subButtonPress();
void mulButtonPress();
void divButtonPress();
void clearButtonPress();
void equButtonPress();
private:
QLineEdit *operateEdit;      //声明显示框
QPushButton *zeroButton;     //声明数字按键
QPushButton *oneButton;
QPushButton *twoButton;
QPushButton *threeButton;
QPushButton *fourButton;
QPushButton *fiveButton;
QPushButton *sixButton;
QPushButton *sevenButton;
QPushButton *eightButton;
QPushButton *nineButton;
QPushButton *clearButton;    //声明运算符按键
QPushButton *addButton;
QPushButton *subButton;
QPushButton *divButton;
QPushButton *mulButton;
QPushButton *equButton;
QHBoxLayout *firstLayout;    //声明水平布局器,该布局器主要对16个按键进行布局
```

```
QHBoxLayout *secondLayout;
QHBoxLayout *thirdLayout;
QHBoxLayout *fourthLayout;
QVBoxLayout *mainLayout;        //声明垂直布局器,该布局器主要对主窗体上面的空间进行排布
QString input1;                 //计算器第一个运算操作数
QString input2;                 //计算器第二个运算操作数
char operate;                   //运算符
};
#endif                          //CALCULATOR_H
```

(2) 对 calculator.cpp 源代码的简要说明
首先是构造函数的实现:

```
Calculator::Calculator()
{
operateEdit = newQLineEdit(this);      //初始化显示框
operateEdit->setReadOnly(true);        //设置显示框为只读
operateEdit->setText(tr("0 "));        //初始化显示框显示数据为 0
zeroButton = newQPushButton;           //初始化按键
zeroButton->setText(tr("0 "));         //设置按键上显示的标签,以下对按键相关的操作类似
oneButton = newQPushButton;
oneButton->setText(tr("1 "));
twoButton = newQPushButton;
twoButton->setText(tr("2 "));
threeButton = newQPushButton;
threeButton->setText(tr("3 "));
fourButton = newQPushButton;
fourButton->setText(tr("4 "));
fiveButton = newQPushButton;
fiveButton->setText(tr("5 "));
sixButton = newQPushButton;
sixButton->setText(tr("6 "));
sevenButton = newQPushButton;
sevenButton->setText(tr("7 "));
eightButton = newQPushButton;
eightButton->setText(tr("8 "));
nineButton = newQPushButton;
nineButton->setText(tr("9 "));
clearButton = newQPushButton;
clearButton->setText(tr("Clear "));
addButton = newQPushButton;
addButton->setText(tr("+ "));
subButton = newQPushButton;
subButton->setText(tr("- "));
mulButton = newQPushButton;
mulButton->setText(tr("* "));
divButton = newQPushButton;
divButton->setText(tr("/ "));
equButton = newQPushButton;
```

```cpp
equButton->setText(tr("="));
firstLayout = newQHBoxLayout;            //初始化水平布局器firstLayout
firstLayout->addWidget(zeroButton);//把按键zeroButton添加到firstLayout
firstLayout->addWidget(oneButton);  //把按键oneButton添加到firstLayout
firstLayout->addWidget(twoButton);  //把按键twoButton添加到firstLayout
firstLayout->addWidget(addButton); //把按键threeButton添加到firstLayout,
                                   //以下对水平布局器的操作类似
secondLayout = newQHBoxLayout;
secondLayout->addWidget(threeButton);
secondLayout->addWidget(fourButton);
secondLayout->addWidget(fiveButton);
secondLayout->addWidget(subButton);
thirdLayout = newQHBoxLayout;
thirdLayout->addWidget(sixButton);
thirdLayout->addWidget(sevenButton);
thirdLayout->addWidget(eightButton);
thirdLayout->addWidget(mulButton);
fourthLayout = newQHBoxLayout;
fourthLayout->addWidget(nineButton);
fourthLayout->addWidget(clearButton);
fourthLayout->addWidget(equButton);
fourthLayout->addWidget(divButton);
mainLayout = newQVBoxLayout(this);//初始化垂直布局器mainLayout
//把显示数据框operateEdit加到mainLayout
mainLayout->addWidget(operateEdit);
//把水平布局器firstLayout添加到mainLayout
mainLayout->addLayout(firstLayout);
//把水平布局器secondLayout添加到mainLayout
mainLayout->addLayout(secondLayout);
//把水平布局器thirdLayout添加到mainLayout
mainLayout->addLayout(thirdLayout);
//把水平布局器fourthLayout添加到mainLayout
mainLayout->addLayout(fourthLayout);
connect(zeroButton,SIGNAL(clicked()),this,SLOT(zeroButtonPress()));
//把按键zeroButton的按下事件同zeroButtonPress()绑定到一起,以下操作类似
connect(oneButton,SIGNAL(clicked()),this,SLOT(oneButtonPress()));
connect(twoButton,SIGNAL(clicked()),this,SLOT(twoButtonPress()));
connect(threeButton,SIGNAL(clicked()),this,SLOT(threeButtonPress()));
connect(fourButton,SIGNAL(clicked()),this,SLOT(fourButtonPress()));
connect(fiveButton,SIGNAL(clicked()),this,SLOT(fiveButtonPress()));
connect(sixButton,SIGNAL(clicked()),this,SLOT(sixButtonPress()));
connect(sevenButton,SIGNAL(clicked()),this,SLOT(sevenButtonPress()));
connect(eightButton,SIGNAL(clicked()),this,SLOT(eightButtonPress()));
connect(nineButton,SIGNAL(clicked()),this,SLOT(nineButtonPress()));
connect(addButton,SIGNAL(clicked()),this,SLOT(addButtonPress()));
connect(subButton,SIGNAL(clicked()),this,SLOT(subButtonPress()));
connect(mulButton,SIGNAL(clicked()),this,SLOT(mulButtonPress()));
connect(divButton,SIGNAL(clicked()),this,SLOT(divButtonPress()));
```

```
connect(equButton,SIGNAL(clicked()),this,SLOT(equButtonPress()));
connect(clearButton,SIGNAL(clicked()),this,SLOT(clearButtonPress()));
this->setWindowTitle(tr("Calculator "));//设置窗体标题为Calculator
input2= "0 ";        //初始化运算操作数2为0
input1 = "0 ";       //初始化运算操作数1为0
operate = '0';       //初始化运算符为'0'
}
```

然后是析构函数的实现:

```
Calculator::~Calculator()/*析构函数主要完成对构造函数中所声明的 QlineEdit、
QpushButton、QHBoxLayout、QVBoxLayout 类的对象的回收工作(可以不定义析构函数,程序运行结
束时会自动调用系统默认的析构函数)*/
{
if (operateEdit != NULL)
{
        operateEdit = NULL;
        deleteoperateEdit;
}
if (zeroButton != NULL)
{
        zeroButton = NULL;
        deletezeroButton;
}
…
}
```

根据前面对按键事件的分析,有数字输入键,运算操作符输入键和清屏键三种,故对每种事件的槽响应函数都只说明一种,其他依此类推。

数字输入键响应槽函数,以按键"1"为例:

```
void Calculator::oneButtonPress()
{
if(input2=="0")         //如果当前显示框为0
{
     input2="1";        //变0为1
}
else//如果当前显示框不为0
{
     input2= operateEdit->text();
     input2.append(tr("1"));        //在显示的数据后面追加1
}
operateEdit->setText(input2);       //更新显示框中的显示信息
}
```

运算操作符输入键响应槽函数,以按键"+"为例:

```
void Calculator::addButtonPress()
{
floatfirst,second;
```

```cpp
        input2= operateEdit->text();         //把当前显示的数据保存到运算操作数2中
        if(operate == '0')                   //如果是第一次按下运算符键
        {
                input1 = input2;             //把运算操作数2中的数据保存到运算操作数1中
                input2= "0";                 //清除运算操作数2中的数据
                operate = '+';               //把运算符键置"+"
        }
        else//如果是第二次按下运算符键
        {
                second=input2.toFloat();     //把运算操作数2中的数据转化为浮点类型
                first=input1.toFloat();      //把运算操作数1中的数据转化为浮点类型
switch(operate)                              //根据当前的运算符判断做何操作
                {
Case'+':first = first+second;break;
Case'-':first = first-second;break;
Case'*':first = first*second;break;
Case'/':first = first/second;break;
                }
                //把运算的结果转化成为可以在显示框显示的类型
                input1 = Qstring::number(first,'f',10);
                input2 = "0";                //清除运算操作数2中的数据
                operate = '+';               //把运算符键置"+"
        }
operateEdit->setText(input1);//更新显示框中的显示内容
}
```

清屏操作响应函数：

```cpp
void Calculator::clearButtonPress()
{
    input2="0";//把运算操作数2清零
    input1="0";//把运算操作数1清零
operateEdit->setText(input2);   //更新显示框中的显示内容
}
```

对 main.cpp 源代码的简要说明：

```cpp
#include <Qapplication>//包含应用程序类
#include "calculator.h"//包含计算器类
int main(intargc, char *argv[])//main函数的标准写法
{
Qapplication app(argc, argv);     //创建一个Qapplication对象,管理应用程序的资源
Calculator mainwindow;            //产生一个计算器对象
mainwindow.showMaximized();       //显示计算器窗体(默认以最大化的形式显示)
return app.exec();                //让程序进入消息循环,等待可能的菜单、工具条、鼠标等
的输入,进行响应
}
```

4. 计算器程序在 X86 上的编译运行

完成源程序的编辑后,可以直接单击图 2-67 中所示的运行按钮,这时 Qt Creator 会自动编译源程序并生成可执行程序(这里默认的编译环境是 X86 的,生成的可执行程序可以直接在宿主机上运行)。可以在/root/Work/Calculator-build-desktop 目录下找到可执行程序。

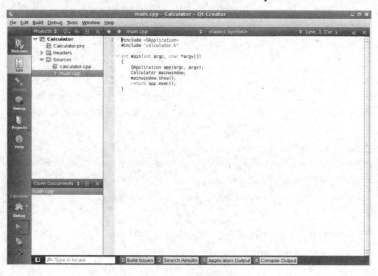

图 2-67 自动编译源程序

5. 计算器程序的移植

上面所说的可执行程序由 Qt Creator 调用 X86 上的 Qmake 命令生成 Makefile 文件后调用 Make 命令自动生成。下面将通过交叉编译工具链中的 Qmake 命令生成 Makefile 文件并用 Make 命令生成 ARM 上的可执行程序。

(1) 进入/root/Work/Calculator 目录下,可以看到计算器程序的几个源文件:

```
[toot@localhost~]# cd work/Calculator
[toot@localhost Calculator]# ls
Calculator.cpp  calculator.h  Calculator.pro  Calculator.pro.user  main.cpp
[root@localhost Calculator]#
```

(2) 用 Qmake 命令生成 Makefile 文件,然后用 Make 编译源程序:

```
[root@localhost Calculator]# qmake
[root@localhost Calculator]# ls
Calculator.cpp   Calculator.pro          main.cpp
Calculator.h     Calculator.pro.user     Makefile
[root@localhost Calculator]# make
/opt/buildroot-2011.02/output/host/usr/bin/arm-unknown-linux-uclibcgnueabi
-g++-
```

生成可执行程序;

由于交叉编译工具链的路径已经添加到环境变量 PATH 中了,所以这里用到的 Qmake 是 ARM 上的命令(可以通过 ls /opt/buildroot-2011.02/output/host/usr/bin 找到 Qmake 文件)。

(3) 进入目标机,在目标机的/root 目录下用 scp 命令复制上一步生成的可执行文件。然后运行计算器程序。

```
[root@localhost Calculator]# ls
Calculator       calcuiator.o           main.cpp   moc calculator.cpp
Calculator       Calculator.pro         main.o     moc calculator.o
Calculator.h     Calculator.pro.user    Makefile
[roo@localhost Calculator]#
```

（4）程序在目标机显示屏中的运行结果如图 2-68 所示。由于本程序没有集成键盘动作，只能通过鼠标单击按钮来进行操作。可以用目标机显示屏的触屏笔或者连接一个 USB 口的鼠标进行程序测试。

```
[root@EmbedXidian/root]#scp root@192.168.0.1:/root/Work/Calculator/Calculator ./
root@192.168.0.1's password:
Calculator                                    100%   48KB   47.5KB/s   00:00
[root@EmbedXidian /root]#./Calculator -qws
```

图 2-68　运行结果

思考与练习

一、填空

1. RISC 是_____的缩写。CISC 是_____的缩写。
2. 在 ARM 系列中，ARM7 是_____体系结构，ARM9 是_____体系结构。
3. ARM 处理器正常工作时，处于_____工作模式。
4. ARM 处理器共有_____个 32 位寄存器，_____个为通用寄存器，_____个为状态寄存器。
5. 寄存器 R13 除了可以作为通用寄存器外，还可以作为_____寄存器。
6. ARM 处理器的工作模式有_____种。
7. ARM 字数据存储格式有_____格式和_____格式。
8. ARM 处理器的两种工种状态是_____和_____。
9. ARM7 是_____级流水线，ARM9 是_____级流水线。
10. Qt 创建一个窗体对象后，要想显示该窗体，需要调用对象的_____方法，要想隐藏该窗体需要调用对象的_____方法。

二、选择

1. 存储一个 32 位数 0x2168465 到 2000H～2003H 四个字节单元中，若以大端模式存储，则 2000H 存储单元的内容为（　　）。
  A．0x21   B．0x68   C．0x65   D．0x02
2．ARM 寄存器组有（　　）个寄存器。
  A．7   B．32   C．6   D．37
3．寄存器 R15 除了可以作为通用寄存器外，还可以作为（　　）。
  A．程序计数器 B．链接寄存器 C．堆栈指针寄存器 D．基址寄存器
4．下列关于存储管理单元（MMU）说法错误的是（　　）。
  A．MMU 提供的一个关键服务是使各个任务作为各自独立的程序在其自己的私有存储空间中运行。
  B．在带 MMU 的操作系统控制下，运行的任务必须知道其他与之无关的任务的存储需求情况，这就简化了各个任务的设计。
  C．MMU 提供了一些资源以允许使用虚拟存储器。
  D．MMU 作为转换器，将程序和数据的虚拟地址（编译时的连接地址）转换成实际的物理地址，即在物理主存中的地址。
5．下列关于 CPSR 寄存器标志位的说法错误的是（　　）。
  A．N：负数 B．Z：零 C．C：进位 D．V：借位
6．ARM 公司专门从事（　　）。
  A．基于 RISC 技术芯片设计开发 B．ARM 芯片生产
  C．软件设计   D．ARM 芯片销售
7．在所有工作模式下，（　　）都指向同一个物理寄存器，即各模式共享。
  A．R0～R7 B．R0～R12 C．R8～R12 D．R13，R14
8．当异常发生时，寄存器（　　）用于保存 CPSR 的当前值，从异常退出时则可由它来恢复 CPSR。
  A．SPSR   B．R13   C．R14   D．R15
9．同 CISC 相比，下面哪一项不属于 RISC 处理器的特征（　　）。
  A．采用固定长度的指令格式，指令规整、简单、基本寻址方式有 2～3 种。
  B．减少指令数和寻址方式，使控制部件简化，加快执行速度。
  C．数据处理指令只对寄存器进行操作，只有加载/存储指令可以访问存储器，以提高指令的执行效率，同时简化处理器的设计。
  D．RISC 处理器都采用哈佛结构。
10．对 ARM 处理器说法不正确的是（　　）。
  A．小体积、低功耗、低成本、高性能。
  B．支持 Thumb（16 位）/ARM（32 位）双指令集。
  C．只有 Load/Store 指令可以访问存储器。
  D．寻址方式多而复杂。

三、问答题

1．ARM 是什么样的公司？
2．ARM 处理器一共有几种工作模式？分别是什么工作模式？
3．ARM 处理器数据存储格式有哪几种?各自有何特点？

4. 在 ARM 指令中，R13 寄存器常用作什么？R14 寄存器被称为什么寄存器？R15 寄存器用于什么？
5. 下图是 ARM7 处理器的当前程序状态寄存器，请简单说明各位的功能。

31	30	29	28	27					8	7	6	5	4	3	2	1	0
N	Z	C	V		—	—	—	—		I	F	T	M4	M3	M2	M1	M0

ARM7 当前程序状态寄存器

6. ARM 核现在有哪几种？举出 2 个 ARM 公司当前应用比较多的 ARM 处理器核。
7. 为什么要进行存储器重映射？
8. 简述一下信号与插槽机制。
9. 简述布局管理器的功能，列举 3 个布局管理器。
10. 利用 Qt Designer 设计一个对话框主要包括哪些步骤？

项目三　电子点菜系统项目设计

项目概述

随着人们生活质量的提高、生活方式的转变，餐饮业的市场急剧扩大，利润飞速增长，餐饮业被称为中国的黄金产业。而电子点菜系统的应用，提高了餐馆档次和营业效率、优化了业务流程，为餐饮行业带来崭新的管理理念与服务手段。本项目设计一种电子点菜系统，该系统由自助点菜终端和网站服务器组成，自助点菜终端为全触摸屏操作，无需点菜员参与，可完全由顾客自己完成点菜；且采用了开放源代码的自由软件开发方式，降低了系统成本。对于大量数据的存储与更新问题，本文提出构建一个服务器网站，由此解决大容量数据的存储与更新问题，提高餐饮服务批量生产与业务升级效率。顾客可通过自助点菜终端访问服务器网站，自主完成菜谱查询、点菜、结账、多媒体娱乐等操作。本项目通过对电子点菜系统项目的设计，达到以下教学目标。

知识目标

（1）了解嵌入式 Linux 操作系统的基本功能；
（2）理解嵌入式 Linux 操作系统的内核结构；
（3）掌握 ADS 开发环境和 Linux 开发环境。

技能目标

（1）会搭建 ADS 开发环境和 Linux 开发环境；
（2）会设计和实现电子点菜系统项目。

任务一　Linux 简介及 Linux 常用命令

知识1　Linux 特点、内核组成及源码结构

一、Linux 特点

1. Linux 系统概述

Linux 是一种开放源代码的操作系统，它的出现打破了传统商业操作系统长久以来形成的技术垄断和壁垒，进一步推动了人类信息技术的发展。更重要的是，Linux 树立了"自由开放之路"的成功典范。

（1）Linux 定义

Linux 是目前最为流行的一款开放源代码的操作系统，最早由芬兰人林纳斯·托瓦兹为尝试在英特尔 x86 架构上提供自由免费的类 Unix 操作系统而开发。简单地说，Linux 是一套免费使用和自由传播的类 Unix 操作系统，它主要用于基于 Intel x86 系列 CPU 的计算机上。其

目的是建立不受任何商品化软件的版权制约的、全世界都能自由使用的 Unix 兼容产品。

（2）Linux 简介

Linux 操作系统的诞生、发展和成长过程始终依赖着五个重要支柱：Unix 操作系统、MINIX 操作系统、GNU 计划、POSIX 标准和 Internet 网络。它的发展历史主要如下：

1960 年，MIT（麻省理工学院）30 个人同时使用此主机（分时操作系统）；1963 年，MIT、GE、BELL 实验室让分时系统由 30 个人操作升级到 300 个可同时使用的分时操作系统，并把该计划称为 MULTIS 计划（火星计划）；1969 年，火星计划失败，出现了 KEN TOMPSON，开发了一个 File Server System（文件服务系统），在 BELL 实验室受到了欢迎。此时，贝尔实验室的系统程序设计人员 Ken Thompson 开始设计一种多用户、多任务的操作系统；随后，Dennis Richie 也加入了这个项目，在他们共同努力下开发了最早的 Unix。1973 年，他们开发出 Unix，并且将源码共享。1991 年，GNU 计划已经开发出许多工具软件，最受期盼的 GNU C 编译器已经出现，GNU 的操作系统核心 HURD 一直处于实验阶段，没有任何可用性，实质上也没能开发出完整的 GNU 操作系统，但是 GNU 奠定了 Linux 用户基础和开发环境。1991 年初，林纳斯·托瓦兹开始在一台 386sx 兼容微机上学习 MINIX 操作系统。同年 4 月，林纳斯·托瓦兹开始酝酿并着手编制自己的操作系统。4 月 13 日在 comp.os.minix 上发布说自己已经成功地将 Bash 移植到了 MINIX 上。1991 年 7 月 3 日，第一个与 Linux 有关的消息在 comp.os.minix 上发布。为了推广 Linux，最初开发者们向赫尔辛基大学申请 FTP 服务器空间，可以让别人下载 Linux 的公开版本。这个操作系统被命名为 Linux。1993 年 1 月，Bob Young 创办了 RedHat（小红帽），以 GNU/Linux 为核心，集成了 400 多个源代码开放的程序模块，搞出了一种冠以品牌的 Linux，即 RedHat Linux，称为 Linux "发行版"，在市场上出售。Linux 和 Windows、Unix 一样都是操作系统，Linux 是一种自由和开放源码的类 Unix 操作系统。它和其他操作系统有很多的共同点，也可以安装在同一台机器上。由于 Linux 的开源性，存在了许多不同版本的 Linux，而随着 Linux 的发展，该操作系统也成为了自由软件和开放源代码的发展中最著名的例子。

简而言之，Linux 是一个稳定的、具有强大的功能而且免费的操作系统。

2. Linux 特点

Linux 之所以能在嵌入式系统领域取得如此辉煌的成绩，与其自身的优良特性是分不开的。与其他操作系统相比，Linux 具有以下特点。

（1）模块化程度高

Linux 的内核设计非常精巧，分成进程调度、内存管理、进程间通信、虚拟文件系统和网络接口五大部分；其独特的模块机制可根据用户的需要，实时地将某些模块插入或从内核中移走，使得 Linux 系统内核可以裁剪得非常小巧，很适合于嵌入式系统的需要。

（2）源码公开

由于 Linux 系统的开发从一开始就与 GNU 项目紧密地结合起来，所以它的大多数组成部分都直接来自 GNU 项目。任何人、任何组织只要遵守 GPL 条款，就可以自由使用 Linux 源代码，为用户提供了最大限度的自由度。并且 Linux 的软件资源十分丰富，每种通用程序在 Linux 上几乎都可以找到，数量还在不断增加。这一切就使设计者在其基础之上进行二次开发变得非常容易。

(3) 广泛的硬件支持

Linux 能支持 X86、ARM、MIPS、ALPHA 和 PowerPC 等多种体系结构的微处理器。目前已成功地移植到数十种硬件平台，几乎能运行在所有流行的处理器上。由于世界范围内有众多开发者在为 Linux 的扩充贡献力量，所以 Linux 有着异常丰富的驱动程序资源，支持各种主流硬件设备和最新的硬件技术，甚至可在没有存储管理单元（MMU）的处理器上运行，这些都进一步促进了 Linux 在嵌入式系统中的应用。

(4) 安全性及可靠性好

内核高效稳定。Linux 内核的高效和稳定已在各个领域内得到了大量事实的验证。Linux 中大量网络管理、网络服务等方面的功能，可使用户很方便地建立高效稳定的防火墙、路由器、工作站、服务器等。为提高安全性，它还提供了大量的网络管理软件、网络分析软件和网络安全软件等。

(5) 具有优秀的开发工具

开发嵌入式系统的关键是需要有一套完善的开发和调试工具。传统的嵌入式开发调试工具是在线仿真器（In Circuit Emulator，ICE），它通过取代目标板的微处理器，给目标程序提供一个完整的仿真环境，从而使开发者能非常清楚地了解到程序在目标板上的工作状态，便于监视和调试程序。在线仿真器的价格非常高，而且只适合做非常底层的调试。如果使用的是嵌入式 Linux，一旦软硬件能支持正常的串口功能，即使不用在线仿真器，也可以很好地进行开发和调试工作，从而节省了一笔不小的开发费用。嵌入式 Linux 为开发者提供了一套完整的工具链（Tool Chain），能够很方便地实现从操作系统到应用软件各个级别的调试。

(6) 丰富的网络功能

Linux 从诞生之日起就与 Internet 密不可分，支持各种标准的 Internet 网络协议，并且很容易移植到嵌入式系统当中。目前，Linux 几乎支持所有主流的网络硬件、网络协议和文件系统，因此它是 NFS 的一个很好的平台。另一方面，由于 Linux 有很好的文件系统支持（例如，它支持 Ext2、FAT32、romfs 等文件系统），是数据备份、同步和复制的良好平台，这些都为开发嵌入式系统应用打下了坚实的基础。

(7) 良好的用户界面

Linux 向用户提供了两种界面：用户界面和系统调用。Linux 的传统用户界面是基于文本的命令行界面，即 Shell，它既可以联机使用，又可存在系统中脱机使用。目前，在 Linux 中所包含的工具和实用程序，可以完成 Unix 的所有主要功能。

(8) 良好的可移植性

可移植性是指操作系统从一个平台转移到另一平台后，它仍然能按其自身的方式运行的能力。Linux 是一种可移植的操作系统，能够在从微型计算机到大型计算机的任何环境中和任何平台上运行。可移植性为运行 Linux 的不同计算机平台与其他任何机器进行准确而有效的通信提供了手段。

3. Linux 发行版本

(1) 一个典型的 Linux 发行版包括：

① Linux 核心；

② 一些 GNU 库和工具；

③ 命令行 Shell；

④ 图形界面的 X 窗口系统和相应的桌面环境，如 KDE 或 Gnome；
⑤ 数千种从办公包、编译器、文本编辑器到科学工具的应用软件。

（2）开源协议

现今存在的开源协议很多，而经过 Open Source Initiative 组织批准的开源协议目前有 38 种。常见的开源协议如 BSD、GPL、LGPL 和 MIT 等都是 OSI 批准的协议。如果要开源自己的代码，最好也是选择这些被批准的开源协议。

最常用的开源协议如下：

① BSD 开源协议（Original BSD License、FreeBSD License、Original BSD License）；
② Apache Licence 2.0；
③ GPL（GNU General Public License）；
④ LGPL（GNU Lesser General Public License）；
⑤ MIT（MIT）。

（3）国内中文桌面 Linux 版本

① 红旗 Linux；
② 中标普华 Linux；
③ Xteam Linux。

Linux 常用的发行版及介绍如表 3-1 所示。

表 3-1　Linux 发行版及介绍

发行版	简介
Slackware	Slackware 应当算是历史最悠久的 Linux 发行版本，它由 Patrick Volkerding 于 1992 年创建。在历史上最辉煌的时期，它拥有着所有发行版本中最多的用户数。目前 Slackware 仍然拥有许多忠实的用户，其地位在各大发行版本中始终排在前 5 名。由于 Slackware 尽量采用原版的软件包，而不进行任何修改，所以出现新 BUG 的几率很低。
Red Hat	Red Hat Linux 是由 Red Hat 公司发行的目前应用最广泛的 Linux 版本。目前 Red Hat Linux 分为两个系列：由 Red Hat 公司提供技术支持和更新服务的收费版本 Red Hat Enterprise Linux，由社区组织开发的免费版本 Fedora Core。Fedora Core 的版本更新周期很短，一般为 6 个月左右。
Mandriva	Mandriva 原名为 Mandrake，最早由 Gaël Duval 于 1998 年创建。在国内刚开始普及 Linux 系统的时候，Mandrake 曾非常流行。最早的 Mandrake 是基于 Red Hat Linux 进行开发的。Red Hat Linux 默认采用 Gnome 桌面系统，而 Mandrake 将其改为 KDE。此外，Mandrake 还简化了系统的安装。
SUSE	SUSE 是德国最著名的 Linux 发行版本，在世界范围内也享有很高的声誉。SUSE 的特点是易于安装使用，而且还包含一些其他发行版本没有的软件包。
Debian	Debian 最早由 Ian Murdock 于 1993 年创建，它可以算是迄今为止最为遵循 GNU 规范的 Linux 系统。Debian 是一个完全由自由软件打包而成的操作系统，背后没有任何非公益组织的支持，其开发团队也全部来自世界各地的志愿者。
Ubuntu	Ubuntu 最早由 Mark Shuttleworth 于 2004 年创建，目前已跻身于世界顶级 Linux 之列。Ubuntu 可以算是 Debian 的副产品，它是以 Debian 的一个开发版本 Sid 为基础开发的。

4. Linux 内核组成

从程序员的角度来讲，操作系统的内核提供了一个虚拟的机器接口，将所有的硬件抽象成统一的虚拟接口，用户程序通过访问内核来访问硬件设备。Linux 内核是运行程序和管理像磁盘和打印机等硬件设备的核心程序。它从用户那里接受命令并把命令送给内核去执行。实际上内核是在并发地运行几个进程，通过内核的调度机制能够让几个进程共同合理地使用硬件资源，并且实现各进程间互不干扰的安全运行。Shell 是系统的用户界面，提供了用户与内核进行交互操作的一种接口。Shell 是一个命令解释器，Shell 中的命令分为内部命令和外部命令。文件系统是指文件存放在磁盘等存储设备上的组织方法。应用系统是程序集，包括文本编辑器、编程语言、X Window、办公套件、Internet 工具、数据库等。

Linux 操作系统内核是指系统内分离出来的一些关键性程序。像大部分 Unix 操作系统的内核那样，Linux 内核必须完成的任务：对文件系统的读/写进行管理，把对文件系统的操作映射为对磁盘或者其他块设备的操作；管理程序的运行，为程序分配资源，并且管理虚拟内存；管理存储器，为程序分配内存，并且管理虚拟内存；管理输入/输出，将设备映射为设备文件；管理网络。Linux 内核主要由五个子系统组成：进程调度，内存管理，虚拟文件系统，网络接口，进程间通信。

（1）进程调度（SCHED）

控制进程对 CPU 的访问。当需要选择下一个进程运行时，由调度程序选择最值得运行的进程。可运行进程实际上是仅等待 CPU 资源的进程，如果某个进程在等待其他资源，则该进程是不可运行进程。Linux 使用了比较简单的基于优先级的进程调度算法选择新的进程。

（2）内存管理（Memory Management，MM）

允许多个进程安全的共享主内存区域。Linux 的内存管理支持虚拟内存，即在计算机中运行的程序，其代码、数据、堆栈的总量可以超过实际内存的大小，操作系统只是把当前使用的程序块保留在内存中，其余的程序块则保留在磁盘中。必要时，操作系统负责在磁盘和内存间交换程序块。内存管理从逻辑上分为硬件无关部分和硬件相关部分。硬件无关部分提供了进程的映射和逻辑内存的对换；硬件相关的部分则为内存管理硬件提供了虚拟接口。

（3）虚拟文件系统（Virtual File System，VFS）

隐藏了各种硬件的具体细节，为所有的设备提供了统一的接口。虚拟文件系统提供了多达数十种不同的文件系统。虚拟文件系统可以分为逻辑文件系统和设备驱动程序。逻辑文件系统指 Linux 所支持的文件系统，如 ext2、FAT32 等；设备驱动程序表示为每一种硬件控制器所编写的设备驱动程序模块。

（4）网络接口（Network Interface）

提供了对各种网络标准的存取和各种网络硬件的支持。网络接口可分为网络协议和网络驱动程序。网络协议部分负责实现每一种可能的网络传输协议。网络设备驱动程序负责与硬件设备通信，每一种可能的硬件设备都有相应的设备驱动程序。

（5）进程间通信（Interprocess Communication，IPC）

支持进程间各种通信机制。所有其他的子系统都依赖于处于中心位置的进程调度，因为每个子系统都需要挂起或恢复进程。一般情况下，当一个进程等待硬件操作完成时，它被挂起；当操作真正完成时，进程被恢复执行。例如，当一个进程通过网络发送一条消息时，网络接口需要挂起发送进程，直到硬件成功地完成消息的发送；当消息被成功地发送出去以后，网络接口给进程返回一个代码，表示操作的成功或失败。其他子系统以相似的理由依赖于进程调度。

各个子系统之间的依赖关系如图3-1所示。

进程调度与内存管理之间的关系：这两个子系统互相依赖。在多道程序环境下，程序要运行必须为之创建进程，而创建进程的第一件事情，就是将程序和数据装入内存。进程间通信与内存管理的关系：进程间通信子系统要依赖内存管理支持共享内存通信机制，这种机制允许两个进程除了拥有自己的私有空间，还可以存取共同的内存区域。虚拟文件系统与网络接口之间的关系：虚拟文件系统利用网络接口支持网络文件系统（NFS），也利用内存管理支持 RAMDISK 设备。内存管理与虚拟文件系统之间的关系：内存管理利用虚拟文件系统支持交换，交换进程 swapd 定期由调度程序调度，这也是内存管理依赖于进程调度的唯一原因。当一个进程存取的内存映射被换出时，内存管理向文件系统发出请求，同时挂起当前正在运行的进程。除了这些依赖关系外，内核中的所有子系统还要依赖于一些共同的资源。这些资源包括所有子系统都用到的过程。例如：分配和释放内存空间的过程，打印警告或错误信息的过程以及系统的调试例程等。

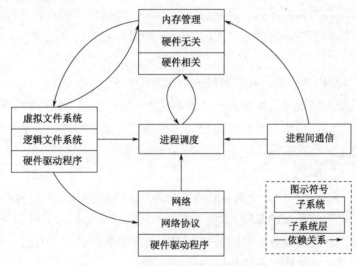

图 3-1 各子系统之间的依赖关系

5. Linux 内核特征

Linux 系统的设计建立在 Unix 操作系统的设计基础上。但是，它绝不是简化的 Unix，而是强有力和具有创新意义的类 Unix 操作系统。作为类 Unix 操作系统，Linux 内核具有下列基本特征。

（1）模块化的结构

Linux 和其他操作系统一样，由许多功能模块组成，每个功能模块都可以单独编译，然后将其连接在一起成为单独的目标程序，它的每个功能模块都是可见。这种结构的最大特点是内部结构简单，子系统间易于访问，因此内核的工作效率较高。另外，基于过程的结构也有助于不同的人参与不同过程的开发，从这个角度来说，Linux 内核又是开放式的结构，允许任何人对其进行修正、改进和完善。

（2）进程调度简单且有效

Linux 的进程调度方式简单而有效。对于用户进程，Linux 采用简单的动态优先级调度方式；对于内核中的进程（如设备驱动程序、中断服务程序等）则采用了一种独特的机制——软中断机制，这种机制保证了内核进程的高效运行。

（3）Linux 支持内核线程（或称守护进程）

内核线程是在后台运行而又无终端或登录 Shell 和它结合在一起的进程。有许多标准的内核线程，如周期进程，可以周期地运行来完成特定的任务；非周期性的内核线程则可以连续地运行，等待处理某些特定的事件。内核线程可以说是用户进程，但和一般的用户进程又有不同，内核线程存在于内核之中，进程调度程序是无法将其从内核中调出的。因此运行效率较高。

（4）Linux 支持多种平台的虚拟内存管理

虚拟内存管理是和硬件平台密切相关的部分，为支持不同的硬件平台而又保证虚拟存储管理技术的通用性，Linux 的虚拟内存管理为不同的硬件平台提供了统一的接口。

（5）Linux 内核具有特色的部分是虚拟文件系统

虚拟文件系统不仅为多种逻辑文件系统提供了统一的接口，而且为各种硬件设备（作为一种特殊文件）也提供了统一接口，用 Linux 提供的设备加载命令就可以实现不同硬件设备的加载。

（6）Linux 的模块机制使得内核保持独立而又易于扩充

模块机制可以使内核很容易地增加一个新的模块（如添加一个新的设备驱动程序），而无需重新编译内核；同时，模块机制还可以把一个模块按需添加到内核或从内核中卸下，这使得用户可以按需要定制自己的内核。

（7）用户功能可定制

一般来说，系统调用是操作系统的设计者提供给用户使用内核功能的接口（如 DOS、BIOS 的中断调用，MS-WIN 的系统函数等），增加系统调用可以满足用户的特殊需要。Linux 开放了源代码，所以可以直接修改系统调用并加入到内核来实现自己所需要的一些功能。

（8）利用面向对象的设计思想设计网络驱动程序

利用面向对象的设计思想设计网络驱动程序，使得 Linux 内核很容易实现对多种协议、多种网卡的驱动程序的支持。

6. Linux 源码结构

Linux 内核源码结构上大体分为进程管理、内存管理、文件系统、驱动程序和网络 5 个部分。我们以内核 2.4.x 为例详细介绍内核结构。内核源程序的文件按树形结构进行组织，Linux 2.4.x 最上层的目录如图 3-2 所示。

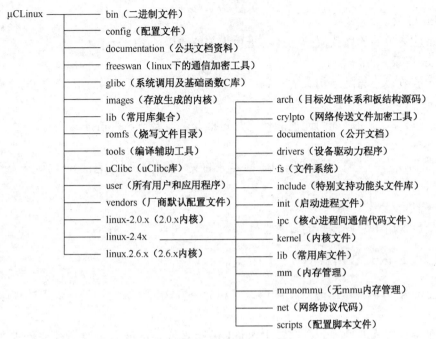

图 3-2 Linux 源文件的树形目录

（1）arch 目录

arch 子目录包括了所有和体系结构相关的核心代码。它包括 24 个子目录，每一个子目录都代表一种被支持的体系结构，如 ARM 就是关于 ARM 及与之相兼容体系结构的子目录。移植工作的重点就是 arch 下的目录。

（2）include 目录

include 子目录包括编译核心所需要的大部分头文件。与平台无关的头文件在 include / Linux 子目录下，与平台相关的头文件放在 include 目录下文件名以 asm 开头的子目录下。与 ARM CPU 相关的头文件在 include / asm-ammommu 子目录下。

（3）init 目录

init 目录包含核心的初始化代码，包含 malns 和 versions 两个文件，是研究初始化和内核如何工作的起点。

（4）mm 目录

mm 目录包括所有独立于 CPU 体系结构的内存管理代码，如页式存储管理内存的分配和释放等，而和体系结构相关的内存管理代码则位于 arch/$（ARCH）/mm /。

（5）kernel 目录

该目录为系统的主要核心代码，此目录下的文件实现了大多数 Linux 系统的内核函数，其中最重要的文件当属 sched.c，和体系结构相关的代码在 arch/$（ARCH）Acernel 中。

（6）drivers 目录

该目录放置系统所有的设备驱动程序，每种驱动程序又各占用一个子目录，如 block 目录下为块设备驱动程序，比如 IDE（ide.c）。如果希望查看所有可能包含文件系统的设备是如何初始化的，可以查看 drivers / block / genhd.c 中的 device setup()。它不仅初始化硬盘，也初始化网络，因为安装此文件系统时需要网络。

(7) lib 目录

该目录放置核心的库代码及一些与平台无关的通用函数。

(8) net 目录

该目录放置核心与网络相关的代码,其中每个子目录对应网络的一个方面。

(9) ipc 目录

该目录包含核心的进程间通信的代码,包括 util.c、sem.c 和 msg.c。

(10) fs 目录

fs 目录为所有的文件系统代码和各种类型的文件操作代码,它的每一个子目录支持一个文件系统。

(11) scripts 目录

该目录包含用于配置核心的脚本文件等。

知识 2　Linux 常用命令

使用 Linux 有两种基本方式:图形方式和命令方式。在编写和调试嵌入式程序时,常用命令方式。

用户在命令方式下输入命令后,由 Shell 进行解释。Shell 是一种命令解释器,提供了用户和操作系统之间的交互接口。Shell 是面向命令行的,而 X Window 则是图形界面。用户在命令行输入命令,Shell 进行解释,然后送往操作系统执行。Shell 可以执行 Linux 的系统内部命令,也可以执行应用程序。用户还可以利用 Shell 编程,执行复杂的命令程序。

Shell 命令一般由命令名、选项和参数三部分组成,常用格式如下:

命令名　【选项】【参数】

其中,命令名不可少,总在命令行的开头。选项一般以"-"开头,当有多个选项时,可以合并。参数是执行命令的对象,如文件、目录等,可以有一个或多个。

一、RedHat 的安装、登录、控制台的切换及 Linux 常用命令

1. RedHat 的安装

① 建好虚拟机后出现如图 3-3 所示画面,这时双击设备中的 CD-ROM1。

图 3-3

② 选择使用 ISO 映像(图 3-4(a)),在浏览中找到 RedHat Linux 的 ISO 安装文件。

③ 启动虚拟机(图 3-4(b))。

 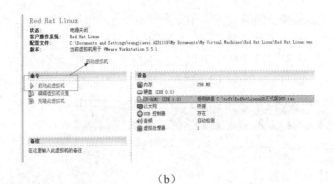

（a）　　　　　　　　　　　　　　　（b）

图 3-4

④ 安装（图 3-5）。常用操作：Ctrl + Enter 进入全屏模式；Ctrl + Alt 退出全屏模式；鼠标单击虚拟机屏幕进入虚拟机；Ctrl + Alt 鼠标从虚拟机中退出。鼠标单击虚拟机屏幕，然后按 Enter 键进入图形安装界面。

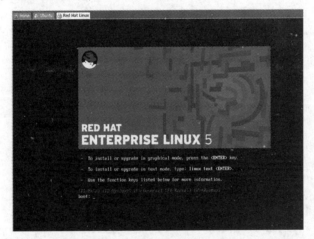

图 3-5

⑤ 推荐用 Tab 切换，跳过 Media 的检查（如图 3-6 所示，不跳过也可以，但是比较慢）。

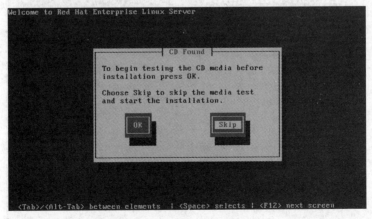

图 3-6

⑥ 单击下一步。
⑦ 选择安装语言，一般选择 English。
⑧ 选择键盘，默认（U.S.English）即可。
⑨ 这里需要注册，可以直接选择暂不注册，然后单击 OK。
⑩ 如图 3-7 至图 3-12 所示，依次单击图中提示的选项或按钮。

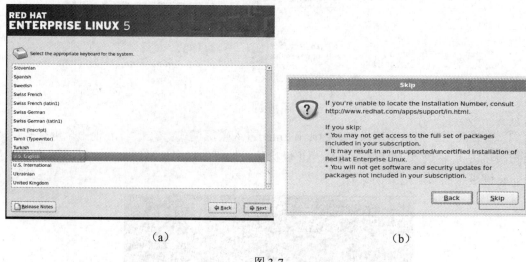

(a)   (b)

图 3-7

图 3-8

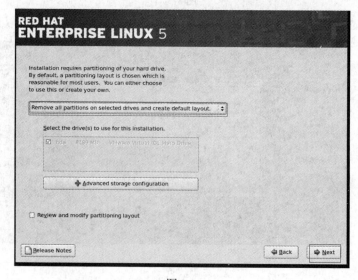

图 3-9

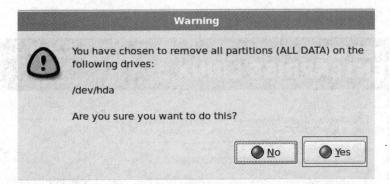

图 3-10

图 3-11

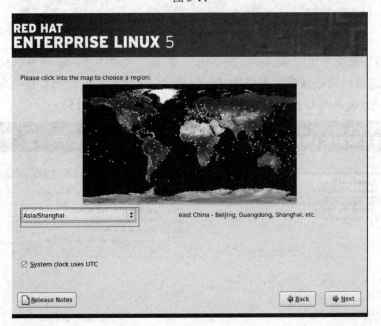

图 3-12

⑪ 为 root 用户设定密码（图 3-13）。

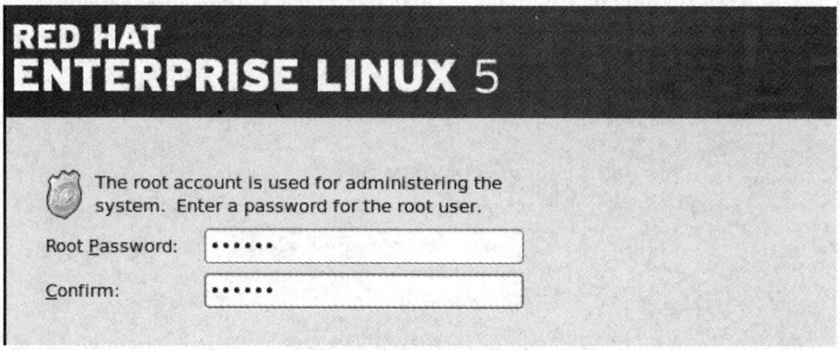

图 3-13

⑫ 根据需要选择软件开发和网络服务器（图 3-14）。

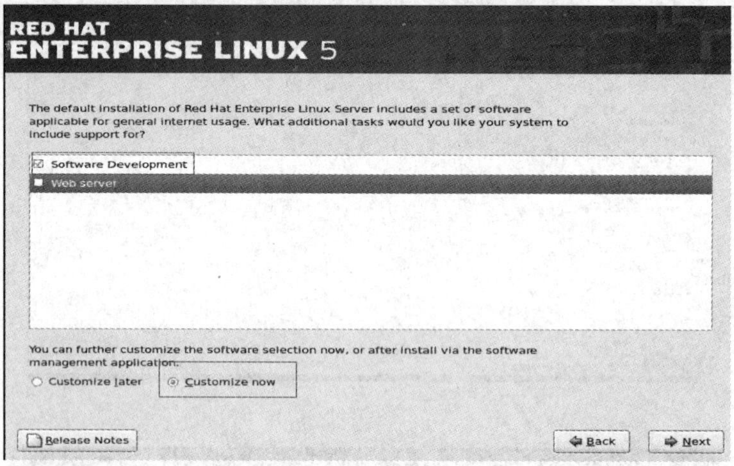

图 3-14

⑬ 这一步先单选左边的 Servers（服务器），右边勾选 FTP Server 和 Windows File Server，这一栏的其他选项可以根据实际需要选择，但是要保证你的安装盘里有这些东西让你安装，其他栏例如 Languages 等保持默认即可，然后单击下一步（图 3-15）。

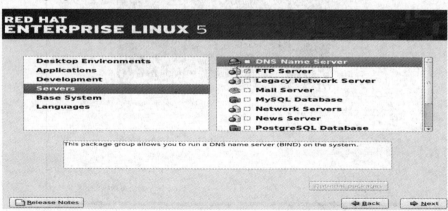

图 3-15

⑭ （系统）检查安装盘中是否包含了要安装的选项，只需等待一下（图 3-16）。

项目三 电子点菜系统项目设计

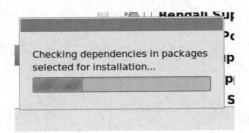

图 3-16

⑮ 选择 Next，系统开始安装（图 3-17）。

图 3-17

二、Linux 登录、控制台的切换及常用命令

1. Linux 登录

进入 Linux 系统必须要输入用户的账号，在系统安装过程中可以创建以下两种账号：
（1）root：超级用户账号（系统管理员），使用这个账号可以在系统中做任何事情。
（2）普通用户：这个账号供普通用户使用，可以进行有限的操作。

命令的使用方式：在 Linux 桌面上单击鼠标右键，从弹出的快捷菜单中选择"终端"命令，打开终端窗口。

用户登录分两步：第一步：输入用户的登录名；第二步：输入用户的口令（也称密码）。当用户正确地输入用户名和口令后，就能合法进入系统。进入后屏幕显示"【root@localhost~】#"。

注意：超级用户的提示符是"#"，其他用户的提示符是"$"。

2. 控制台的切换

Linux 是一个多用户操作系统，它可以同时接受多个用户登录。Linux 允许用户在同一时间从不同的虚拟控制台进行多次登录。

虚拟控制台的选择可以通过按下"Ctrl+Alt+一个功能键"来实现，通常使用 F1~F7，例如，用户登录后，按一下 Ctrl+Alt+F2 键，可以看到"login:"提示符，说明用户看到了第二个虚拟控制台。然后只需按 Ctrl+Alt+F1 键，就可以回到第一个虚拟控制台。用户可以在某一虚拟控制台上进行的工作尚未结束时，切换到另一虚拟控制台开始另一项工作。

3. Linux 命令格式

Linux 命令列通常由好几个字符串组成，中间用空格键分开。如下所示：
Command options arguments（或 parameters）
命令　　选项　　参数

4. Linux 常用命令

(1) 基本命令

① ls 命令。

语法：ls [选项] [目录文件]

功能：显示文件和目录的信息。

说明：ls 命令就是 list 的缩写，默认情况下 ls 用来打印出当前目录的清单，如果 ls 指定其他目录，那么就会显示指定目录里的文件及文件夹清单。ls 命令的常用参数选项说明：-a, -all 列出目录下的所有文件，包括以 "." 开头的隐含文件；-d，-directory 将目录像文件一样显示，而不是显示其下的文件；-l，列出文件的详细信息。

常见的目录结构有：/bin 存放常用命令；/boot 存放内核以及启动所需的文件等；/dev 存放设备文件；/etc 存放系统的配置文件；/home 用户工作根目录；/lib 存放必要的运行库；/root 超级用户的主目录；/sbin 存放系统管理程序；/tmp 存放临时文件的目录；/mnt 存放临时的映射文件系统，我们常把软驱和光驱挂装在这里的 floppy 和 cdrom 子目录下；/proc 存放存储进程和系统信息；/lost+fount：系统异常产生错误时，会将一些遗失的片段放置于此目录下，通常这个目录会自动出现在装置目录下；/media：光驱自动挂载点；/usr：应用程序存放目录；/sys：系统中的硬件设备信息。

例如：ls -l

该命令执行的结果是以列表的方式显示当前目录下的文件和目录名，如下所示：

```
1 [loong@localhost ~]$ ls -l
2 total 48
3 drwxr-xr-x 3 loong loong 4096 Mar 27 21:12 Desktop
4 drwxrwxr-x 2 loong loong 4096 Jan 13 16:01 regex
3 drwxrwxr-x 6 loong loong 4096 Feb 13 10:37 src.tar
6 -rw-rw-r-- 1 loong loong  133 Mar 27 19:47 time_test.c
7 drwxrwxrwx 3 loong loong 4096 Mar 27 19:29 vimcdoc-1.7.0
8 drwxrwxr-x 3 loong loong 4096 Jan 10 00:18 VMwareTools
```

其中，ls -l 列举的信息包含 7 个域：第一个域：第一个字符指明了文件类型，-: 普通文件；d: 目录文件；l: 符号链接；s: socket 文件；b: 块设备；c: 字符设备；p: 管道文件。后面的 9 个字符指明了文件的访问权限：每三位指明一类用户的权限，分别是文件属主、同组用户、其他用户，权限分为读（r）、写（w）、执行（x）；第二个域：链接数。普通文件至少为 1，目录至少为 2（.和..)；第三域：文件属主；第四域：用户组；第五域：文件大小，其中目录大小通常为块大小的整数倍；第六域：文件的最近修改日期和时间，修改文件意味着对其内文件或子目录的增添和修改；第七域：文件名。

例如：ls |more

当要显示的文件数太多（如/usr/bin/下的文件），这时一页屏不能显示，如果直接运行"ls /usr/bin"，则不能看见最前面的文件。这时可用通道"|more"进行多页屏显示输出（按空格显示下一页，按回车显示下一行）。我们执行 ls |more 命令后，显示如下所示：

```
1 [loong@localhost /]$ ls /usr/bin |more
2 [
3  411toppm            4 a2p
3  a2ps                6 ab
7  ac                  8 aconnect
9  acpi_listen        10 activation-client
11 addftinfo          12 addr2line
13 addresses          14 afs3log
13 alacarte           16 alsamixer
17 amidi              18 amixer
19 amtu               20 amuFormat.sh
21 animate            22 anytopnm
23 aplay              24 aplaymidi
23 --More--
```

另外，命令中的选项还可以组合起来使用，例如 ls –al 就是以列表形式显示所有文件和目录的详细信息。

② cd 命令功能。

语法：cd 目录名

功能：切换目录路径。

常用的 cd 命令如下：

cd dir 切换到当前目录下的 dir 目录；

cd / 切换到根目录；

cd .. 切换到上一级目录；

cd ../.. 切换到上二级目录；

cd ~ 切换到用户目录，如果是 root 用户，则切换到/root 下。

例如：[snms@snms /]$ cd /，[snms@snms /]$ ls

执行上述两个命令后，显示如下：

```
bin    dev    home   lost+found   mnt    proc   sbin      srv    tmp    var
boot   etc    lib    media              opt    root   seLinux   sys    usr
```

例如：[snms@snms /]$ cd /boot，[snms@snms boot]$ ls

执行上述两个命令后，显示如下：

```
config-2.6.27.3-117.fc10.i686       lost+found
efi                                 System.map-2.6.27.3-117.fc10.i686
grub                                vmlinuz-2.6.27.3-117.fc10.i686
initrd-2.6.27.3-117.fc10.i686.img
[snms@snms boot]$
```

③ useradd 命令。

语法：useradd [-d home] [-s shell] [-c comment] [-m [-k template]] [-f inactive] [-e expire] [-p passwd] [-r]name

功能：useradd 命令用来建立用户账号和创建用户的起始目录，使用权限是超级用户。

说明：useradd 可用来建立用户账号，它和 adduser 命令是相同的。账号建好之后，再用 passwd 设定账号的密码。使用 useradd 命令所建立的账号，实际上保存在/etc/passwd 文本文件中。

useradd 参数选项说明：-c，加上备注文字，备注文字保存在 passwd 的备注栏中；-d，指定用户登录时的启始目录；-D，变更预设值；-e，指定账号的有效期限，默认表示永久有效；-f，指定在密码过期后多少天即关闭该账号；-g，指定用户所属的群组；-G，指定用户所属的附加群组；-m，自动建立用户的登入目录；-M，不要自动建立用户的登入目录；-n，取消建立以用户名称为名的群组；-r：建立系统账号；-s，指定用户登录后所使用的 Shell；-u，指定用户 ID 号。

例如：#useradd wuzy -u 344

该命令执行的结果是建立一个新用户账户，并设置 ID。这里需要说明的是，设定 ID 值时尽量要大于 500，以免冲突。因为 Linux 安装后会建立一些特殊用户，一般 0 到 499 之间的值留给 bin、mail 这样的系统账号。

④ passwd 命令。

语法：passwd

功能：修改用户口令。

说明：使用 passwd 命令可以方便地修改用户口令。

passwd 参数选项说明：-l，锁定已经命名的账户名称，只有具备超级用户权限的使用者方可使用；-u，解开账户锁定状态，只有具备超级用户权限的使用者方可使用。

例如：[root@localhost ~]# passwd -l root

执行上述命令后，显示如下：

```
Locking password for user root.
passwd: Success(加锁)
[root@localhost ~]# passwd -u root
Unlocking password for user root.
passwd: Success.（解锁）
[root@localhost ~]# passwd -d root
Removing password for user root.
passwd: Success（删除密码）
[root@localhost ~]# passwd -S root（查看认证种类）
root NP 2012-11-09 0 99999 7 -1 (Empty password.)
[root@localhost ~]# passwd root（修改密码）
Changing password for user root.
New UNIX password:
BAD PASSWORD: it is too simplistic/systematic
Retype new UNIX password:
passwd: all authentication tokens updated successfully.
[root@localhost ~]# passwd -x 200 -n 30 root（添加密码最长和最短使用天数）
Adjusting aging data for user root.
passwd: Success
```

⑤ su 命令。

语法：su [选项] [用户账号]

功能：在当前用户账号下改变用户身份。

说明：该命令可以在不重新登录的情况下改变用户身份，从而实现相应权限的功能。可以让一个普通用户拥有超级用户或其他用户的权限，也可以让超级用户以普通的身份做一些事情。普通用户使用这个命令时必须有超级用户或其他用户的口令，如果离开当前的用户身份，可以输入 exit 命令。

例如：su wuzy

如果在 root 用户下，输入"su[普通用户]"，则切换至普通用户，从 root 切换到普通用户不需要密码；如果在普通用户下，则提示"password:"，输入用户的正确口令，则切换至相应的用户。

⑥ shutdown 命令。

语法：shutdown [参数] -t [秒数][时间][警告信息]

功能：shutdown 命令可以安全地关闭或重启 Linux 系统，它在系统关闭之前给系统上的所有登录用户提示一条警告信息。该命令还允许用户指定一个时间参数，可以是一个精确的时间，也可以是从现在开始的一个时间段。

shutdown 参数选项说明：-c，使用时，只要按+键就可以中断关机的指令；-f，重新启动时不执行 fsck；-F，重新启动时执行 fsck；-h，将系统关闭；-k，只是送出信息给所有用户，但不会实际关机；-n，不调用 init 程序进行关机，而由 shutdown 自己进行；-r，shutdown 之后重新启动；-t[秒数]，送出警告信息和删除信息之间要延迟多少秒；[时间]：设置多久时间后执行 shutdown 指令；[警告信息]：要传送给所有登入用户的信息；需要特别说明的是该命令只能由超级用户使用。

例如：#shutdown －r +10 执行该命令后，系统在十分钟后关机并且马上重新启动；

#shutdown -r now 重新启动系统，停止服务后重新启动系统；

#shutdown -h now 关闭系统，停止服务后再关闭系统。

⑦ cp 命令。

语法：copy（cp）[选项]源文件或目录 目标文件或目录

功能：将指定的文件或目录复制到另一个文件或目录中。

说明：在 cp 命令中可以使用通配符"*"和"？"，其中，前者通配多个字符，后者通配一个字符。另外，在复制时，要防止覆盖掉已存在的同名文件，避免造成不必要的损失。

例如：#cp   hello.c   /home / hello.c

执行该命令后，将/root 下的文件复制到 home 目录下。

cp –r wuzy   /

执行该命令后，将 wuzy 目录复制到根目录下。

⑧ mv 命令。

功能：将文件、目录移动，或者更改文件名。

例如：mv source target

执行该命令后，将文件 source 更名为 target。

⑨ rm 命令。

功能：删除文件或目录。

rm file   删除某一个文件。

rm -f file   删除时候不进行提示。

rm -rf dir   删除当前目录下叫 dir 的整个目录。

⑩mkdir 命令。

功能：创建目录。

说明：mkdir /home/workdir（在/home 目录下创建 workdir 目录）。

mkdir –p /home/dir1/dir2（创建/home/dir1/dir2 目录，如果 dir1 不存在，先创建 dir1）

⑪ pwd 命令。

功能：显示当前目录。

⑫ tar 命令。

功能：归档、压缩等，经常使用。

例如：tar   cvf /u0/temp2.tar /usr/lib

将/usr/lib 目录下的文件与子目录打包成一个文件库：/u0/temp2.tar。

```
tar  cvzf  temp.tar.gz  /home/temp
```

将 /home/temp 目录下的所有文件打包并压缩成一个 temp.tar.gz。

```
tar  xvzf  temp.tar.gz
```

将打包压缩文件 temp.tar.gz 在当前目录下解开。

⑬ unzip 命令。

功能：解压 zip 文件。

⑭ chmod 命令。

功能：改变文件或目录的所有者。

格式：

chmod [who] [opt] [mode] 文件/目录名

说明：who 表示对象（u：文件所有者；g：同组用户；o：其他用户；a：所有用户）；opt 代表操作（+：添加某个权限；-：取消某个权限；=：赋予给定的权限，取消原有权限）；mode 代表权限（r：可读；w：可写；x：可执行）。

⑮ df 命令。

功能：检查文件系统的磁盘空间占用情况。可以利用该命令来获取硬盘被占用了多少空间，目前还剩下多少空间等信息。

⑯ du 命令。

功能：检测一个目录和所有它的子目录中的文件占用的磁盘空间。

⑰ sed 命令。

功能：置换文字列，删除行。

⑱ grep 命令。

功能：检索文字列

⑲ diff 命令。

功能：比较文件内容。

```
diff dir1 dir2
```

比较目录 1 与目录 2 的文件列表是否相同，但不比较文件的实际内容，不同则列出。

`diff file1 file2`

比较文件 1 与文件 2 的内容是否相同，如果是文本格式的文件，则将不相同的内容显示，如果是二进制代码则只表示两个文件是否不同。

⑳ find 命令。

功能：检索文件和目录。

㉑ ln 命令。

功能：建立链接。

ln source_path target_path 硬连接

ln -s source_path target_path 软连接

㉒ top 命令。

功能：查看系统中的进程对 cpu、内存等的占用情况，按 q 键或者 Ctrl+C 退出。

（2）查看编辑文件命令

① cat 命令。

功能：显示文件的内容，和 DOS 中的 type 命令相同。

② more 命令。

功能：分页显示命令。

③ tail 命令。

功能：显示文件的最后几行。

例如：tail -n 100 aaa.txt

执行该命令后，显示文件 aaa.txt 的最后 100 行。

④ touch 命令。

功能：创建一个空文件。

例如：touch aaa.txt

执行该命令后，创建一个空文件，文件名为 aaa.txt。

⑤ wc 命令。

功能：显示文件的行数，字节数或单词数。

（3）基本系统命令

① man 命令。

功能：查看某个命令的帮助，如果不知道某个命令的用法，可以用此命令查询。

例如：man ls

执行该命令后，显示 ls 命令的帮助内容，按 q 键退出。

② w 命令。

功能：显示登录用户的详细信息。

③ who 命令。

功能：显示登录用户。

④ last 命令。

功能：查看最近有哪些用户登录系统。

⑤ date 命令。

功能：系统日期设定。

例如：date -s20:30:30　设置系统时间为 20:30:30；

例如：date -s2014-3-3　设置系统日期为 2014-3-3。

⑥ clock 命令。

功能：时钟设置。

例如：clock －r　对系统 BIOS 中读取时间参数；

例如：clock －w　将系统时间（如由 date 设置的时间）写入 BIOS。

⑦ uname 命令。

功能：查看系统版本。

uname -R　显示操作系统内核的版本。

⑧ reboot/halt 命令。

功能：重新启动系统。

（4）监视系统状态命令

① free 命令。

功能：查看内存和 swap 分区使用情况。

② uptime 命令。

功能：显示现在的时间，系统开机运转到现在经过的时间，连线的使用者数量，最近一分钟，五分钟和十五分钟的系统负载。

③ vmstat 命令。

功能：监视虚拟内存使用情况。

④ ps 命令。

功能：显示进程信息。

例如：ps ux　显示当前用户的进程。

⑤ kill 命令。

功能：删掉某个进程，进程号通过 ps 命令得到。

例如：kill -9 1001

将进程编号为 1001 的程序删掉。

⑥ sleep 命令。

功能：某进程停止指定的时间。

（5）磁盘操作命令

① mkfs 命令。

功能：格式化文件系统，可以指定文件系统的类型，如 ext2、ext3、fat、ntfs 等。

② dd 命令。

功能：把指定的输入文件复制到指定的输出文件中，并且在复制过程中可以进行格式转换。

③ mount 命令。

功能：使用 mount 命令可在 Linux 中挂载各种文件系统。

④ mkswap 命令。

功能：使用 mkswap 命令可以创建 swap 空间。

⑤ fdisk 命令。

功能：对磁盘进行分区。

(6) 用户和组相关命令
① groupadd 命令。
功能：添加组。
例如：groupadd test1 添加 test1 组。
② userdel 命令。
功能：删除用户。
例如：userdel user1 删除 user1 用户。
③ chown 命令。
功能：改变文件或目录的所有者。
例如：chown user1 /dir 将/dir 目录设置为 user1 所有。
④ chgrp 命令。
功能：改变文件或目录的所有组。
例如：chgrp user1 /dir
运行该命令后，将/dir 目录设置为 user1 所有。
⑤ id 命令。
功能：显示目前登录用户的 uid 和 gid 及所属分组和用户名，包括 uid、gid 等。
⑥ finger 命令。
功能：显示用户的信息。

(7) 压缩解压命令
① gzip 格式命令。
功能：压缩文件，是 gz 格式。
注意：生成的文件会把源文件覆盖。
② zip 格式命令。
功能：压缩和解压缩 zip 命令。
③ bzip2 格式命令。
功能：bzip2 格式压缩命令。
注意：生成的文件会把源文件覆盖。
④ gunzip 命令。
功能：解压 gz 文件。

(8) 网络相关命令
① ifconfig 命令。
功能：显示修改网卡的信息。
② route 命令。
功能：显示当前路由设置情况。
③ netstat 命令。
功能：用于显示各种网络相关信息，如网络连接，路由表，接口状态（Interface Statistics），Masquerade 连接，多播成员（Multicast Memberships）等。
④ ping 命令。
功能：调查远程主机的状况以及发送包等。
⑤ traceroute 命令。

功能：路由跟踪。

⑥ nslookup 命令。

功能：域名解析排错。

⑦ host 命令。

功能：检索 host 的信息。

⑧ hostname 命令。

功能：表示设定主机名称。

（9）其他命令

① ssh 命令。

功能：远程登录到其他主机，基于 SSL 加密。

② telnet 命令。

功能：远程登录到其他主机，明码传输，没有加密。

③ ftp 命令。

功能：连接 ftp 服务器，传输文件。

④ scp 命令。

功能：远程复制访问权限。

知识 3　文本编辑

VI 是 Visual Interface 的简称，是所有 Unix 系统都会提供的屏幕编辑器，它提供了一个视窗设备，通过它可以执行打开、保存、输入、修改、查找、替换、删除和块操作等众多文件编辑操作。可分为三种操作状态，分别是命令模式（Command mode）、编辑（插入）模式（Insert mode）和末行模式（Last line mode）。

1. 工作模式

（1）命令模式

任何时候，不管用户处于何种模式，只要按一下 Esc 键即可使 VI 进入命令行模式。在 Shell 环境下输入命令"vi"，则打开编辑器时，默认处于该模式下。

在命令模式下，用户可以输入各种合法的 VI 命令用于管理自己的文档。此时，从键盘上输入的任何字符都被当作编辑命令来解释；若输入的字符是合法的 VI 命令，则 VI 在接收用户命令之后完成相应的动作。但须注意的是，输入的命令并不在屏幕上显示出来。

（2）编辑模式

在命令行输入 i、r、o、x、d 等编辑命令，则进入文本编辑模式。在该模式下，可实现文本的输入、修改、删除等功能。这边列举几个参数加以说明。

i（插入）：在当前光标所在处插入输入的文字，已存在的字符会向后退；a（添加）：由当前光标所在处的下一个字符开始输入，已存在的字符向后退；o：插入新的一行，从光标所在处的下一行行首开始输入；r（替换）：r 会替换光标所指的那一个字符；esc：返回一般模式。

（3）末行模式

在命令模式下，用户按 ":" 键即可进入末行模式，此时 VI 会在显示窗口的最后一行显示一个 ":" 作为末行模式的提示符，等待用户输入命令。多数文件管理和块操作命令都是在此模式下实现的。末行命令执行完后，VI 会自动回到命令模式。

2. 文件的创建与打开

在 Shell 提示符后输入"vi"和想要编辑的文件名，便可启动 VI。下面以 hello.c 为例进行说明。

（1）输入"vi hello.c"；

（2）在键盘上按下"i"键并输入字符；

（3）程序写完后保存（敲击 Esc 键，输入下述参数）；

wq：保存退出。

q：不保存退出。

q：强行退出。

（4）执行"gcc hello.c –o"（hello.c 编译链接成可执行文件 hello）；

（5）执行"/[可执行文件名]"（执行完此条命令后就可以看到程序的执行结果）。

3. vi 命令

（1）进入 vi 的命令

vi [filename]:打开或新建文件，并将光标置于第一行首；vi n [filename]：打开文件，并将光标置于第 n 行首；vi + [filename]：打开文件，并将光标置于最后一行首；vi /[pattern] [filename]：打开文件，并将光标置于第一个与 pattern 匹配的串处；vi -r [filename]：若上次用 VI 编辑时发生系统崩溃，可以以此恢复 filename；vi [filename]…[filename]：打开多个文件，依次进行编辑。

（2）移动光标类常用命令

h 或 Backspace：光标左移一个字符；

l 或 Space：光标右移一个字符；

k 或 Ctrl+p：光标上移一行；

j 或 Ctrl+n：光标下移一行；

Enter：光标下移一行；

w 或 W：光标右移一个字至字首；

b 或 B：光标左移一个字至字首；

e 或 E：光标右移一个字至字尾；

)：光标移至句尾；

(：光标移至句首；

}：光标移至段落开头；

{：光标移至段落结尾；

nG：光标移至第 n 行首；

n+：光标下移 n 行；

n-：光标上移 n 行；

n$：光标移至第 n 行尾；

H：光标移至屏幕顶行；

M：光标移至屏幕中间行；

L：光标移至屏幕最后行；

0：光标移至当前行首；

$：光标移至当前行尾。

（3）屏幕翻滚类命令

Ctrl+u：向文件首翻半屏；

Ctrl+d：向文件尾翻半屏；

Ctrl+f：向文件尾翻一屏；

Ctrl+b：向文件首翻一屏；

nz：将第 n 行滚至屏幕顶部，不指定 n 时将当前行滚至屏幕顶部。

（4）插入文本类命令

i：在光标前；

I：在当前行首；

a：光标后；

A：在当前行尾；

o：在当前行之下新开一行；

O：在当前行之上新开一行；

r：替换当前字符；

R：替换当前字符及其后的字符，直至按 Esc 键；

s：从当前光标位置处开始，以输入的文本替代指定数目的字符；

S：删除指定数目的行，并以所输入文本代替之；

ncw 或 nCW：修改指定数目的字；

nCC：修改指定数目的行。

（5）删除命令

ndw 或 ndW：删除光标处开始及其后的 n-1 个字；

do：删至行首；

d$：删至行尾；

ndd：删除当前行及其后 n-1 行；

x 或 X：删除一个字符，x 删除光标后的，而 X 删除光标前；

Ctrl+u：删除输入方式下所输入的文本。

（6）搜索及替换命令

/pattern：从光标开始处向文件尾搜索；

n：在同一方向重复上一次搜索命令；

N：在反方向上重复上一次搜索命令；

s/[p1]/[p2]/g：将当前行中所有 p1 均用 p2 替代；

[n1],[n2]s/[p1]/[p2]/g：将第 n1 至 n2 行中所有 p1 均用 p2 替代；

g/[p1]/s//[p2]/g：将文件中所有 p1 均用 p2 替换。

知识 4　Linux 网络服务

Linux 继承了 Unix 的稳定性和安全性等优良特点，并提供了许多网络服务，这给嵌入式开发带来很大的方便。

1. 服务管理

超级用户可利用 Linux 提供的图形化配置工具和 Shell 命令来控制服务的运行状态。

(1) 图形化管理

在桌面环境下依次选择"主菜单→系统设置→服务器设置→服务"项,打开"服务配置"窗口,如图 3-18 所示。

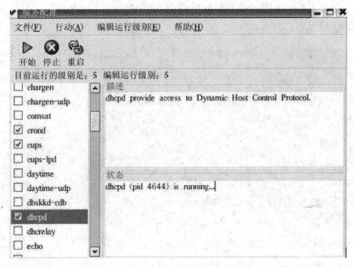

图 3-18 "服务配置"窗口

"服务配置"窗口的左侧显示当前系统提供的所有服务,安装服务器软件后才出现相应的服务。复选框被选中的那些服务在系统启动时将自动运行。从左侧选中一种服务,则右侧"描述"栏显示所选服务的功能信息,"状态"栏显示所选服务的运行状态和进程号信息。

选中某一服务后,单击工具栏中的"开始"、"停止"或"重启"按钮,则可改变本次运行中服务的运行状态。单击服务名称前的复选框可设置系统开机时是否启动此项服务,下一次启动时才能生效。修改完成后应选择"文件→保存修改"菜单项保存。

(2) 命令管理

使用 Shell 命令可管理服务。

格式:service 服务名 start|stop|restart

功能:启动、终止或重启指定的服务。

例如:要重新启动 Vsftp 服务。则输入命令为:

```
#service vsftpd restart
```

2. Socket 概述

在 Linux 中的网络编程是通过 Socket(套接字)接口来进行的。人们常说的 Socket 接口是一种特殊的 I/O,它也是一种文件描述符。每一个 Socket 都用一个半相关描述来表示;一个完整的套接字则用一个相关描述。Socket 也有一个类似于打开文件的函数调用,该函数返回一个整型的描述符,随后的连接建立、数据传输等操作都是通过 Socket 来实现的。

(1) Socket 类型

常见的 Socket 有 3 种类型。

① 流式 Socket(SOCK_STREAM):流式套接字提供可靠的、面向连接的通信流;它使用 TCP 协议,从而保证了数据传输的正确性和顺序性。

② 数据报 Socket(SOCK_DGRAM):数据报套接字定义了一种无连接的服务,数据通过相互独立的报文进行传输,是无序的,并且不保证是可靠、无差错的。它使用数据报协议 UDP。

③ 原始 Socket：原始套接字允许对底层协议（如 IP 或 ICMP）进行直接访问，它功能强大但使用较为不便，主要用于一些协议的开发。

（2）地址结构相关介绍

① 数据结构介绍。这边主要介绍两个重要的数据类型：sockaddr 和 sockaddr_in，这两个结构类型都是用来保存 Socket 信息的。以下为示例代码。

```
struct sockaddr {
unsigned short sa_family; /*地址族*/
char sa_data[14]; /*14 字节的协议地址,包含该 socket 的 IP 地址和端口号。*/
};
struct sockaddr_in {
short int sa_family; /*地址族*/
unsigned short int sin_port; /*端口号*/
struct in_addr sin_addr; /*IP 地址*/
unsigned char sin_zero[8]; /*填充 0 以保持与 struct sockaddr 同样大小*/
};
```

这两个数据类型是等效的，可以相互转化，通常 sockaddr_in 数据类型使用更为方便。在建立 socketaddr 或 sockaddr_in 后，就可以对该套接字进行适当的操作。

② 结构字段。结构字段如表 3-2 所示。

表 3-2 结构字段表

结构定义头文件	#include<netinet/in.h>
Sa_family	AF_INET：IPv4 协议
	AF_INET6：IPv6 协议
	AF_LOCAL：UNLX 域协议
	AF_LINK：链路地址协议
	AF_KEY：密钥套接字（Socket）

任务二　电子点菜菜单的设计与实现

知识 1　ADS 开发环境

ADS（ARM Developer Suite）集成开发环境是 ARM 公司开发的新一代 ARM 核嵌入式微控制器集成开发工具，用来取代之前推出的 ARM SDT 工具。ADS 目前比较成熟的版本为 1.2 版，支持 C/C++源程序，支持软件调试和 JTAG 硬件仿真调试，是一种快速高效的嵌入式系统应用程序开发解决方案。

一、ADS 概述

1. ADS1.2 简介

ADS 1.2 可以安装在微软 Windows XP 以及 RedHat Linux 等多款操作系统上，支持 ARM7、ARM9、ARM9E、ARM10、StrongARM、Xscale 等 ARM10 之前所有系列的多种类型的处理

器内核,支持软件调试及 JTAG 硬件仿真调试,支持汇编、C/C++源程序,具有功能强大的系统库、编译效率高等优点。ADS 主要用于无操作系统的 ARM 嵌入式系统的开发,有良好的测试环境和极佳的侦错性能,有助于开发人员对 ARM 处理器和底层原理的理解。

2. ADS 开发环境的组成

ADS 由集成开发环境、命令行工具、实用程序和支持软件等六部分组成。

(1) 命令行工具

命令行工具通过命令方式实现嵌入式应用程序的编译和调试,也可以将许多编译命令编写在一个脚本文件中,通过运行脚本文件自动完成编译工作。命令行工具可分为 3 个部分:编译器、链接器和符号调试器。

① 编译器。ADS 提供多种编译器以支持 ARM 和 Thumb 指令的编译。主要有:

Armcc:Armcc 是 ARM C 编译器,用于将 ANSI C 编写的程序编译成 32 位 ARM 指令代码。

Tcc:Tcc 是 Thumb C 编译器。

Armcpp:Armcpp 是 ARM C++编译器。

Tcpp:Tcpp 是 Thumb C++编译器。

Armasm:Armasm 是 ARM 和 Thumb 的汇编语言编译器。

② 链接器。Armlink 是 ARM 链接器,既可以将编译得到的一个或多个目标文件和相关的一个或多个库文件进行链接,生成一个可执行文件;也可以将多个目标文件部分链接成一个目标文件,以供进一步的链接。

③ 符号调试器。Armsd 是 ARM 和 Thumb 的符号调试器。借助 Armsd 可以进行源码级的程序调试,也可以进行单步调试、设置断点、查看变量和内存单元的内容。

(2) GUI 集成开发环境

GUI 集成开发环境包括 CodeWarrior IDE 和 AXD 两部分,前者是集成开发工具,后者是可视化调试工具。

CodeWarrior 集成开发环境为管理和开发项目提供了良好的,简单而多样化的图形用户界面,用户可以使用 ADS 的 CodeWarrior IDE 为 ARM 和 Thumb 处理器进行程序的开发。在整个开发周期中,开发者无需离开 CodeWarrior,就能编写和编译基于 ARM 的嵌入式程序。

AXD(ARM Extended Debugger,ARM 扩展调试器)是可视化的调试工具,它本身是一个软件,开发者通过这个软件可以对包含有调试信息的、正在运行的 ARM 可执行代码进行程序调试,如变量的查看、断点的设置等。

(3) 实用工具

ADS 提供一组实用工具,以辅助 ARM 程序的编写和调试,主要有:

① Flash downloader:该工具用于把二进制映像文件从宿主机下载到 ARM 目标机上的 Flash 存储器中。

② fromELF:这是 ARM 映像文件转换工具,可将 ELF 格式的文件转换为各种格式的输出文件,包括 bin 格式的映像文件、Motorola 32 位十六进制格式映像文件、Intel 32 位十六进制格式映像文件和 Verilog 十六进制文件。fromELF 命令也能够为输入映像文件产生文本信息,如代码和数据长度。

③ armar:armar 是 ARM 库函数生成器,它将一系列 ELF 格式的目标文件以库函数的形式集合在一起。用户可以把一个库传递给一个链接器以代替几个 ELF 文件。

(4) 支持软件

ADS 为用户提供 ARMulator 软件,使用户可以在软件仿真的环境下或者在基于 ARM 的硬件环境调试用户应用程序。ARMulator 是一个 ARM 指令集仿真器，集成在 ARM 的调试器 AXD 中，它提供对 ARM 处理器的指令集的仿真，为 ARM 和 Thumb 提供精确的模拟。用户可以在硬件尚未做好的情况下，开发程序代码。

ADS 的安装非常简单，将 ADS 安装盘插入光驱或将 ADS 安装程序复制到宿主机，双击"SETUP.EXE"开始安装，依次单击"Next"和"Yes"，选择安装路径，然后再连续单击几次"Next"开始安装。文件安装完成后，将文件夹"CRACK"下的文件"LICENSE.DAT"复制到安装目录下的文件夹"licenses"下。最后找到安装目录下的"bin"目录下的"register.bat"文件，双击之就能够运行 ADS 了。

二、开发环境配置和使用

1. CodeWarrior 的配置和使用

CodeWarrior IDE 提供一个简单通用的图形化用户界面用于管理软件开发项目。可以以 ARM 和 Thumb 处理器为对象，利用 CodeWarrior IDE 开发 C、C++和 ARM 汇编代码。

（1）创建项目工程

建立项目工程是嵌入式实际开发中必不可少的一部分，因为工程将所有的源代码文件组织在一起，并能够决定最终生成文件存放的路径、输出的格式等。在 CodeWarrior 中新建一个工程的方法有两种，可以在工具栏中单击"New"按钮，也可以在"File"菜单中选择"New"菜单，这样就会打开一个如图 3-19 所示的对话框。

图 3-19　ADS 新建工程对话框

在 Project 标签页中为用户提供了 7 种可选择的工程类型，如下所示：

ARM Executable Image：用于由 ARM 指令的代码生成一个 ELF 格式的可执行映像文件。

ARM Object Library：用于由 ARM 指令的代码生成一个 armar 格式的目标文件库。

Empty Project：用于创建一个不包含任何库或源文件的工程。

Makefile Importer Wizard：用于将 Visual C 的 nmake 或 GNU make 文件转入到 CodeWarrior IDE 工程文件。

Thumb ARM Interworking Image：用于由 ARM 指令和 Thumb 指令的混合代码生成一个可执行的 ELF 格式的映像文件。

Thumb Executable image：用于由 Thumb 指令创建一个可执行的 ELF 格式的映像文件。

Thumb Object Library：用于由 Thumb 指令的代码生成一个 armar 格式的目标文件库。

在这里通常选择"ARM Executable Image"，然后在"Project name"文本框里输入名为"swi"的工程文件名。接着在"Location"项中单击"Set"按钮选择项目工程存放的位置，这里存放的位置为"D:\My Documents"，最后单击"确定"按钮，即可建立一个新的名为"swi"的工程。

新工程创建以后,这个时候会出现标题为"swi.mcp"的窗口,如图 3-20 所示,该窗口中有 3 个标签页,分别为 Files、Link Order、Targets,默认的是显示第一个。通过在该选项卡中右键单击,选中"Add Files"就可以把要用到的源程序添加到工程中。

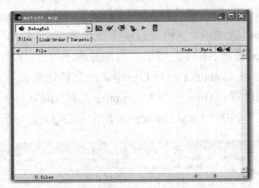

图 3-20 添加源文件到工程中

为工程添加源码常用的方法有两种,既可以使用如图 3-20 所示方法,也可以在"Project"菜单项中选择"Add Files",这两种方法都会打开文件浏览框,用户可以把已经存在的文件添加到工程中来。当选中要添加的文件时,会弹出一个对话框,询问用户把文件添加到何类目标中,在这里,我们选择"DebugRel"目标。在建立好一个工程时,默认的 Targets 是 DebugRel,还有另外两个可用的 Targets,分别为 Release 和 Debug,这 3 个 Target 的含义如下:DebugRel:使用该目标,在生成目标的时候,会为每一个源文件生成调试信息;Debug:使用该目标为每一个源文件生成最完整的调试信息;Release:使用该目标不会生成任何调试信息。

到目前为止,一个完整的名为"swi"的项目工程已经建立,此后的工作主要是根据系统设计的要求,编写各种源程序,并对工程进行编译和链接。

(2)编译和链接项目工程

在编译项目之前,首先需要进行环境设置,以告诉 CodeWarrior 如何生成目标文件。单击"Edit"菜单,选择"DebugRel Settings",或者按 Alt + F7 键,显示如图 3-21 所示对话框。

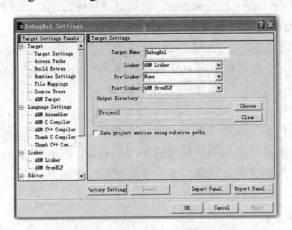

图 3-21 DebugRel 设置对话框

图 3-21 的左边部分是可设置的模块,右边部分为每一模块可设置的项目,它包括如下几个大的设置对象。

① Target 设置选项。Target 模块主要设置编译目标的文件名、类型、路径等参数，其中：Target Settings 包括 Target Name、Linker、Pre-linker 和 Post-linker 等设置；Access Paths 主要是用于项目的路径设置；Build Extras 主要用于 Build 附加的选项设置；Runtime Settings 包括一般设置、环境设置等；File Mappings 包含映射信息、文件类型、编辑语言等；Source Trees 包含源代码树结构信息以及路径选择等；ARM Target 定义输出 image 文件名和类型等。

② Language Settings 设置选项。该模块选项主要设置与处理器体系结构相关的编程语言参数，其中：ARM Assembler 是对 ARM 汇编语言的支持选项设置；ARM C Compiler 是对 C 语言的支持选项设置；ARM C++ Compiler 是对 C++语言的支持选项设置；Thumb C Compiler 是对 Thumb C 语言的支持选项设置；Thumb C++ Compiler 是对 Thumb C++语言的支持选项设置。

③ Linker 设置选项。选中"ARM Linker"，弹出如图 3-22 所示的对话框。

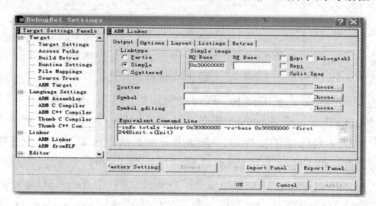

图 3-22 ARM Linker 设置对话框

其中 ARM Linker 是对输出的连接类型、RO、RW Base 地址等选项的设置；ARM fromELF 定义输出文件格式以及路径等。

④ Editor 设置选项。该模块选项主要用于设置对客户化关键字高亮颜色方案的设置，一般取默认值。

⑤ Debugger 设置选项。该模块选项主要用于设置工程调试和运行时选择何种调试器，一般取默认值。选项参数说明：Other Executables：当调试该目标时选择调试器（AXD、Armsd 和其他等）；ARM Runner：选择运行时调试器（AXD、Armsd 和其他等）。

⑥ ARM Features 设置选项。ARM Features 主要用于设置一些受限制的特性。

完成所有相关设置后，就可以对项目工程进行编译和链接，单击 CodeWarrior IDE 的菜单 Project 下的 Make 菜单，就可以对工程进行编译和键接，从而产生用于调试和用于烧写的目标文件。

编译和链接完成后，在工程所在的目录下，会生成一个名为"工程名_data"的目录（即 swi_data），在这个目录下不同类别的目标对应不同的目录。进入到 DebugRel 目录中去，会看到生成的映像文件和二进制文件，映像文件用于调试，二进制文件可以烧写到目标板的 Flash 中运行。

2. AXD 的配置和使用

AXD 是 ADS 软件中独立于 CodeWarrior IDE 的图形软件，支持软件模拟和硬件仿真。AXD 能够装载映像文件到目标内存，具有单步、全速和断点等调试功能，可以观察变量、寄存器和内存数据等。

无论利用模拟器进行调试，还是借助仿真器进行调试，前提都是在 CodeWarrior 环境中已经编写、编译、链接生成了含有调试信息的可执行 ELF 格式的映像文件。打开 AXD 软件，默认打开的目标是 ARMulator。ARMulator 也是调试的时候最常用的一种调试工具，下面主要是结合 ARMulator 介绍在 AXD 中进行代码调试的方法和过程，使读者对 AXD 的调试有初步的了解。前面已经生成的"swi.axf"文件就是含有调试信息的可执行 ELF 格式的映像文件。这一部分以"swi 工程"为例讲述 AXD 调试工具的基本用法。启动后的 ADS 调试环境如图 3-23 所示。

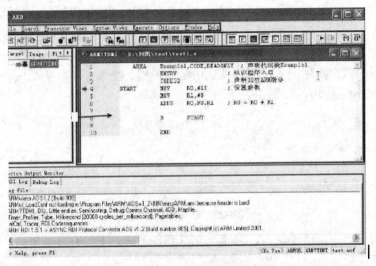

图 3-23 AXD 调试环境

（1）配置模拟器

在 AXD 窗口的菜单 Options 中选择 Configure Target 菜单项，弹出对话框和对话框说明如图 3-24 所示，在该对话框中选择 ARMUL 方式，再按"OK"按钮。

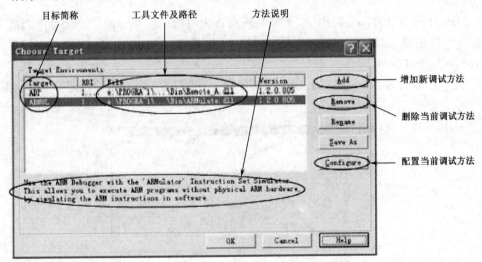

图 3-24 Choose Target 对话框

（2）打开调试文件

在菜单"File"中选择"Load image"选项，打开 Load Image 对话框，找到要装载的.axf

映像文件，单击"打开"按钮，就把映像文件装载到目标内存中。

（3）全速运行

在菜单"Execute"中选择"Go"选项，则全速运行调试程序。要想进行单步的代码调试，则可在菜单"Execute"选择"Step"选项或按下 F10 快捷键。

（4）设置断点

有时候，开发者可能希望程序在执行到某处时查看一些所关心的变量值，此时可以通过设置断点达到此要求。将光标移动到要进行断点设置的代码处，在"Execute"菜单中，选择"Toggle Breakpoint"或按 F9 键，就会在光标所在行的起始位置出现一个红色实心圆点，表明该处已设为断点。

（5）查看寄存器内容

查看寄存器的值在实际嵌入式开发调试中经常使用，使用方法为从"Processor Views"菜单中选择"Memory"选项，如图 3-25 所示。

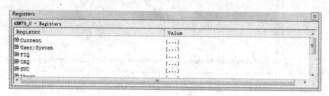

图 3-25　查看寄存器值

从树形结构分布中，通过单击，可逐一查看到各种模式下的寄存器值。

（6）查看变量值

在调试过程中，经常需要查看某个变量的值。在 AXD 工具中，查看变量值的方法是先用鼠标右键单击要查看的变量，在弹出的对话框中选择"Watch"，此时将会显示指定变量的详细信息。此外，AXD 工具的使用方法还有很多，关于 AXD IDE 的具体使用请参考 ADS。

3．DNW 的配置和使用

在 ADS 开发环境的体系架构中，DNW 既可作为串口信息观察窗口，又可作为宿主机上的 USB 下载器使用，而且无需安装，是一个小巧、方便的宿主机连接目标机的工具。

（1）安装 USB 驱动

连上 PC 机及开发板上的 USB DEVICE 接口，安装 USB 驱动程序，显示界面如图 3-26 所示。

图 3-26　USB 接入后的显示界面

（2）DNW 的配置步骤

先双击"DNW.exe"，打开 DNW 窗口，如图 3-27 所示，然后选择"Configuration"菜单下的"Option"菜单项，如图 3-28 所示，配置 DNW 相关参数。

图 3-27　DNW 主窗口

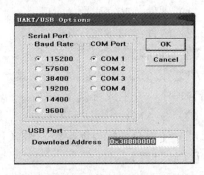

图 3-28　DNW 配置参数界面

注：SDRAM 内存地址为 0x30000000～0x340000000，BootLoader 用了 0x30200000 之前的地址，这里下载地址设为：0x308000000。

（3）DNW 的使用

在基于 ADS 的嵌入式系统开发中，DNW 主要用途有两种，即串口信息观察与 USB 下载。

串口控制。用串口线连接好目标机的 COM1 口和宿主机的 COM1 口，启动 DNW，选择"Serial Port"菜单下的"Connect"选项，然后在 DNW 的标题栏中可看到"COM1 115200bps"。此时打开目标机电源，则在 DNW 上即可看到目标机回显的启动信息，如图 3-29 所示。

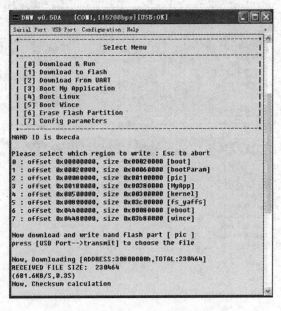

图 3-29　DNW 串口观察与控制

实验五　ADS 下简单 ARM 汇编程序实验

【实验目的】

（1）熟悉 ADS1.2 下进行汇编语言程序设计的基本流程；

(2) 熟悉在 ADS 中创建工程及编写、编译和运行汇编语言程序的方法;
(3) 熟悉 AXD 中各种调试功能。

【实验环境】

(1) 硬件:PC 机;
(2) 软件:ADS1.2。

【实验内容】

(1) 在 ADS 中新建工程,并设置开发环境;在 CodeWarrior 环境中编辑、编译和链接汇编语言程序,并生成可执行文件;
(2) 在 AXD 中调试汇编程序;
(3) 使用命令行界面编辑、编译和链接汇编程序。

【实验过程】

本实验要求在 ADS 环境下,编写一个汇编程序,计算 1+2+3+…+n 的累加值。把累加结果存入到存储器的指定位置;在 AXD 中调试该程序,使用 ARMulator 模拟目标机。

1. 新建工程

打开 CodeWarrior,选择 File→New(project)选项,使用 ARM Executable Image 模版新建一个工程,如图 3-30 所示。

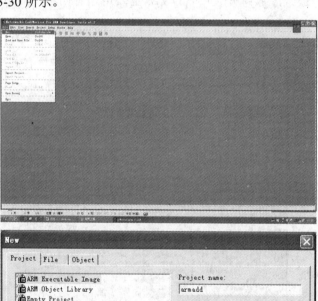

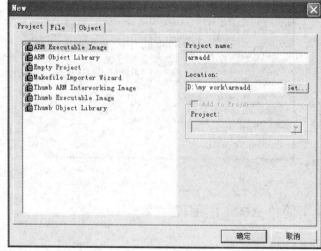

图 3-30

2. 设置编译和链接选项

由于我们使用的是模拟机,设置汇编语言编译器的模拟处理器架构为 Xscale;在 ARM Linker 中,选择"Output"选项卡并选择"Linktype"为"Simple"类型,确认"RO Base"为"0x8000",修改"RW Base"为"0x9000",如图 3-31 所示。

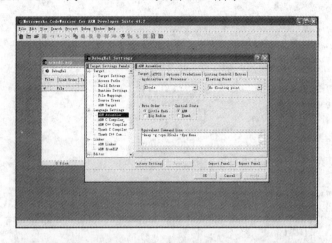

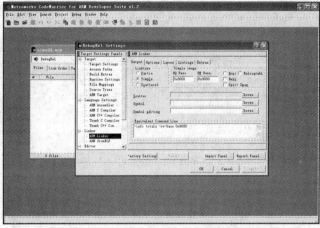

图 3-31

3. 为当前工程添加源程序文件

ARM 汇编程序源文件后缀名为.s,大小写均可(图 3-32)。

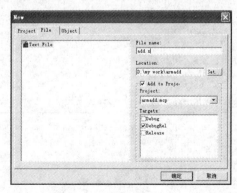

图 3-32

确保"Add+o Project"复选框选上。

4. 编辑源程序代码

参考程序 add.s：

```
        ;armadd 源程序
N       EQU 7                           ;累加次数
        ;定义名为 Adding 的代码段
        AREA Adding,CODE,READONLY
        ENTRY
        MOV R0,#0
        MOV R1,#1
REPEAT  ADD R0,R0,R1
        ADD R1,R1,#1
        CMP R1,#N
        BLE REPEAT
        LDR R2,=RESULT
        STR R0,[R2]
HERE    B   HERE

        ;定义名为 Dataspace 的数据段
        AREA Dataspace,DATA,READWRITE
RESULT  DCD 0
        END
```

5. 编译汇编源代码文件（图 3-33，图 3-34）

右键单击"add.S"文件，选择"Compile"，如果没有成功会弹出错误和警告窗口。

图 3-33

生成.O 目标代码文件。

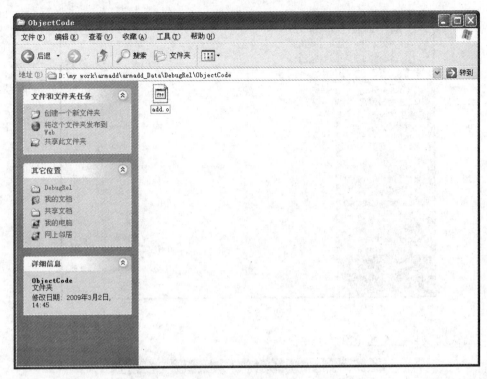

图 3-34

6. 编译整个工程

选择 Project→Make 菜单命令进行整个工程的编译。可以在目录空间查看是否生成了映像文件 add.axf（图 3-35）。

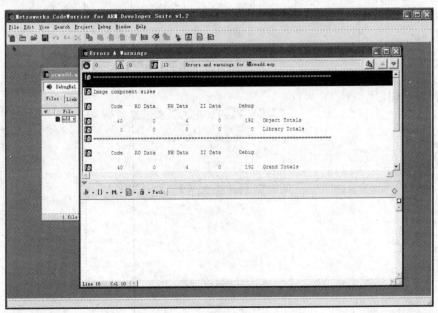

图 3-35

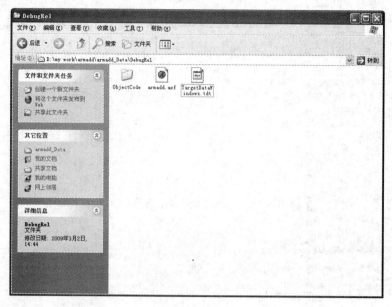

图 3-35（续）

7. 确认调试目标设置（图 3-36）

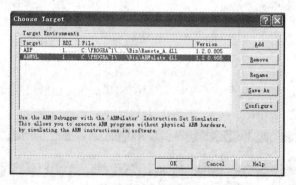

图 3-36

设置目标处理器型号（图 3-37）。

图 3-37

8. 运行映像文件（图 3-38）

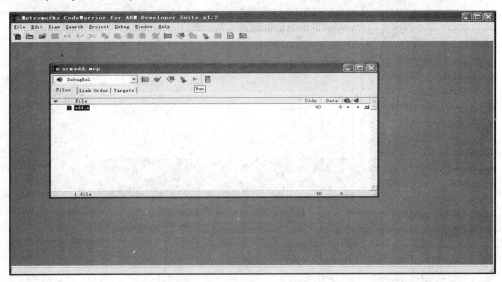

图 3-38

选择如上所示按钮运行映像文件，运行结果如图 3-39 所示。

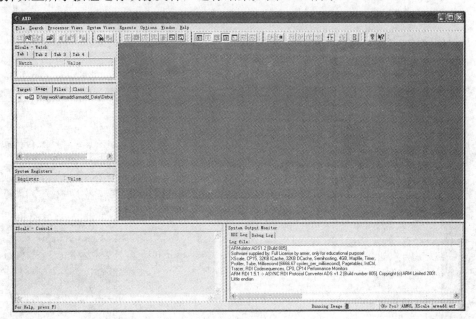

图 3-39

9. 调试准备

在 AXD 中，打开各个观察窗口，做调试准备。选择 Processor Views→Registers 选项，打开 ARM 寄存器显示窗口。调整窗口大小，使得 Current 节点的 R0~R2 寄存器可见。选择 Processor Views→Memory 选项，打开 ARM 存储器显示窗口。在 "Start Address" 输入框中输入准备查看的内存区域首地址 "0x9000"（图 3-40）。

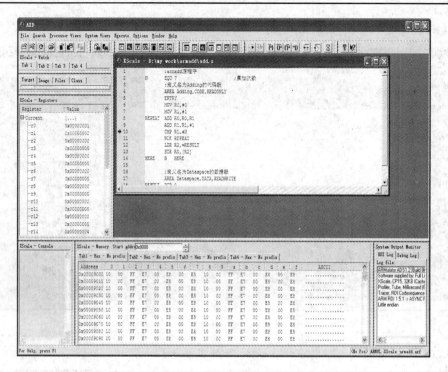

图 3-40

10. 调试映像文件

单击鼠标所指图标（图 3-41）。

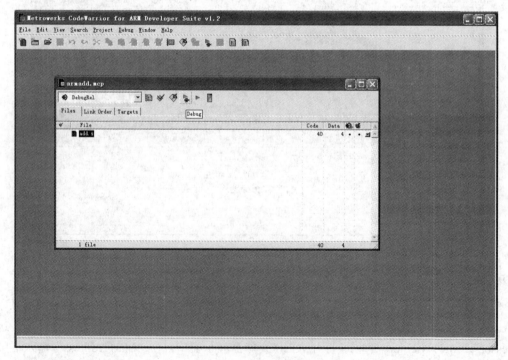

图 3-41

打开调试窗口。为了便于调试，观察各个寄存器和存储器的变化情况，推荐调试窗口布局如图 3-42 所示。

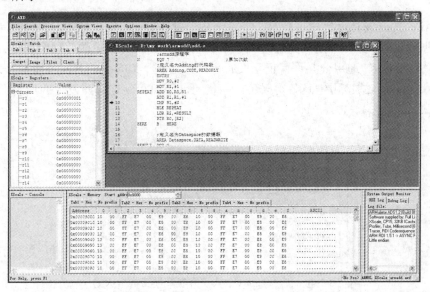

图 3-42

11. 单步运行程序，观察并记录结果

在 AXD 中，选择 Execute→Step 选项，或者 F10 键，单步运行程序，查看相关寄存器和存储器相应地址上的变化。运行结果如图 3-43 所示。

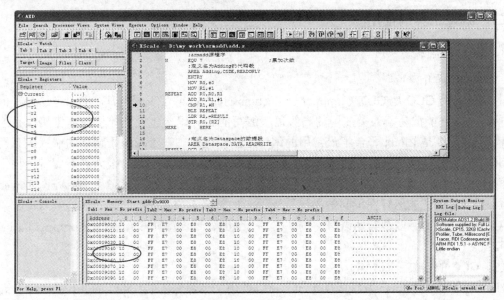

图 3-43

分析源程序可以看出，我们的程序仅对少数几个寄存器进行了读写操作，所以观察时应注意红色框中的内容变化。

实验思考：
有没有办法让 AXD 中寄存器和存储器单元的值直接显示为十进制数？

知识 2 Linux 开发环境

基于 ADS 的开发环境集成度较高，拥有全图形操作界面，实现 ARM 汇编语言和 C 语言的编程方便、快捷，但对目标机的实时调试不够直接。由于 Linux 源代码全部公开，任何人都可以修改并在 GNU 通用公共许可证下发行，因此，基于 Linux 的开发环境在开发以 Linux 作为操作系统的嵌入式应用中具备得天独厚的优势，因而得到许多开发者的认同。

一、环境架构

基于 Linux 的典型开发环境架构如图 3-44 所示。

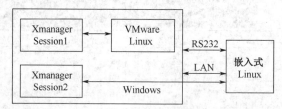

图 3-44 基于 Linux 的典型开发环境架构示意图

在这一开发环境中，应用软件的编写、编译和链接在虚拟机 Linux 系统中进行，由于嵌入式系统的操作系统是 Linux，应用软件的开发也在相同系统中，因而，处理问题的思路、方法最接近目标机。我们要建立的开发环境采用如下方式：主操作系统：Windows XP；虚拟机：VMware-workstation-3.0.0-13124；虚拟机上操作系统：RedHat9.0。

二、编译工具的使用

1. GCC 编译器的使用

（1）GCC 简介

通常所说的 GCC 是 GUN Compiler Collection 的简称，除了编译程序之外，它还含其他相关工具，所以它能把易于人类使用的高级语言编写的源代码构建成计算机能够直接执行的二进制代码。GCC 是 Linux 平台下最常用的编译程序，同时，在 Linux 平台下的嵌入式开发领域，GCC 也是用得最普遍的一种编译器。GCC 之所以被广泛采用，是因为它能支持各种不同的目标体系结构。目前，GCC 支持的体系结构有四十余种，常见的有 X86 系列、Arm、PowerPC 等。同时，GCC 还能运行在不同的操作系统上，如 Linux、Solaris、Windows 等。GCC 除了支持 C 语言，还支持多种其他语言，例如 C++、Ada、Java、Objective-C、Fortran、Pascal、Go 等。

（2）GCC 的安装

Ubuntu 等基于 Debian 发行版的 Linux 可以使用如下命令安装：apt -get install gcc；Fedora 等基于 RPM 发行版的 Linux 可以使用如下命令安装：yum install gcc；使用查看 GCC 的版本的命令：gcc –version。

2. 程序的编译过程

对于编译器来说，程序的编译要经历预处理、编译、汇编、链接四个阶段。从功能上分，预处理、编译、汇编是三个不同的阶段，但 GCC 的实际操作上，它可以把这三个步骤合并为一个步骤来执行。下面以 C 语言为例来讲述不同阶段的输入和输出情况。

GCC 编译器的基本选项如表 3-3 所示。

表 3-3 GCC 编译器的基本选项

类型	说明
-E	预处理后即停止，不进行编译、汇编及链接
-S	编译后即停止，不进行汇编及链接
-c	编译或汇编源文件，但不进行链接
-o file	指定输出文件 file

在预处理阶段，输入的是 C 语言的源文件，通常为*.c，它们通常带有对头文件的包含信息。这个阶段主要处理源文件中的#ifdef、#include 和#define 命令。该阶段会生成一个中间文件*.i，但实际工作中通常不用专门生成这种文件，因为基本上用不到；若非要生成这种文件不可，可以利用命令"gcc -E test.c -o test.i"来实现。在编译阶段，输入的是中间文件*.i，编译后生成汇编语言文件*.s。这个阶段对应的 GCC 命令为：gcc -S test.i -o test.s。在汇编阶段，将输入的汇编文件*.s 转换成机器语言文件*.o。这个阶段对应的 GCC 命令为：gcc -c test.s -o test.o。最后，在链接阶段将输入的机器代码文件*.s（与其他的机器代码文件和库文件）汇集成一个可执行的二进制代码文件。这一步骤可以利用下面的命令完成：gcc test.o -o test，运行如图 3-45 所示。

```
wu@ubuntu:~$ cd Ccode
wu@ubuntu:~/Ccode$ gcc -E test.c -o test.i
wu@ubuntu:~/Ccode$ gcc -S test.i -o test.s
wu@ubuntu:~/Ccode$ gcc -c test.s -o test.o
wu@ubuntu:~/Ccode$ gcc test.o -o test
```

图 3-45

可以通过"cat -n [filename]"命令查看每一个阶段的文件内容。

3. 警告选项

GCC 提供了大量的警告选项，对代码中可能存在的问题提出警告，通常可以使用"-Wall"来开启警告，GCC 的编译器警告选项如表 3-4 所示。

表 3-4 GCC 编译器的警告选项

类型	说明
-Wall	启用所有警告信息
-Werror	在发生警告时取消编译操作，即将警告看作是错误
-w	禁用所有警告信息

例：给出一段代码，使用 GCC 进行编译，同时开启警告信息（test1.c）。

```c
#include<stdio.h>
int main()
{
    int i;
```

```
    for(i = 0; i <= 3; i++)
        printf("hello gcc!\n");
    //return 0;
}
```

使用"-Wall"开启警告的结果如图 3-46 所示。

```
wu@ubuntu:~/Ccode$ gcc test1.c -o test1 -Wall
test1.c: In function 'main':
test1.c:8:1: warning: control reaches end of non-void function [-Wreturn-type]
 }
 ^
```

图 3-46

从上图可以看出，GCC 给出了警告信息，意思是 main 函数的返回值被声明为 int，但是没有返回值，GCC 并不是简单地发出警告，而是会中断整个编译过程。如果不想看到警告信息，可以使用-w 来禁止所有的警告。此外，GCC 还提供了许多以-W 开头的选项，允许用户指定输出某个特定的警告，例如：-Wcomment：出现注释嵌套时发出警告；-Wconversion：如果程序中存在隐式类型转换，则发出警告；-Wundef：如果在#if宏中使用了未定义的变量做判断，则发出警告；-Wunused：如果声明的变量或 static 型函数没有使用，则发出警告。

例：给出一段代码，使用 GCC 进行编译，同时开启警告信息（test2.c）。

```
#include<stdio.h>
int main( )
{
    int a = 1;
    int b = 0;
    int c = 1;
    if(a && b || c)
    {
        ;
    }
    if(a == 1)
        if(b == 1)
            printf("b = 1\n");
    else
        printf("b != 1\n");
    return 0;
}
```

使用"-Wparentheses"开启警告，结果如图 3-47 所示。

```
wu@ubuntu:~/Ccode$ gcc test2.c -o test2 -Wparentheses
test2.c: In function 'main':
test2.c:7:9: warning: suggest parentheses around '&&' within '||' [-Wparentheses
]
     if(a&&b||c)
        ^
test2.c:11:7: warning: suggest explicit braces to avoid ambiguous 'else' [-Wpare
ntheses]
      if(a==1)
      ^
```

图 3-47

4. 优化选项

GCC 具有优化代码的功能，主要的优化选项包括如下：

-O0：不进行优化处理；-O 或-O1：进行基本的优化，这些优化在大多数情况下都会使程序执行得更快；-O2：除了完成-O1 级别的优化外，还有一些额外的调整工作，如处理器指令调度等，这是 GNU 发布软件的默认优化级别；-O3：除了完成-O2 级别的优化外，还进行循环的展开以及其他一些与处理器特性相关的优化工作；-Os：生成最小的可执行文件，主要应用于嵌入式领域。

一般来说，优化级别越高，生成可执行文件的运行速度也越快，但消耗在编译上的时间就越长，因此在开发的时候最好不要使用优化选项，到软件发行或开发结束的时候才考虑对最终生成的代码进行优化。

例：给出一段代码，使用 GCC 进行编译，同时比较优化前后执行程序所花的时间（test3.c）。

```
#include<stdio.h>
int main()
{
    int i, j, x;
    x = 0;
    for(i = 0; i < 100000; i++) {
        for(j = i; j > 0; j--) {
            x += j;
        }
    }
    return 0;
}
```

运行后的结果如图 3-48 所示。

```
wu@ubuntu:~/Ccode$ gcc test3.c -o test3
wu@ubuntu:~/Ccode$ time ./test3

real    0m17.480s
user    0m17.142s
sys     0m0.008s
wu@ubuntu:~/Ccode$ gcc test3.c -o test3 -O2
wu@ubuntu:~/Ccode$ time ./test3

real    0m0.001s
user    0m0.000s
sys     0m0.001s
```

图 3-48

可以看到，优化的效果十分显著。

二、Makefile 文件的编写

1. Makefile 的语法

一个基本的 Makefile 主要由目标对象、依赖文件、变量和命令四部分组成，目标对象是 Make 命令最终需要生成的文件，通常为目标文件或可执行程序；依赖文件是生成目标对象所依赖的文件，通常为目标文件或源代码文件；使用变量保存与引用一些常用值可以增强 Makefile 文件的简洁性、灵活性跟可读性，一处定义，多处使用，通常还可以对其内容进行赋值或追加；目标对象通常对应着依赖文件而成为一条规则，如"hello.o:hello.c hello.h"，而对应这条规则，通常跟随着一些命令，这些命令的格式跟 Shell 终端的格式一致，如"rm -f *.o"或"$（CC） -c hello.c -o hello.o"，注意每条命令语句前面必须加上制表符 Tab 键，否则 Make 命令将提示错误，不论是规则语句还是命令语句，都可以引用变量，如"$（CC）"，Make 命令在执行这些语句之前都会先将变量替换为它对应的值。

一个 Makefile 文件中可以有多个目标对象，要生成特定的目标对象，在执行 Make 命令的时候跟上目标对象名即可，如"Make hello.o"，倘若不指定，Make 命令自动将 Makefile 文件中的第一个目标对象作为默认对象来生成。

通常 Makefile 文件中的一条规则的编写形式如下：

```
targets …:dependent_files …
(tab)command
…
```

targets 表示目标对象，dependent_files 表示依赖文件，command 表示命令行，"(tab)"表示制表符，"…"表示数量有一个或者多个。下面给出一个最基本的编译 hello 程序的 Makefile 文件。

```
#This is a example for describing makefile
hello:hello.o
    gcc hello.o -o hello
hello.o: hello.s
    gcc -c hello.s -o hello.o
hello.s:hello.i
    gcc -S hello.i -o hello.s
hello.i:hello.c hello.h
    gcc -E hello.c > hello.i

.PHONY: clean
clean:
    rm -f hello.i hello.s hello.o hello
```

以上 Makefile 文件详细描述了 GCC 生成二进制文件 hello 所经过的预处理、编译、汇编和链接这四个过程，并使用 Clean 对象来实现生成文件清除操作。

2. Makefile 与命令

Makefile 中的命令由一些 Shell 命令行组成，这些命令被一条条地执行，除了第一条紧跟在依赖关系后面的命令需要使用分号隔开以外，其他每一行命令行必须以制表符 Tab 开始。多个命令行之间可以有空行或者注释行，它们在 Makefile 执行时被忽略。每条命令行中可以使用注释，"#"字符出现处到行末的内容将被忽略。

（1）命令回显

默认情况下，每执行一条 Makefile 中的命令之前，Shell 终端都会显示出这条命令的具体内容,除非该命令用分号分隔而紧跟在依赖关系后面。我们称之为"回显",就好比我们在命令行中执行一样。如果不想显示命令的具体内容,我们可以在命令的开头加上"@"符号,这种情况通常用于 Echo 命令。

用 Make 执行 "echo '开始编译 XXX 模块'" 语句的输出结果是:

```
echo '开始编译 XXX 模块'
开始编译 XXX 模块
```

而 Make 执行 "@echo '开始编译 XXX 模块'" 语句的输出结果是:

```
开始编译 XXX 模块
```

(2) 命令的执行

当 Makefile 中的目标需要被重建时,此条目标对应的依赖关系后面紧跟的命令将会被执行,如果有多行命令,那么 Make 将为每一行命令独立分配一个子 Shell 去执行,因此多行命令之间的执行是相互独立的,也不存在依赖关系。

需要注意的是,在一条依赖关系下的多个命令行中,前一行中的 cd 命令改变目录后不会对后面的命令行产生影响,也就是说后续命令行的执行目录不会是之前使用 cd 命令进入的那个目录。而 Makefile 中处于同一行、用分号分隔的多个命令属于同一个子 Shell,前面 cd 命令的目录切换动作可以影响到分号后面的其他命令,如:

```
hello:src/hello.c src/hello.h
  cd src/ ; gcc hello.c -o hello
```

如果需要将一个完整的 Shell 命令行书写在多行上,可使用反斜杠"\"来处理多行命令的连接,表示反斜杠前后的两行属于同一个命令行,如上例也可以这样书写:

```
hello:src/hello.c src/hello.h
    cd src/ ; \
    gcc hello.c -o hello
```

(3) 并发执行命令

GNU Make 可以同时执行多条命令,默认情况下,Make 在同一时刻只执行一个命令,后一个命令的执行依赖前一个命令的完成,为了同时执行多条命令,可以在执行 Make 命令时添加"-j"选项来指定同时执行命令条数的上限。

如果选项"-j"之后跟一个整数,其含义是 Make 在同一时刻允许执行的最多命令条数;如果选项"-j"后面不跟整数,则表示不限制同时执行的命令条数,即每条依赖关系后有多少条命令就同时执行多少条;如果不加选项"-j",则默认单步依次执行多条命令。

3. Makefile 与变量

变量是在 Makefile 中定义的名字,用来代替一个文本字符串,该文本字符串称为该变量的值。变量名是不包括":"、"#"、"="而且结尾不为空格的任何字符串。同时,变量名中应尽量避免包含除字母、数字以及下画线以外的其他字符,因为它们可能在将来被赋予特别的含义。变量名是大小写敏感的,例如变量名"foo"、"FOO"和"Foo"代表不同的变量。推荐在 Makefile 内部使用小写字母作为变量名,预留大写字母作为控制隐含规则参数或用户重载命令选项参数的变量名。在具体要求下，这些值可以代替目标体、依赖文件、命令以及 Makefile 文件中的其他部分，在 Makefile 文件中引用变量 VAR 的常用格式为"$（VAR）"。在 Makefile 中的变量定义有两种方式：一种是递归展开方式，另一种是简单方式。递归展开方式的定义格式为：VAR=var。递归展开方式定义的变量是在引用该变量时进行替换的，即如果该变量包含了对其他变量的应用，则在引用该变量时一次性将内嵌的变量全部展开，虽然这种类型的变量能够很好地完成用户的指令，但是它也有严重的缺点，如不能在变量后追加内容。

为了避免上述问题，简单扩展型变量的值在定义处展开，并且只展开一次，因此它不包含任何对其他变量的引用，从而消除变量的嵌套引用。简单扩展方式的定义格式为: VAR:=var。

下面给出一个使用了变量的 Makefile 例子，这里用 OBJS 代替 main.o 和 add.o，用 CC 代替 GCC，用 CFLAGS 代替 "-Wall -O -g"。这样在以后修改时，就可以只修改变量定义，而不需要修改下面的引用实体，从而大大简化了 Makefile 维护的工作量。

```
OBJS=main.o add.o
CC=gcc
CFLAGS = -Wall -O -g

add:$(OBJS)
    $(CC) $(OBJS) -o add
main.o:main.c
    $(CC) $(CFLAGS) -c main.c -o main.o
add.o:add.c
    $(CC) $(CFLAGS) -c add.c -o add.o

clean:
    rm *.o
```

可以看到，此处变量是以递归展开方式定义的。Makefile 中的变量分为用户自定义变量、预定义变量、自动变量及环境变量。如上例中的 OBJS 就是用户自定义变量，自定义变量的值由用户自行设定，而预定义变量和自动变量为通常在 Makefile 中都会出现的变量，其中部分有默认值，也就是常见的设定值，当然用户可以对其进行修改。预定义变量包含了常见编译器、汇编器的名称及其编译选项。下面列出了 Makefile 中常见预定义变量及其部分默认值。

（1）AR：库文件维护程序的名称，默认值为 ar；
（2）AS：汇编程序的名称，默认值为 as；
（3）CC：C 编译器的名称，默认值为 cc；
（4）CPP：C 预编译器的名称，默认值为$（CC）–E；
（5）CXX：C++编译器的名称，默认值为 g++；
（6）FC：FORTRAN 编译器的名称，默认值为 f77；
（7）RM：文件删除程序的名称，默认值为 rm –f；
（8）ARFLAGS：库文件维护程序的选项，无默认值；
（9）ASFLAGS：汇编程序的选项，无默认值；
（10）CFLAGS：C 编译器的选项，无默认值；

（11）CPPFLAGS：C 预编译的选项，无默认值；

（12）CXXFLAGS：C++编译器的选项，无默认值；

（13）FFLAGS：FORTRAN 编译器的选项，无默认值。

可以看出，上例中的 CC 和 CFLAGS 是预定义变量，其中由于 CC 没有采用默认值，因此，需要把"CC=gcc"明确列出来。

由于常见的 GCC 编译语句中通常包含了目标文件和依赖文件，而这些文件在 Makefile 文件中依赖关系的一行已经有所体现，因此，为了进一步简化 Makefile 的编写，便引入了自动变量。自动变量通常可以代表编译语句中出现的目标文件和依赖文件等，并且具有本地含义（即下一语句中出现的相同变量代表的是下一语句的目标文件和依赖文件）。下面列出了 Makefile 中常见自动变量。

（1）$*：不包含扩展名的目标文件名称；

（2）$+：所有的依赖文件，以空格分开，并以出现的先后为序，可能包含重复的依赖文件；

（3）$<：第一个依赖文件的名称；

（4）$?：所有时间戳比目标文件晚的依赖文件，并以空格分开；

（5）$@：目标文件的完整名称；

（6）$^：所有不重复的依赖文件，以空格分开；

（7）$%：如果目标是归档成员，则该变量表示目标的归档成员名称。

另外，在 Makefile 中还可以使用环境变量。使用环境变量的方法相对比较简单，Make 在启动时会自动读取系统当前已经定义了的环境变量，并且会创建与之具有相同名称和数值的变量。但是，如果用户在 Makefile 中定义了相同名称的变量，那么用户自定义变量将会覆盖同名的环境变量。

4. Makefile 与条件语句

Makefile 中的条件语句可以根据变量的值执行或忽略 Makefile 文件中的一部分脚本。条件语句可以将一个变量与其他变量的值相比较，或将一个变量与一个字符串常量相比较。条件语句用于控制 Make 实际看见的 Makefile 文件部分，而不能用于在执行时控制 Shell 命令。

如下条件语句的例子告诉 Make 如果变量 CC 的值是"gcc"时使用一个链接库，如不是则使用其他链接库。它可以根据变量 CC 值的不同来链接不同的函数库。对于没有 else 指令的条件语句的语法为：

```
conditional-directive
text-if-true
endif
```

"text-if-true"可以是任何文本行，在条件为真时它被认为是 Makefile 文件的一部分；如果条件为假，将被忽略。完整条件语句的语法为：

```
conditional-directive
text-if-true
 else
text-if-false
endif
```

如果条件为真，使用"text-if-true"；如果条件为假，使用"text-if-false"。"text-if-false"可以是任意多行的文本。

关于"conditional-directive"的语法对于简单条件语句和复杂条件语句完全一样。有四种不同的指令用于测试不同的条件，指令表的描述如下所示：

```
ifeq (arg1, arg2)
ifeq 'arg1' 'arg2'
ifeq "arg1" "arg2"
ifeq "arg1" 'arg2'
ifeq 'arg1' "arg2"
```

比较参数 arg1、arg2 中的变量，如果它们完全一致，则使用"text-if-true"，否则使用"text-if-false"。我们经常要测试一个变量是否有非空值，当经过复杂的变量和函数扩展得到一个值，该值实际上有可能由于包含空格而被认为不是空值，由此可能造成混乱，然而，我们可以使用 Strip 函数来避免空格作为非空值的干扰。例如：

```
ifeq ($(strip $(foo)),)
text-if-empty
endif
```

上例的"$（foo）"中即使全为空格，也被当作空值处理。

```
ifdef variable-name
   text-if-true
else
   text-if-false
endif
```

如果变量"variable-name"从没有被定义过则变量是空值，注意"ifdef"仅仅测试变量是否被定义，它无法判断变量是否有非空值，因而，使用"ifdef"测试所有定义过的变量都返回真，但那些像"foo="的情况除外，测试空值请使用"ifeq（$（foo），)"。例如：

```
bar =
foo = $(bar)
ifdef foo
frobozz = yes
else
frobozz = no
endif
```

如果变量 foo 已定义则设置"frobozz"的值为"yes"，否则设置"frobozz"为"no"。

```
foo =
ifdef foo
frobozz = yes
else
frobozz = no
```

```
endif
```

"ifndef"跟"ifdef"的功能恰好相反,"ifdef"用来判断变量是否已经被定义,"ifndef"则用来判断变量是否没有被定义。在条件语句中另两个有影响的指令是"else"和"endif"。这两个指令以单个单词的形式出现,没有任何参数。在指令行前面允许有多余的空格,空格和 Tab 可以插入到行的中间,以"#"开始的注释可以在行的结尾。条件语句影响 Make 使用的 Makefile 文件。如果条件为真,Make 将读入"text-if-true"包含的行;如果条件为假,Make 则读入"text-if-false"包含的行(如果存在的话);Makefile 文件的语法单位(如规则)可以跨越条件语句的开始或结束。

```
ifndef variable-name
text-if-true
else
text-if-false
endif
```

为了避免混乱,在一个 Makefile 文件中开始一个条件语句,而在另外一个 Makefile 文件中结束该语句的情况是不允许的。如果试图引入不包含中断条件语句的 Makefile 文件,可以在条件语句中使用"include"指令将该 Makefile 文件包含进来。

5. Makefile 与函数

在 Makefile 中可以使用函数来处理变量,从而让我们的命令或是规则更为灵活和具有智能。Make 所支持的函数也不算很多,不过已经足够支持我们的操作了。函数调用后,函数的返回值可以作为变量来使用。介于篇幅的限制,这里只简单介绍几个最常用的函数,在介绍这些函数之前,我们先来了解一下调用函数的语法。

(1) 函数的调用语法

函数调用很像变量的使用,也是以"$"来标识的,其语法如下:

```
$(<function> <arguments> )
```

或是

```
${<function> <arguments>}
```

这里,<function>就是函数名,Make 支持的函数不多。<arguments>是函数的参数,参数间以逗号分隔,而函数名和参数之间以空格分隔。函数调用以"$"开头,以圆括号或花括号把函数名和参数括起。函数中的参数可以使用变量,为了风格的统一,函数和变量的括号最好一样,如使用"$(subst a,b,$(x))"这样的形式,而不是"$(subst a,b,${x})"的形式,因为统一会更清楚,也会减少一些不必要的麻烦。我们来看一个示例:

```
comma:= ,
empty:=
space:= $(empty) $(empty)
foo:= a b c
bar:= $(subst $(space),$(comma),$(foo))
```

在这个示例中,"$(comma)"的值是一个逗号。"$(space)"使用了"$(empty)"定义了一个空格,"$(foo)"的值是"a b c","$(bar)"的定义调用了函数 subst,这是一个替换函数,这个函数有三个参数,第一个参数是被替换字串,第二个参数是替换字串,第三个参数是替换操作作用的字串。这个函数可以把"$(foo)"中的空格替换成逗号,所以"$(bar)"的值是"a,b,c"。

(2) subst 命令

格式:$(subst <from>,<to>,<text>)

名称:字符串替换函数。

功能:把字符串<text>中的<from>字符串替换成<to>。

返回:函数返回被替换过后的字符串。

例如:

```
$(subst ee,EE,feet on the street)
```

把"feet on the street"中的"ee"替换成"EE",返回结果是"fEEt on the strEEt"。

(3) strip 命令

格式:$(strip <string>)

名称:去空格函数。

功能:去掉<string>字串中开头和结尾的空字符。

返回:返回被去掉空格的字符串值。

例如:

```
$(strip a b c )
```

把字串" a b c "去到开头和结尾的空格,结果是"a b c"。

(4) dir Di 命令

格式:$(dir <names…>)

名称:取目录函数。

功能:从文件名序列<names>中取出目录部分。目录部分是指最后一个反斜杠之前的部分。如果没有反斜杠,那么返回"./"。

返回:返回文件名序列<names>的目录部分。

例如:$(dir src/foo.c hacks)返回值是"src/ ./"。

(5) join 命令

格式:$(join <list1>,<list2>)

名称:连接函数。

功能:把<list2>中的单词对应地加到<list1>的单词后面。如果<list1>的单词个数要比<list2>的多,那么,<list1>中的多出来的单词将保持原样。如果<list2>的单词个数要比<list1>多,那么,<list2>多出来的单词将被复制到<list1>中。

返回:返回连接过后的字符串。

例如:$(join aaa bbb , 111 222 333)返回值是"aaa111 bbb222 333"。

知识3 电子点菜系统项目开发详解

一、电子菜单介绍

电子菜单是一种能够提供各种菜肴消息,接受客户的点菜要求,并实现自动结账等功能的智能电子设备。本系统主要实现餐厅服务人员和来宾进行实时点菜、下单、结账等功能,主要包括开桌、菜品推荐、最新资讯、点菜、订单管理等，这样就可以实时满足客户的点菜、结账等需求，不但减少了客户的等待时间，还可以节省大量的人力。电子点菜菜单功能划分如图 3-49 所示。角色名称和角色描述如表 3-5 所示。

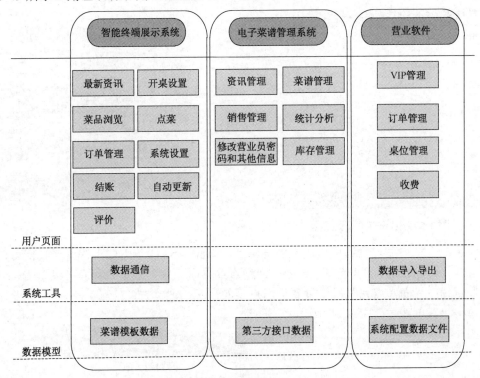

图 3-49 电子点菜菜单功能

表 3-5 角色名称和角色描述

角色名称		角色描述
营业员		餐厅系统中的管理员，对餐厅中应用的系统进行管理维护，信息设置，桌位管理等。 拥有系统功能：营业软件的全部功能
智能终端	餐厅服务人员	餐厅系统中的电子菜谱使用人员，操作电子菜谱进行开桌、点菜等。 拥有系统功能：智能终端展示系统的全部功能
	餐厅宾客	使用电子菜谱进行点菜等操作。 拥有系统功能：智能终端展示系统的菜品推荐、点菜、订单浏览、评价等功能
系统管理员		提供系统资源的管理维护功能

　　一个项目的开发，包括硬件设计和软件开发两大方面，硬件方面主要包括支持 MMU 的处理器、固化存储器、显示设备、输入设备等。软件方面的需求主要包括三个方面：需要使用进程管理、存储器管理、文件管理、设备管理等功能的嵌入式分时操作系统；需要使用嵌入式 GUI 系统来实现电子点菜系统的图形化界面，包括最新资讯、菜品浏览、客户点菜、客户结账和评价等界面；需要使用嵌入式数据库来实现菜单资料、点菜资料的存储。

　　为了便于读者理解电子菜单源代码的结构和工作原理，我们先以图形界面的方式演示电子点菜器的工作过程。

打开电子点菜器的电源开关后,就进入了开始界面,如图 3-50 所示。这个界面包括特色菜品、畅销菜品、酒水、中厨、茶点、面点等信息,客户可以选择自己需要的进行查看。我们单击"中厨",显示如图 3-51 所示。

图 3-50　电子点菜开始界面　　　　　　　图 3-51　中厨界面显示

单击菜品介绍后后,我们可以浏览菜肴消息,如图 3-52 所示,要点该菜肴我们可以单击"点菜"键,点好后我们可以选择"返回"回到点菜界面。点菜结束后我们可以单击 "返回"按钮,返回到主界面,点完菜后如果要显示点菜的情况,则单击"已点菜品",如果要显示菜单,则单击"我的账单",显示如图 3-53 所示。

图 3-52　菜肴界面显示　　　　　　图 3-53　"我的账单"显示界面

二、电子菜单系统的设计与实现

1. 用餐客户点菜前的开桌设置

(1) 实现功能

用餐客户点菜前的开桌设置功能主要实现开桌设置和开桌取消(取消订单或者结账)。在客户点菜前,需要服务人员先在电子终端上设置客户用餐桌号、用餐人数、服务人员工号、显示语言、备注等信息。开桌设置完成后，系统会自动创建一个空的订单列表，可以开始为客户点菜。

（2）输入信息

采集信息包括餐桌号（整型）；用餐人数（整型）；设置人工号（整型或定长3位的字符型变量）；工号附密码（整型或定长6位的字符型变量）；设置时间（日期型变量，默认初始值为当时）；显示语言（国旗图标），后台对应语言种类。设置的动作：确定操作（确认提交图标），对应提交操作；返回（返回主页图标面），对应返回操作。

（3）输出信息

提示信息，文本类型（提示"开桌成功进入点菜界面！"）。

2. 菜品浏览设置

菜品浏览设置主要是向客户展示店内全部菜品、特色菜品、畅销菜品、酒水、茶点等信息。

（1）实现功能

菜品浏览设置实现的功能主要是：菜品展示、特色菜品、畅销菜品、酒水、茶点等分栏。在开桌后，进入菜单显示界面，客人可以根据首页中各个栏目列出的菜品直接单击进入相应的显示界面，客人也可以点栏目名称进入"特色菜品"、"畅销菜品"等查看相应信息。点图标"返回"，返回菜品首页。

（2）输入信息

菜品浏览设置的动作：菜品、栏目（图标），对应提交操作；返回（图标），对应返回操作。

3. 点菜

（1）实现功能

点菜主要完成用餐客户点菜、生成订单工作，并向"后厨"发送打印指令、打印订单等功能。

浏览菜单后选择的菜品点"图标"添入数量后加入订单，未提交的订单可以对菜品进行删除、追加、修改。在提交订单时，要求输入桌号信息，以便确认并最终完成订单。

（2）输入信息

采集信息包括：修改数量。设置的动作：删除、修改、提交、返回。

（3）输出信息

提示信息（提交、修改成功）。

4. 订单管理

（1）实现功能

订单管理主要实现客户对点菜订单的浏览、查询、完成等功能。客户可以查看订单，并可以根据订单查看点菜详细信息。对于未确认的订单，客户可以随时对订单进行变更菜品或取消订单的操作。对于结账的订单，可进行订单完成操作。同时，提供订单的发送打印功能。

（2）输入信息

订单管理设置的动作：返回，对应返回操作。

5. 自动更新

（1）实现功能

自动更新主要实现实时双向通信和自动更新功能。它可以提示提交、修改成功信息，在网络连接正常的情况下，与餐厅的服务器进行自动通信，从电子菜谱管理系统中获得最新的菜单数据、菜谱皮肤等，并更新终端的电子菜谱。通过此功能，电子菜谱可以自动检测服务器端有无最新数据更新，若有则实时更新版本。

（2）输出信息

输出信息为最新的电子菜谱版本。

三、电子菜谱管理系统

1. 系统概述

电子菜谱管理系统主要功能是实现系统管理员对电子菜谱系统的设置管理，同时还包括对餐厅经营数据的简单统计分析功能。通过此系统，系统管理员可以全面掌握餐厅运营情况，电子菜谱终端运行情况等信息，并且发布餐厅资讯，管理、统计餐厅经营数据等，为餐厅的经营决策提供技术支持平台。管理系统框架图如图3-54所示。

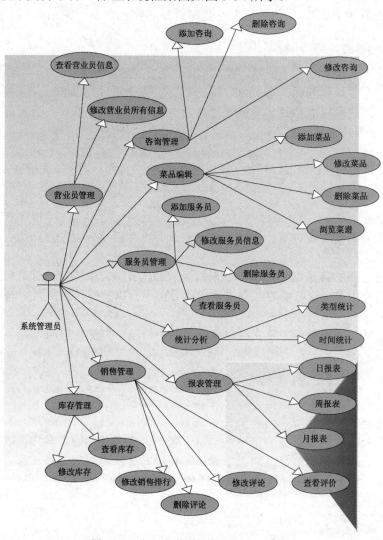

图3-54 电子点菜系统管理框架示意图

2. 资讯管理

资讯管理用于管理员设置发布餐厅最新的营业信息资讯、菜品特价、打折优惠、友情提示等信息。

提供对各种资讯信息的新增、修改、删除操作。资讯信息主要包括：餐厅营业类信息、菜品特价推荐类信息，打折优惠类信息，餐饮友情提示类信息等。通过管理员发布文字性信息内容来完成资讯管理。

3. 编辑菜谱（菜谱管理）

编辑菜谱用于将分销商的菜谱数据包导入，系统会更新当前菜谱版本号供智能终端自动升级当前数据，完成菜谱、菜品的编辑管理。编辑菜谱主要是实现菜品的新增、修改、删除。创建新菜谱、修改菜谱主要针对菜谱名称进行定义、修改；编辑菜品主要针对具体某套菜谱中的菜品进行新增、修改、删除、菜品位置调整以及菜品当前状态修改等操作。菜谱信息主要包括菜谱编号、菜谱名称、菜谱类型（普通、贵宾、特价等；支持用户自定义）、菜谱模板等。菜品信息主要包括菜品编号、菜品名称、菜品类型（冷菜、热菜、主食、酒水等）、菜品展示图片、菜品展示模板、菜品特点说明、菜品标准价格、菜品评论等。

（1）浏览菜谱

浏览菜谱用于完成对整个菜谱的浏览、审核。用户可以在菜谱列表中指定一个菜谱进行浏览，可以通过"上一页"、"下一页"进行翻页浏览，也可以通过"封面"、"封底"直接转到菜谱的封面页或最后一页。

（2）新增菜品

单击新增菜品选项卡，来到新增界面。此界面分为上下两个部分。上半部分用来增加字段，这些字段都是需要大量重复使用的。在此新建这些字段后，添加新菜品的时候就可以直接用下拉选项来点选。增加输入速度，降低错误发生率，方便实施。这个部分窗口是不翻页的。下半部分用来完善数据。这部分窗口可以翻页。新增菜品的时候要录入内部编号、菜名、图片、单价、味型、所属分类、主料、辅料、营养成分、口感、单击数这11个属性当中的10种（单击数不是录入的）。其中味型、所属分类、主料、口感这4个属性需要事先添加好字段。本系统安装完毕，我们提供一些相应的初始化字段，客户可以自行修改和删除这些字段。需要说明的是：味型、所属分类、主料、口感这4个属性也是客户端智能点菜的排序方式。

初始化字段如下：味型：麻辣味、家常味、糖醋味；所属分类：特色菜、蔬菜、汤类、主食、酒水；主料：三文鱼、羊肉、牛肉。

下半部分用于完善其他属性，需要手工录入，但是需要一定的规范。内部编号：数字和中英文字符，最大设20个字符位，不可以重复；菜名：中文字符，最大设20个字符位，不可以重复；图片：JPG格式，分辨率为800×800，大小为1MB以下；单价：数字型，最多6位；味型：点选下拉菜单；所属分类：点选下拉菜单；主料：点选下拉菜单；辅料：中文字符，最大40个字符位；营养成分：中文字符，最多40个字符位；口感：点选下拉菜单。

新建菜品资料完毕后，单击保存，即可保存刚才录入的信息。此时的新菜品被列入列表，表示"有菜无货"，需要输入数量，才可上架开卖。为缓解内部局域网的并发压力，采用差分压缩的方式，只传输修改过的资料，跳过未修改的部分，节约带宽，为客户端提供尽可能好的使用性能。

（3）修改菜品

将所有菜谱信息列表，内部编号、菜名、图片、单价、味型、所属分类、主料、辅料、口感等参数都可以在此修改。和新建的时候一样，文本部分修改的时候依旧是输入新文本，下拉菜单输入的依旧是下拉菜单选项。同时删除不再销售的菜品。

4. 统计分析

统计分析用于完成对菜品的销售情况的汇总统计和排名。用户可以根据采集上来或上传到系统的点菜记录进行统计、按点菜次数进行排名。并可以按日、周、月、总计进行分类排名。统计可以按菜品类型（冷菜、热菜、主食、酒水等）进行分类统计。统计分析主要包括菜品类型、点菜时间、销售量、排名（相同菜品类型排名）。通过 Web 表格展现来完成统计分析。

我们按照菜品类型和时间统计菜品的销量来完成类型统计。

5. 报表管理

报表管理用于按照时间（日，周，月，总计）查看或者删除报表。

6. 销售管理

销售管理实现对评论进行查看、修改和删除，以及对菜品销售排行进行修改的功能。

7. 库存管理

库存管理用于对菜品库存进行修改和查看，系统管理员可通过 Web 页面对每种菜品的库存进行查看与修改。库存管理主要包括菜品编号，库存量，成本。通过 Web 表格展现来完成库存管理。

8. 营业员管理

营业员管理用于完成对营业员信息进行修改和查看，系统管理员可通过 Web 页面对营业员所有信息进行查看与修改。营业员管理主要包括营业员编号、密码、姓名、电话、住址。通过 Web 表格展现来完成营业员管理。

9. 服务员管理

服务员管理用于对服务员信息进行添加、删除、修改和查看，系统管理员可通过 Web 页面对营业员所有信息进行添加、删除、修改和查看。服务员管理主要包括：服务员编号、姓名、电话、住址。通过 Web 表格展现来完成服务员管理。

四、营业软件

系统完成对顾客结账以及开桌管理有误的餐桌进行管理，并提供订单管理和 VIP 管理功能。框架如图 3-55 所示。

1. 桌位管理

桌位管理与智能终端开桌管理功能一样。

2. 订单管理

订单管理用于实现客户对点菜订单的浏览、查询、修改、取消和打印等功能，包括订单浏览、订单取消、订单打印和修改订单四个功能。营业员可以查看订单，并可根据顾客需求删除、修改和打印订单。

3. 结账

结账包括收银设置、挂账用户的添加或修改、收银明细查询、消费明细查询和应收账款管理（按某年某月显示挂账用户列表及详细还款记录）、日报表（收银）等信息。

收银流程：收银→服务员（工号）→（楼面经理→营销经理→执行总经理）需要打折；食客回单：桌号→明细。

4. VIP 管理

VIP 管理用于实现会员添加、修改会员卡、充值和会员消费记录明细查询。包括添加 VIP、查看 VIP、修改 VIP、删除 VIP、VIP 充值、修改 VIP 折扣和查询 VIP 消费记录功能。营业员可以查看订单，并可根据顾客需求删除、修改和打印订单。

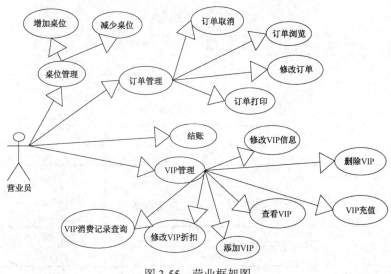

图 3-55 营业框架图

六、数据库设计

菜品数据表如表 3-6 所示。

表 3-6 电子点菜菜品数据表

内部编号	菜名	图片	单价	味型	所属分类	主料	辅料	营养成分	简介
varchar（23）	varchar（23）	varchar（23）	int	varchar（23）	varchar（23）	varchar（23）	varchar（233）	varchar（233）	varchar（23）

推荐菜品如表 3-7 所示。

表 3-7 电子点菜推荐菜品

菜 品 编 号	推 荐 原 因
varchar（23）	varchar（233）

促销菜品如表 3-8 所示。

表 3-8 电子点菜促销菜品

菜 品 编 号	折 扣
varchar（23）	varchar（23）（可以为打几折或者减少多少钱）

评价如表 3-9 所示。

表 3-9 电子点菜评价表

服务员编号	餐 桌 号	时 间	评 语
varchar（23）	int	date	varchar（233）

报表如表 3-10 所示。

表 3-10 电子点菜报表

序 号	时 间	现 金	信 用 卡	VIP	优 惠	其 他	小 计
int	data	int	int	int	int	int	int

VIP 如表 3-11 所示。

表 3-11 电子点菜 VIP

卡 号	密 码	姓 名	电 话	余 额
varchar（233）	varchar（23）	varchar（23）	varchar（233）	int

桌位如表 3-12 所示。

表 3-12 电子点菜桌位表

桌 位 号	是否被占用
int	boolean

营业员如表 3-13 所示。

表 3-13 电子点菜营业员表

编 号	密 码	性 别	姓 名	电 话	地 址	工 资	聘请日期
varchar(23)	varchar(233)	char（1）	varchar（23）	varchar（233）	varchar（233）	int	DATA

库存如表 3-14 所示。

表 3-14 电子点菜库存表

菜 品 编 号	库 存 量	成 本
varchar（23）	int	int

销量如表 3-15 所示。

表 3-15 电子点菜销量表

菜 品 编 号	真 实 销 量	虚 假 销 量
varchar（23）	int	int

系统管理员如表 3-16 所示。

表 3-16 电子点菜系统管理员表

编 号	密 码	性 别	姓 名	电 话	地 址	工 资	聘请日期
varchar（23）	varchar（233）	char（1）	varchar（23）	varchar（233）	varchar（233）	int	DATA

VIP 消费记录如表 3-17 所示。

表 3-17 电子点菜 VIP 消费记录表

卡 号	报表序号	服务员号	桌 位 号
varchar（233）	int	varchar（23）	int

E-R 图如图 3-56 所示。

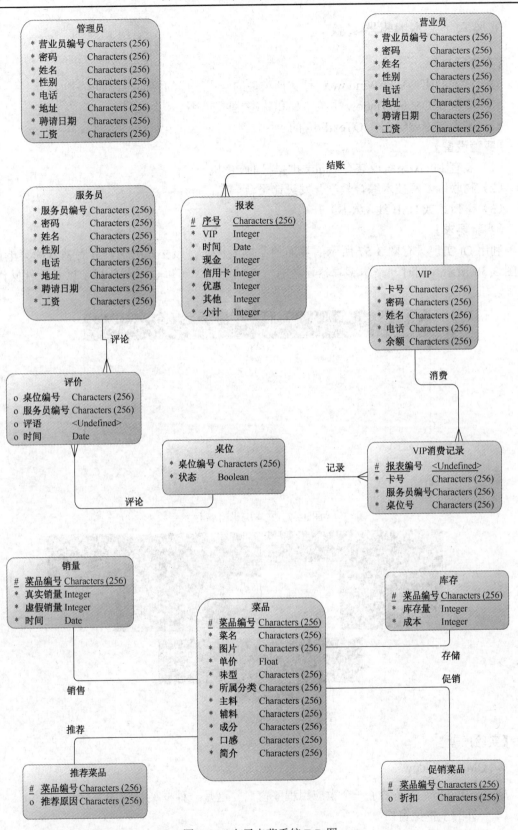

图 3-56 电子点菜系统 E-R 图

实验六　文本编辑器实验

【实验目的】

（1）掌握利用 QMainWindow 进行文档类型的应用程序的界面设计的方法；
（2）掌握在 QMainWindow 中菜单栏和状态栏的应用；
（3）掌握文本编辑部件 QTextEdit 的应用。

【实验设备】

（1）装有 Linux 系统或装有 Linux 虚拟机的 PC 机一台；
（2）物联网多网技术综合教学开发设计平台一套；
（3）串口线或 USB 线（A-B）一条。

【实验要求】

利用 Qt 实现具有图 3-57 所示的界面的文本编辑器。该文本编辑器具有基本的菜单项，如图 3-58 所示。同时，文本编辑器还具有一个状态栏，可以显示菜单提示以及文件操作提示等。

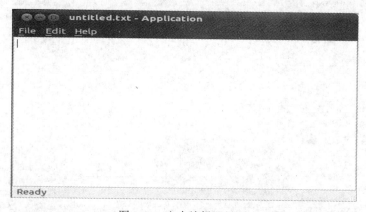

图 3-57　文本编辑器界面

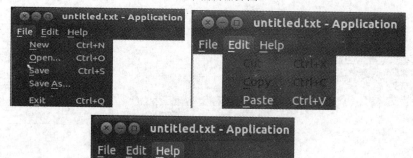

图 3-58　文本编辑器的菜单栏

【实验原理】

1. QMainWindow

QMainWindow 类提供了一个主应用程序窗口。这是一种框架结构的窗口。

（1）Qt 的主框架窗口

主窗口提供了一个框架结构用于建立用户界面。QMainWindow 提供了这种框架结构的管理方法。QMainWindow 具有自己的布局管理方式,包含了诸如 QToolBars(工具栏)、QDockWidgets(悬靠部件)、QMenuBar(菜单栏)、QStatusBar(状态栏)在内的多种窗体内容。QMainWindow 的布局内包含有一个可以放置任何部件的主要区域。QMainWindow 的布局结构如图 3-59 所示。

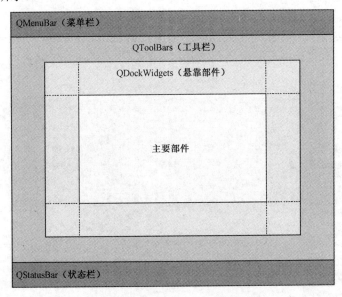

图 3-59　QMainWindow 的布局结构图

(2)创建主要部件

主要部件区域是一个比较典型的标准的 Qt 部件,如 QTextEdit(文本编辑部件)或 QGraphicsView 等。自定义部件也可以被放到这里,以便实现一些比较高级的功能或应用。使用 setCentralWidget()函数可以方便地将一个部件设置为 QMainWindow 的主要部件。QMainWindow 可以具有单文档或多文档的界面模式。比如,将一个 QTextEdit 设置为 QMainWindow 的主要部件时,相当于该应用程序是一个单文档程序。如果需要创建多文档应用程序,只需要将 QMainWindow 的主要部件设置成一个 QMdiArea 即可。

(3)创建菜单

QMenu 类实现了菜单的相关操作。QMainWindow 类使用 QMenuBar 类来管理一系列的 QMenu,通过 QActions 类实现菜单下的各个条目的显示、动作和快捷键管理等。

通过调用 QMainWindow 类的 menuBar()函数,用户可以获取 QMainWindow 默认的菜单栏,然后可以使用 QMenuBar::addMenu()函数将一个菜单项添加到菜单栏,接着使用 QMenu::addAction()函数向这个菜单里添加条目。

典型的创建菜单的示例代码如下:

```
Void MainWindow::crateMenuns()
{
QMenu*fileMenu=menuBar()->addMENU(tr("Fi&le"));//添加"File"菜单
FileMenu->addAction(tr("&New"),thisSLOT(newFile()),//添加"New"项到"File"菜单
QKeySequnence(tr("Ctrl+N""File"New)));
FileMenu->addAction(tr("&Open…"),this,SLOT(openFile()),
//添加"New"项到"File"菜单
```

```
QKeySequence("(Ctrl+O","FileOpen")))
fileMenu->addActinon("E&xit"),qApp,SLOT(quit()),//添加"New"项到"File"菜单
QKeySequence(tr("Ctrl+Q","FileExit"))),
}
```

（4）创建工具栏

QToolBar 类实现了工具栏的相关操作。使用 addToolBar()函数可以将一个工具栏添加到 QMainWindow 内。本实验中没有使用到工具栏，所以不再详述。工具栏的典型使用示例代码如下：

```
Woid MainWindow::createToolBars()
{
QToolBar*fileToolBar=addToolBar(tr("File"));//添加名为"File"的工具栏
    FileTooBar->addAction(QIcon(":/images/new.png"),tr("New"),this,SLOT(newFile()));
    FileTooBar->addAction(QIcon(":/images/new.png"),tr("Qpen"),this,SLOT(newFile()));
    FileTooBar->addAction(QIcon(":/images/new.png"),tr("Exit"),this,SLOT(newFile()));
}
```

（5）创建状态栏

通过 setStatusBar()函数可以为 QMainWindow 指定一个状态栏。或者，当第一次调用 statusBar()函数时，系统会自动为 QMainWindow 创建一个默认的状态栏。状态栏由类 QStatusBar 来实现。最主要的操作是 showMessage()，可以用来在状态栏上显示一段文字。

2．文本编辑部件

文本编辑部件（QTextEdit）提供了文本显示和文本编辑的功能，并且可以显示带格式的文本。文本编辑部件是一个高级的所见即所得的显示/编辑器，它支持 HTML 格式的带格式文本，并且已经针对大文档处理进行了高度优化，可以快速响应用户的输入。

文本编辑部件在显示段落时，具备自动换行功能。同时，文本编辑部件还可以显示图像、列表和表格。当文本编辑部件显示的内容超出它的显示范围时，它会自动显示滚动条。

通过 setFontItalic()、setFontWeight()、setFontUnderline()、setFontFamily()、setFontPointSize()、setTextColor()和 setCurrentFont()函数，可以方便地修改文本编辑部件当前显示的文本的格式，通过 setAlignment()函数可以修改文本的对齐方式。

当文本编辑部件上显示的光标移动时，如果光标所在位置的文本的字体格式与之前相比发生了变化，文本编辑部件会发出 currentCharFormatChanged()信号，应用程序可以根据需要来接收并处理这个信号。

文本编辑部件内部维护着一个 QTextDocument 对象，可以通过 document()函数来获取指向这个对象的指针。该对象包含了当前文本编辑部件显示的所有文本，以及它们的字体格式等信息。应用程序也可以使用 setDocument()函数来为文本编辑部件指定另外的

QTextDocument 对象。QTextDocument 对象在它内部的内容发生变化时，会发出 textChanged()信号，同时，它还提供 isModified()函数，以便应用程序可以查询自从上次为它加载内容以来它的内容是否发生过变化。使用 setModified()函数，可以修改这个标志。

文本编辑部件默认提供了表 3-18 所示的按键的处理功能。应用程序无需再编写任何代码来实现它们。

表 3-18 文本编辑部件支持的功能键

按　键	动　作
Backspace	删除光标前面的字符
Delete	删除光标后面的字符
Ctrl+C	复制选中的文本到剪贴板
Ctrl+Insert	复制选中的文本到剪贴板
Ctrl+K	删除光标之后的所有内容
Ctrl+V	将剪贴板的内容粘贴到光标所在的位置
Shift+Insert	将剪贴板的内容粘贴到光标所在的位置
Ctrl+X	将选中的文本剪切到剪贴板
Shift+Delete	将选中的文本剪切到剪贴板
Ctrl+Z	撤销上一次操作
Ctrl+Y	恢复最后一次操作
向左方向键	将光标向左移动一个字母
Ctrl+向左方向键	将光标向左移动一个单词
向右方向键	将光标向右移动一个字母
Ctrl+向右方向键	将光标向右移动一个单词
向上方向键	将光标向上移动一行
向下方向键	将光标向下移动一行
向上翻页键	将光标向上移动一页
向下翻页键	将光标向下移动一页
Home	将光标移动到行首
Ctrl+Home	将光标移动到所有文本的开始
End	将光标移动到行尾
Ctrl+End	将光标移动到所有文本的结尾

3. 本实验的实验原理

本实验需要实现的文本编辑器是一个典型的单文档应用程序。所以，需要自 QMainWnidow 类得到一个自定义类，假设叫作 MainWindow 类。在 MainWindow 类的构造函数中，需要将一个 QTextEdit 对象设置为该主窗体的主要部件，同时，为 MainWindow 创建一个菜单，并设置菜单的信号与 MainWindow 的相关槽函数的关联。MainWindow 类的构造函数的示例代码如下：

```
MainWindow::MainWindow(0)
{
TectEfint=nre QtextEdint          //创建文本编辑器部件
SetCentralWindget(textEdit)       //将文本编辑器部件设置为主要部件
```

```
    createActions()                    //创建动作
    createActions()                    //创建菜单
    createStatusBar()                  //创建状态栏
}
```

其中,创建动作、创建菜单以及创建状态栏的代码如下:

```
void MainWindow::createActions()
{
newAct = new QAction(tr("&New"), this);
newAct->setShortcut(tr("Ctrl+N"));
newAct->setStatusTip(tr("Create a new file"));
connect(newAct, SIGNAL(triggered()),this,SLOT(newFile()));
openAct = new QAction(tr("&Open..."), this);
openAct->setShortcut(tr("Ctrl+O"));
openAct->setStatusTip(tr("Open an existing file"));
connect(openAct, SIGNAL(triggered()), this, SLOT(open()));
saveAct = new QAction(tr("&Save"), this);
saveAct->setShortcut(tr("Ctrl+S"));
saveAct->setStatusTip(tr("Save the document to disk"));
    connect(saveAct, SIGNAL(triggered()), this, SLOT(save()));
saveAsAct = new QAction(tr("Save &As..."), this);
saveAsAct->setStatusTip(tr("Save the document under a new name"));
connect(saveAsAct, SIGNAL(triggered()), this, SLOT(saveAs()));
exitAct = new QAction(tr("E&xit"), this);
exitAct->setShortcut(tr("Ctrl+Q"));
exitAct->setStatusTip(tr("Exit the application"));
connect(exitAct, SIGNAL(triggered()), this, SLOT(close()));
cutAct = new QAction(tr("Cu&t"), this);
cutAct->setShortcut(tr("Ctrl+X"));
cutAct->setStatusTip(tr("Cut the current selection's contents to the "
"clipboard"));
    connect(cutAct, SIGNAL(triggered()), textEdit, SLOT(cut()));
copyAct = new QAction(tr("&Copy"), this);
copyAct->setShortcut(tr("Ctrl+C"));
copyAct->setStatusTip(tr("Copy the current selection's contents to the "
"clipboard"));
    connect(copyAct, SIGNAL(triggered()), textEdit, SLOT(copy()));
pasteAct = new QAction(tr("&Paste"), this);
pasteAct->setShortcut(tr("Ctrl+V"));
pasteAct->setStatusTip(tr("Paste the clipboard's contents into the current "
"selection"));
    connect(pasteAct, SIGNAL(triggered()), textEdit, SLOT(paste()));
aboutAct = new QAction(tr("&About"), this);
aboutAct->setStatusTip(tr("Show the application's About box"));
```

```cpp
connect(aboutAct, SIGNAL(triggered()), this, SLOT(about()));
cutAct->setEnabled(false);
copyAct->setEnabled(false);
connect(textEdit, SIGNAL(copyAvailable(bool)),
cutAct, SLOT(setEnabled(bool)));
connect(textEdit, SIGNAL(copyAvailable(bool)),
copyAct, SLOT(setEnabled(bool)));
}
void MainWindow::createMenus()
{
fileMenu = menuBar()->addMenu(tr("&File"));
fileMenu->addAction(newAct);
fileMenu->addAction(openAct);
fileMenu->addAction(saveAct);
fileMenu->addAction(saveAsAct);
fileMenu->addSeparator();
fileMenu->addAction(exitAct);
editMenu = menuBar()->addMenu(tr("&Edit"));
editMenu->addAction(cutAct);
editMenu->addAction(copyAct);
editMenu->addAction(pasteAct);
menuBar()->addSeparator();
helpMenu = menuBar()->addMenu(tr("&Help"));
helpMenu->addAction(aboutAct);
}
void MainWindow::createStatusBar()
{
statusBar()->showMessage(tr("Ready"));
}
```

在上面的代码中，createAction()创建了菜单所需要的动作，并将这些动作与信号槽关联，然后在createMenu()中，将这些动作与菜单的项关联，从而实现菜单的项被单击之后的动作。其中，与动作关联的信号槽函数需要自行编写，并在自定义类的声明中将它们声明为槽函数，如下：

```cpp
class MainWindow : public QMainWindow
{
Q_OBJECT                  //当需要与自定义的槽函数关联时,必须加入该宏
public:
    MainWindow();
private slots:
    void newFile();       //用于处理菜单的"New"动作的槽函数
    void open();          //用于处理菜单的"Open"动作的槽函数
    bool save();          //用于处理菜单的"Save"动作的槽函数
    bool saveAs();        //用于处理菜单的"Save As"动作的槽函数
    void about();         //用于处理菜单的"About"动作的槽函数
```

【实验步骤】

（1）将实验箱的串口和网线连接到PC，硬件详细连接如图3-60所示。
（2）将光盘中附带的本实验的范例代码"ex10_TextEditor"文件夹复制到Ubuntu系统中。
（3）在"ex10_TextEditor"文件夹中找到"ex10_TextEditor.pro"文件，如图3-61所示。

 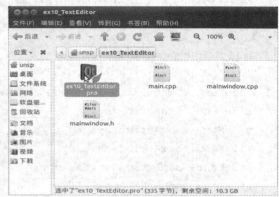

图 3-60　Q 的硬件连接　　　　　　　　图 3-61　工程文件

（4）双击"ex10_TextEditor"，打开工程，在弹出的"Project setup"页面中，确保"Qt for A8"已经被选中，如图 3-62 所示。

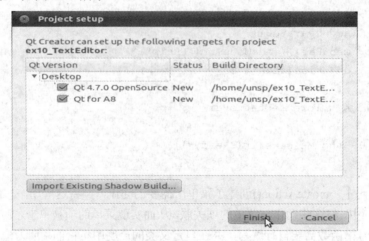

图 3-62　确保"Qt for A8"已经选中

（5）在左下角的编译选择中，选择"Qt for A8 Release"，如图 3-63 所示。

图 3-63　确保选择了"Qt for A8 Release"

（6）单击图 3-64 所示的左下角的"Build All"按钮，即可开始编译实验箱运行的版本。

（7）当看到编译选择按钮上方的进度条变成绿色，即表示编译完成，如图3-65所示。

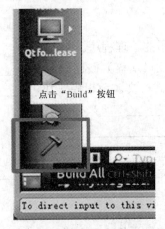

图 3-64　单击编译按钮　　　　　　　　图 3-65　编译完成

（8）在工程的保存目录中，可以找到一个名为"ex10_TextEditor-build-desktop"的文件夹，如图 3-66 所示。编译生成的可执行程序"ex10_TextEditor"即在此文件夹中。

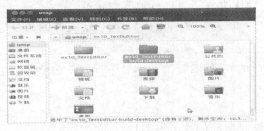

图 3-66　目标文件夹

（9）将"ex10_TextEditor-build-desktop"文件夹中的"ex10_TextEditor"文件复制到 Windows 下，并按照实验一中的下载程序的方法，下载到实验箱。

（10）在超级终端中，为ex10_TextEditor添加可执行权限，并运行它。

```
chmod+xex10_TextEditor
/ex10_TextEditor
```

（11）运行后屏幕显示结果应如图3-67所示。

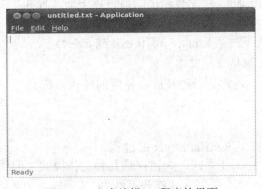

图 3-67　文本编辑 Qt 程序的界面

思考与练习

一、填空

1. _____目录用来存放系统管理员使用的管理程序。
2. 在 Linux 系统下，第二个 IDE 通道的硬盘（从盘）被标识为_____。
3. VI 编辑器具有三种工作模式，即命令模式、文本编辑模式和_____。
4. Linux 文件系统中每个文件用_____来标识。
5. 前台启动的进程使用复合键_____终止。
6. 结束后台进程的命令是_____。
7. 将前一个命令的标准输出作为后一个命令的标准输入，称之为_____。
8. 增加一个用户的命令是_____。
9. 成批添加用户的命令是_____。
10. 检查已安装的文件系统/dev/had5 是否正常，若检查有错，则自动修复，其命令及参数是_____。
11. 把文件 file1 和 file2 合并成 file3 的命令是_____。
12. 在/home 目录中查找所有的用户目录的命令是_____。
13. 在 Linux 系统中，压缩文件后生成后缀为.gz 文件的命令是_____。
14. df 命令完成_____功能，du 命令完成_____功能。
15. 安装 Linux 系统对硬盘分区时，必须有两种分区类型：_____和_____。

二、判断题

1. RedHat Linux 安装时自动创建了根用户。
2. 在安装 RedHat Linux 时要以图形化模式安装，直接按 Enter。
3. Linux 中的超级用户为 root，登录时不需要口令。
4. Linux 不可以与 MS-DOS、OS/2、Windows 等其他操作系统共存于同一台机器上。
5. RedHat 系统中，默认情况下根口令没有字符长短的限制，但是必须把口令输入两次；如果两次输入的口令不一样，安装程序将会提示用户重新输入口令。
6. 确定当前目录使用的命令为：pwd。
7. RedHat 默认的 Linux 文件系统是 ext3。
8. RedHat Linux 使用 ls-all 命令将列出当前目录中的文件和子目录名。
9. 在 RedHat 中执行"cd～"这个命令回到根目录。
10. 在字符界面环境下注销 Linux，可用 exit 或 ctrl+D。
11. 虚拟控制台登录就是使用文本方式登录。
12. Linux 的特点之一是它是一种开放、免费的操作系统。

三、思考与简单题

1. 简述在虚拟机中安装 RedHat Linux 的过程。
2. VI 编辑器有哪几种工作模式？如何在这几种工作模式之间转换？
3. 什么是操作系统？什么是嵌入式操作系统？

4．简述 Linux 的几个运行级别及其相应的含义。

5．若下达 "rmdir" 命令来删除某个已存在的目录，但无法成功，请说明可能的原因。

6．Linux 内核主要由哪几部分组成？每部分的作用是什么？

四、实验题

Jack 一个人使用 Linux 系统，他既是系统管理员，又是普通用户。为系统的稳定使用，他需要使用管理员账号为自己创建两个用户账号 tenny 和 ten，Jack 平时使用这两个用户登录使用系统，为了这两个用户交换和共享使用的方便，还需要达到如下要求：

（1）在系统上建立一个目录 "myfile"。

（2）设置目录 "/myfile" 的权限为：该目录里面的文件只能由 tenny 和 ten 两个用户读取、增加、删除、修改和执行，其他用户不能对该目录进行任何访问操作。

项目四　智能车位管理系统设计

项目概述

随着人们生活质量的提高，城市中车辆越来越多，随着高科技代替手工的不断推进，车位管理系统应运而生。对于一个现代化的停车场来说，其特点是数据之间的关系简单，但是数据量较大，如果使用人工的方式来进行管理则不便于数据的汇总统计和各种数据的分析。对于一个现代化的停车场来说，计算机管理可以大大节省管理者的时间与精力，为了适应社会需求，开发智能城市车位管理系统是一个不错的选择。

通过本项目的学习，达到以下教学目标：

知识目标

（1）掌握 ARM 各类指令的定义和使用。
（2）掌握 Thumb 各类指令的定义和使用。
（3）掌握汇编伪指令的定义和使用。
（4）掌握汇编程序设计方法。
（5）掌握汇编程序调试方法。

技能目标

（1）会搭建智能车位管理系统硬件环境。
（2）会编写智能车位管理系统相关程序。
（3）会调试智能车位管理系统嵌入式系统。

任务一　ARM 指令系统简介和寻址方式

知识1　ARM 指令系统简介

一、ARM 指令集主要特征

ARM 指令集所具有的主要特征归纳如下：

（1）ARM 处理器中包含大量寄存器，如目的寄存器、源寄存器、地址指针等，这些寄存器在指令集中都可用于多种用途。

（2）ARM 指令集中所有指令均可条件执行，即依据条件域设定条件满足与否来决定是否执行。

（3）ARM 处理器采用 Load/Store 体系结构（指令集为加载/存储型），即 ARM 指令集仅能处理寄存器中的数据，而且处理结果都要放回寄存器中，存储器访问需要通过专门的加载/存储指令来实现。

（4）ARM 指令集均为"3 地址"指令，指令中有两个源操作数寄存器和一个结果寄存器，且均可独立设定。

（5）ARM 处理器的 ALU 操作和移位操作可同时完成，即在单时钟周期内执行单条指令可同时完成一项普通的移位操作和一项普通 ALU 操作。

（6）ARM 处理器可通过协处理器指令使 ARM 指令集得以扩展，包括在编程模式下增加新的寄存器和数据类型。

（7）ARM 处理器在 Thumb 体系结构中以高密度 16 位压缩形式表示指令集，即 Thumb 指令集。

二、ARM 指令基本格式

ARM 指令的助记符格式为：

<opcode>{<cond>}{S}　<Rd>,<Rn>,<op2> ;注释

举例：ADDEQS R1,R2,#5 ;R1=R2+5

其中，<opcode>表示"操作码"（如 ADD），后缀<cond>表示"条件域"（如 EQ 表示该指令只有当 CPSR 中 Z 标志置位才执行），后缀 S 表示指令执行结果将影响 CPSR 寄存器值；空格之后的<Rd>表示"目的寄存器"（如 R1），第一个逗号之后的<Rn>表示"第一操作数（操作数 1）"（如 R2），第二个逗号之后的<op2>表示"第二操作数（操作数 2）"（如#5 表示立即数 5）。分号之后为"注释"，由文字和符号组成（如"R1=R2+5"）。

三、ARM 指令条件码域

当处理器工作在 ARM 状态时，几乎所有的指令均根据 CPSR 中条件码的状态和指令的条件域有条件地执行。当指令的执行条件满足时，指令被执行，否则指令被忽略。每一条 ARM 指令包含 4 位条件码，位于指令的最高 4 位[31:28]，可表示 16 种条件，每一种条件用两个英文字符（大写）表示，作为指令助记符的后缀。例如，跳转指令 B 加上后缀 EQ 之后变为 BEQ，表示"相等则跳转"（即当 CPSR 中的 Z 标志置位时发生跳转）。如表 4-1 所示，16 种条件标志码中只有 15 种可供使用，第 16 种（1111）为暂时不能使用（系统保留）。

表 4-1　ARM 指令条件码（15 项）

条 件 码	助记符后缀	标　　志	含　　义
0000	EQ	Z 置位	相等
0001	NE	Z 清零	不相等
0010	CS	C 置位	无符号数大于或等于
0011	CC	C 清零	无符号数小于
0100	MI	N 置位	负数
0101	PL	N 清零	正数或零
0110	VS	V 置位	溢出
0111	VC	V 清零	未溢出
1000	HI	C 置位，Z 清零	无符号数大于
1001	LS	C 清零，Z 置位	无符号数小于或等于
1010	GE	N 等于 V	带符号数大于或等于
1011	LT	N 不等于 V	带符号数小于
1100	GT	Z 清零（且 N 等于 V）	带符号数大于
1101	LE	Z 置位（或 N 不等于 V）	带符号数小于或等于
1110	AL	忽略	无条件执行

知识 2 ARM 指令寻址方式

所谓寻址方式就是处理器根据指令中给出的地址信息来寻找物理地址的方式。目前 ARM 指令系统支持 9 种寻址方式。

1. 立即寻址

立即寻址也叫立即数寻址，这是一种特殊的寻址方式，操作数本身就在指令中给出，只要取出指令也就取到了操作数。这个操作数被称为立即数，对应的寻址方式也就叫作立即寻址。例如：

```
ADD R0, R0, #0x3f    ;R0←R0+0x3f
```

该指令的第二个源操作数即为立即数，须以"#"为前缀，对于以十六进制表示的立即数，还要求在"#"之后加上"0x"或"&"标识符。

2. 寄存器寻址

寄存器寻址即寄存器中的数值作为操作数，这种寻址方式是各类处理器都采用的一种方式，也是一种执行效率较高的寻址方式。例如：

```
ADD R0, R1, R2       ;R0←R1+R2
```

该指令的所有操作数均在寄存器中，实际执行效果是将寄存器 R1 和 R2 的内容相加，其结果存放在寄存器 R0 中。

3. 寄存器移位寻址

寄存器移位寻址的操作数由寄存器的数值做相应移位而得到。移位操作在指令中以助记符形式给出，而移位的位数可用立即数或寄存器寻址方式表示。ARM 处理器支持的移位操作共有 5 种，分别是逻辑左移（LSL）、逻辑右移（LSR）、算术右移（ASR）、循环右移（ROR）和带扩展的循环右移（RRX），括号内为相应操作的助记符。举例如下：

```
ADD  R0,R1,R2,ROR R3     ;R0=R1+R2 循环右移 R3 位
MOV  R0,R1,LSL #3        ;R0=R1 逻辑左移 3 位
```

可采用的移位操作如下：

LSL：逻辑左移（Logical Shift Left），寄存器中字的低端空出的位补 0。

LSR：逻辑右移（Logical Shift Right），寄存器中字的高端空出的位补 0。

ASR：算术右移（Arithmetic Shift Right），移位过程中保持符号位不变，即如果源操作数为正数，则字的高端空出的位补 0，否则补 1。

ROR：循环右移（Rotate Right），由字的低端移出的位填入字的高端空出的位。

RRX：带扩展的循环右移（Rotate Right Extended by 1 Place），操作数右移一位，高端空出的位用原 C 标志值填充。

各移位操作过程如图 4-1 所示。

4. 寄存器间接寻址

寄存器间接寻址就是以寄存器中的值作为操作数的地址，而操作数本身存放在存储器中。

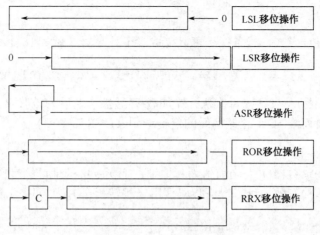

图 4-1 移位操作示意图

例如：

```
ADD R0, R1, [R2]    ;R0←R1+[R2]
```

该指令中的第二操作数以寄存器 R2 的值作为地址，利用这个地址在存储器中取得数值。

5. 基址变址寻址

基址变址寻址就是将寄存器（基址寄存器）的内容与指令中给出的地址偏移量相加，从而得到一个操作数的有效地址。变址寻址方式常用于访问某基地址附近的地址单元。采用变址寻址方式的指令有以下几种常见形式：

（1）前变址模式

```
LDR R0, [R1,#4]     ;R0←[R1+4]
```

指令将寄存器 R1 的内容加上 4 形成操作数的有效地址，从而取得操作数存入寄存器 R0 中。

（2）自动变址模式

```
LDR R0, [R1,#4]!  ; R0←[R1+4]、R1←R1+4
```

指令与前一条指令的区别在于将所取得的操作数存入寄存器 R0 之后，再将 R1 的内容自增 4 个字节。

（3）后变址模式

```
LDR R0, [R1],#4     ;R0←[R1]、R1←R1+4
```

指令先以寄存器 R1 的内容作为操作数的有效地址，从而取得操作数存入寄存器 R0，然后将 R1 的内容自增 4 个字节。

（4）偏移地址模式

```
LDR R0, [R1,R2]              ;R0←[R1+R2]
```

指令将寄存器 R1 的内容加上寄存器 R2 的内容形成操作数的有效地址，从而取得操作数存入寄存器 R0 中。

6. 多寄存器寻址

采用多寄存器寻址方式，一条指令可以完成多个寄存器（最多 16 个）值的传送。例如：

```
LDMIA R0, {R1, R2, R3, R4}  ;R1←[R0],R2←[R0+4],R3←[R0+8],R4←[R0+12]
```

指令 LDM 的后缀 IA 表示在每次执行完加载/存储操作之后，R0 按字长度自增 4 个字节，因此，该条指令可将连续 16 个存储单元的值传送到 R1~R4。

7. 相对寻址

相对寻址以程序计数器 PC 当前值为基地址，把指令中的地址标号作为偏移量，将两者相加之后得到操作数的有效地址。以下代码调用（跳转指令 BL）即采用相对寻址方式。

```
BL NEXT   ;跳转到子程序 NEXT 处执行
```

8. 块复制寻址

块复制寻址可实现连续地址数据从存储器的某一位置复制到另一位置。例如：

```
LDMIA  R0,{R1-R5}      ;从以 R0 的值为起始地址的存储单元中取出 5 个字的数据
STMIA  R1,{R1-R5}      ;将取出的数据存入以 R1 的值为起始地址的存储单元中
```

9. 堆栈寻址

堆栈是一种"先进后出"（FILO，First In Last Out）的特殊数据结构。它使用堆栈指针（专用寄存器）指示当前操作位置（总是指向栈顶），当堆栈指针指向最后压入堆栈的数据单元时，称为"满堆栈"，而当堆栈指针指向下一个将要放入数据的空位置（空单元）时，称为"空堆栈"；同时，根据堆栈的生成方式又分为"升序堆栈（由低地址向高地址生成）"和"降序堆栈（由高地址向低地址生成）"。如此，ARM 处理器支持的堆栈共有"满递增"、"满递减"、"空递增"和"空递减" 4 种堆栈寻址方式或堆栈类型。例如：

```
STMFD  R13!,{R0,R1,R2,R3,R4}    ;将 R0~R4 中的数据压入堆栈(R13 为堆栈指针)
LDMFD  R13!,{R0,R1,R2,R3,R4}    ;将数据出栈(恢复 R0~R4 原先的值)
```

知识 3　ARM 指令集和 Thumb 指令集

ARM9 处理器支持两种指令集，即 32 位的 ARM 指令集和 16 位的 Thumb 指令集。

一、ARM 指令集

本节介绍最常使用的 ARM7TDMI-S 内核支持的 ARM V4 指令集中的基本指令。ARM 指令由基本指令和派生出的一些新的指令构成，但使用方法与基本指令类似。

ARM 指令集分为六类：跳转指令、数据处理指令、程序状态寄存器处理指令、LOAD/STORE 指令、协处理器指令、异常处理指令。

1. ARM 跳转指令

跳转指令用于实现程序流程的跳转，改变程序执行流程或调用子程序。

在 ARM 程序中有两种方法可以实现程序流程的跳转，一种是直接向 PC 写入跳转地址值，通过这种方法，可以实现在 4GB 的地址空间中任意跳转，在跳转之前结合使用"MOV LR, PC"等类似指令，可以保存将来的返回地址值，从而实现在 4GB 的线性地址空间的子程序调

用；另一种是使用专门的跳转指令。ARM 指令集中的分支指令可以完成从当前指令向前或向后的 32MB 的地址空间的跳转，包括以下 4 条指令，如表 4-2 所示。

表 4-2 分支指令

指令助记符	功能描述
B	跳转指令
BX	带状态切换的跳转指令
BL	带连接的跳转指令
BLX	带返回和状态切换的跳转指令

（1）跳转指令 B

跳转指令 B 可以实现跳转到指定的地址执行程序。

指令的汇编语法格式： B{<cond>}　　<target_address>

例如：

```
B   DELAY       ;跳转到 DELAY 标号处
B   0x1234      ;跳转到绝对地址 0x1234 处
```

（2）BL 指令

指令的汇编语法格式：BL{条件}　　目标地址

BL 是另一种跳转指令，但跳转之前，会在寄存器 R14 中保存 PC 当前值，因此，可以通过将 R14 的内容重新加载到 PC 中，来返回到跳转指令之后的那个指令处执行。该指令是实现子程序调用的一个基本但常用的手段。

例如：

```
BL    Lable     ;当程序无条件跳转到 Lable 处执行时,同时将当前的 PC 值保存到 R14 中
BLCC  Label1    ;当 CPSR 中 Z=1 时,跳转到标号 Label1 处执行
                ;同时将当前的 PC 值保存到 R14 中
MOV   PC,LR     ;返回
```

（3）BLX 指令

指令的汇编语法格式：BLX　　　目标地址

BLX 指令从 ARM 指令集跳转到指令中所指定的目标地址，并将处理器的工作状态由 ARM 状态切换到 Thumb 状态，该指令同时将 PC 的当前内容保存到寄存器 R14 中。因此，当子程序使用 Thumb 指令集，而调用者使用 ARM 指令集时，可以通过 BLX 指令实现子程序的调用和处理器工作状态的切换。同时，子程序的返回可以通过将寄存器 R14 值复制到 PC 中来完成。

（4）BX 指令

指令的汇编语法格式：BX{条件} 目标地址

BX 指令跳转到指令中所指定的目标地址，目标地址的指令既可以是 ARM 指令，也可以是 Thumb 指令。通过寄存器的最低位来切换处理器状态。如果最低位为 1，则跳转时自动将 CPSR 中的标志 T 复位，即把目标地址的代码解释为 ARM 代码。例如：

```
LDR  R0,=ThumbFun
BX   R0;跳转到 R0 指定的地址,并根据 R0 的最低位来切换处理器状态
```

2. ARM 的数据处理指令

数据处理指令可分为数据传送指令、算术逻辑运算指令、比较指令和乘法指令。数据传送指令用于在寄存器和存储器之间进行数据的双向传输。完成寄存器的数据的算术和逻辑操作，在执行中需要两个操作数，产生单个结果。这类指令只能使用和改变寄存器中的值，每一个操作数寄存器和结果寄存器都在指令中独立指定，即使用 3 地址模式。

例如：

```
ADD R0,R1,R2 ;R0=R1+R2
```

ARM 基本的数据处理指令汇编指令语法格式：

<opcode>{<cond>}{S}<Rd>,<Rn>,<operand2>

算术操作：ADD、ADC、SUB、SBC、RSB、RSC、MUL、MAL（32 位乘加）、SMULL、SMLAL、UMULL、UMLAL。

按位逻辑操作：AND、ORR、EOR、BIC（清除位操作）。

比较操作：CMP、CMN、TST、TEQ（按位异或）。

寄存器移位操作：LSL、LSR、ASL（算术左移）、ASR、ROR（循环右移）、RRX（带扩展循环右移）。

数据处理指令说明如表 4-3 所示。

表 4-3　数据处理指令说明

类　　别	指令助记符	功　能　描　述
算术运算类	ADD	加法指令
	ADC	带进位的加法指令
	SUB	减法指令
	SBC	带借位的减法指令
	RSB	逆项减法指令
	RSC	带借位的逆项减法指令
逻辑运算类	AND	逻辑与指令
	ORR	逻辑或指令
	EOR	逻辑异或指令
	BIC	位清除指令
比较类	CMP	比较指令
	CMN	取反比较指令
测试类	TST	位测试指令
	TEQ	相等测试指令
传送类	MOV	数据传送指令
	MVN	数据取反传送指令
乘法类	MUL	32 位乘法指令
	MLA	32 位乘加指令
	UMULL	64 位无符号乘法指令
	UMLAL	64 位无符号乘加指令
	SMULL	64 位有符号乘法指令
	SMLAL	64 位有符号乘加指令

(1) 数据传送指令

① MOV 指令。汇编语法格式为：MOV{cond}{S}　Rd, operand2

将第二操作数 operand2 表示的数据传送到目标寄存器 Rd 中；如果指令包含后缀"S"，则根据操作结果或移位情况更新 CPSR 中的相应条件标志位。

例如：

```
MOV    R2,R3           ;将寄存器 R3 的值传送到寄存器 R2
MOV    R0, R0          ;R0: = R0... NOP 指令
MOV    R0, R0,LSL#2    ;R0: = R0 * 4
MOV    PC,R14          ;常用于子程序返回,退回到调用者
MOVS   PC, R14         ;退出到调用者并恢复标志位
```

② MVN 指令。汇编语法格式为：MVN{cond}{S}　Rd, operand2

将第二操作数 operand2 表示的数据按位取反后传送到目标寄存器 Rd 中；如果指令包含后缀"S"，则根据操作结果或移位情况更新 CPSR 中的相应条件标志位。例如：

```
MVN    R0,#0xff        ;R0=0xffffff00
MVN    R0, #0          ;将立即数 0 取反后传送到寄存器 R0 中
```

(2) 算术逻辑运算指令

算术逻辑运算指令包括加法 ADD、减法 SUB、逆向减法 RSB、带进位加法 ADC、带进位减法 SBC、带借位逆向减法 RSC、逻辑"与"指令 AND、逻辑"或"指令 ORR、逻辑"异或"指令 EOR、位清除指令 BIC。

① ADD 加法指令。汇编语法格式为：ADD{cond}{S}　Rd, Rn, operand2

ADD 指令将 operand2 表示的数据与寄存器 Rn 中的值相加，并把结果传送到目标寄存器 <Rd>中；如果指令包含后缀"S"，则根据操作结果更新 CPSR 中的相应条件标志位。例如：

```
ADDS    R1,R1,#1           ; R1=R1+1,并影响标志位
ADD     R0, R1, R2         ; R0: = R1 + R2
ADDEQ   R0, R1, R2         ; IF EQ=1,R0: = R1 + R2
ADD     R0, R1, #127       ; R0: = R1 +127
ADD     R0, R2, R3,LSL#3   ; R0: = R2 + R3*2³
```

② ADC 带进位加法指令。汇编语法格式为：ADC{cond}{S}　Rd, Rn, operand2

ADC 带 C 标志位的加法指令将 operand2 表示的数据与寄存器 Rn 中的值相加，再加上 CPSR 中的 C 条件标志位的值，并把结果传送到目标寄存器 Rd 中；如果指令包含后缀"S"，则根据操作结果更新 CPSR 中的相应条件标志位。该指令可以实现两个高于 32 位的数据相加运算。

例如：使用 ADC 实现 64 位加法，结果存于 R1、R0 中。

```
ADDS   R0,R0,R2    ;R0 等于低 32 位相加,并影响标志位
ADC    R1,R1,R3    ;R1 等于高 32 位相加,并加上低位进位
```

例如：两个 128 位的数运算。第一个 128 位数: R4、R5、R6 和 R7；第二个 128 位数: R8、R9、R10 和 R11。

```
ADDS    R0, R4, R8          ;加第 1 个字
ADCS    R1, R5, R9          ;加第 2 个字及进位
ADCS    R2, R6, R10         ;加第 3 个字及进位
ADCS    R3, R7, R11         ;加第 4 个字及进位
                            ;128 位的和存放在寄存器 R0、R1、R2 和 R3 中
```

③ SUB 减法指令。汇编语法格式为：SUB{cond}{S}   Rd, Rn, operand2

功能：SUB 指令从寄存器 Rn 中减去 operand2 表示的数值，并把结果传送到目标寄存器 Rd 中；如果指令包含后缀"S"，则根据操作结果更新 CPSR 中的相应条件标志位。

注意事项：当指令包含后缀"S"时，如果减法运算有借位，则 C=0，否则 C=1。例如：

```
SUBS    R0,R0,#1            ;R0=R0-1 ，并影响标志位
SUBS    R2,R1,R2            ;R2=R1-R2 ，并影响标志位
SUB     R0, R1,R2           ;R0:= R1 - R2
SUB     R0, R1,#256         ;R0:= R1 - 256
SUB     R0, R2,R3,LSL#1     ;R0:=R2 - (R3*2¹)
```

④ SBC 带 C 标志位的减法指令。汇编语法格式为：SBC{cond}{S}   Rd, Rn, operand2

SBC 指令从寄存器 Rn 中减去 operand2 表示的数值，再减去寄存器 CPSR 中 C 条件标志位的反码，并把结果传送到目标寄存器 Rd 中；如果指令包含后缀"S"，则根据操作结果更新 CPSR 中的相应条件标志位。该指令可以实现两个高于 32 位的数据相减运算。

⑤ RSB 逆向减法指令。汇编语法格式为：RSB{cond}{S}   Rd, Rn, operand2

功能：RSB 指令从第 2 操作数 operand2 表示的数值中减去寄存器 Rn 值，并把结果传送到目标寄存器 Rd 中；如果指令包含后缀"S"，则根据操作结果更新 CPSR 中的相应条件标志位。例如：

```
RSB     R3,R1,#0xFF00       ;R3=0xFF00-R1
RSBS    R0,R1,R2,LSL #2     ;R0=(R2<<2)-R1
RSB     R0, R1, R2          ;R0 : = R2 - R1
RSB     R0, R1, #256        ;R0 : = 256 - R1
RSB     R0, R2, R3,LSL#3    ;R0 : = (R3 *2³) - R2
```

⑥ RSC 带 C 标志位的逆向减法指令。汇编语法格式为：RSC{cond}{S}   Rd，Rn, operand2

功能：RSC 指令从 operand2 表示的数值中减去寄存器 Rn 中的值，再减去寄存器 CPSR 中 C 条件标志位的反码，并把结果传送到目标寄存器 Rd 中；如果指令包含后缀"S"，则根据操作结果更新 CPSR 中的相应条件标志位。例如：

```
RSBS    R2,R0,#0
RSC     R3,R1,#0
```

⑦ AND 与逻辑运算指令。汇编语法格式为：AND{cond}{S}   Rd, Rn, operand2

功能：AND 指令将 operand2 表示的数值与寄存器 Rn 中的值按位做逻辑与操作，并把结果保存到目标寄存器 Rd 中；如果指令包含后缀"S"，则根据操作结果更新 CPSR 中的相应条件标志位。例如：

```
ANDS    R0,R0,#0x01    ;R0=R0&0x01,取出最低位数据
```

```
AND    R2,R1,R3        ;R2=R1&R3
MOV    R0,0x7b
AND    R0,R0,#3        ;该指令保持 R0 的 0、1 位,其余位清零
```

⑧ ORR 或逻辑运算指令。汇编语法格式为：ORR{cond}{S}　Rd, Rn, operand2

功能：ORR 指令将 operand2 表示的数值与寄存器 Rn 的值按位做逻辑或操作,并把结果保存到目标寄存器 Rd 中；如果指令包含后缀"S",则根据操作结果更新 CPSR 中的相应条件标志位。例如：

```
ORR R0,R0,#0x0F        ;将 R0 的低 4 位置 1
MOV R1,R2,LSR #24      ;使用 ORR 指令将 R2 的高 8 位
ORR R3,R1,R3,LSL #8    ;数据移入到 R3 低 8 位中
```

⑨ EOR 异或逻辑运算指令。汇编语法格式为：EOR{cond}{S}　Rd, Rn, operand2

功能：EOR 指令将 operand2 表示的数值与寄存器 Rn 的值按位做逻辑异或操作,并把结果保存到目标寄存器 Rd 中；如果指令包含后缀"S",则根据操作结果更新 CPSR 中的相应条件标志位。EOR 指令可用于将寄存器中某些位的值取反。例如：

```
EOR    R1,R1,#0x0F     ;将 R1 的低 4 位取反
EOR    R2,R1,R0        ;R2=R1^R0
EORS   R0,R5,#0x01     ;将 R5 和 0x01 进行逻辑异或,结果保存到 R0,并影响标志位
```

⑩ BIC 清除逻辑运算指令。汇编语法格式为：BIC{cond}{S}　Rd, Rn, operand2

功能：BIC 指令将寄存器 Rn 的值与 operand2 表示的数值的反码按位做逻辑与操作,并把结果保存到目标寄存器 Rd 中。例如：

```
BIC    R1,R1,#0x0F     ;将 R1 的低 4 位清零,其他位不变
BIC    R0,R0,#%1001    ;清除 R0 中的位 0 和 3,保持其余的不变
```

（3）比较和测试指令

比较指令没有目标寄存器,只用作更新条件标志位,不保存运算结果,指令后缀无须加"S"。在程序设计中,根据操作的结果更新 CPSR 中相应的条件标志位,后面的指令就可以根据 CPSR 中相应的条件标志位来判断是否执行。

① CMP 相减比较指令。汇编语法格式为：CMP{cond}　Rn, operand2

功能：CMP 指令将寄存器 Rn 的值减去 operand2 表示的数值,根据操作结果和寄存器移位情况更新 CPSR 中的相应条件标志位。例如：

```
CMP R1,#10        ; R1 与 10 比较,设置相关标志位
CMP R1,R2         ; R1 与 R2 比较,设置相关标志位
```

注意：CMP 指令与 SUBS 指令的区别在于 CMP 指令不保存运算结果。在进行两个数据的大小判断时,常用 CMP 指令及相应的条件码来操作。

② CMN 负数比较指令。指令汇编语法格式为：CMN{cond}　Rn, operand2

功能：CMN 指令将寄存器 Rn 的值加上 operand2 表示的数值,根据操作结果和寄存器移位情况更新 CPSR 中的相应条件标志位。例如：

```
CMN R0,#1          ;R0+1,判断 R0 是否为 1 的补码,如果是,则设置 Z 标志位
```

注意:CMN 指令与 ADDS 指令的区别在于 CMN 指令不保存运算结果。CMN 指令可用于负数比较,比如"CMN R0,#1"指令表示 R0 与-1 比较,若 R0 为-1(即 1 的补码),则 Z 置位;否则 Z 复位。

③ TST 位测试指令。汇编语法格式为:TST{cond}   Rn, operand2

功能:TST 指令将寄存器 Rn 的值与 operand2 表示的数值按位做逻辑"与"操作,根据操作结果和寄存器移位情况更新 CPSR 中的相应条件标志位,以便后面的指令根据相应的条件标志来判断是否执行。例如:

```
TST R0,#0x01       ; 判断 R0 的最低位是否为 0
TST R1,#0x0F       ; 判断 R1 的低 4 位是否为 0
TST R0, #%1        ; 判断 R0 的最低位是否为 0  (%表示二进制数)
```

TST 指令与 ANDS 指令的区别在于 TST 指令不保存运算结果。TST 指令通常与 EQ、NE 条件码配合使用。当所有测试位均为 0 时,EQ 有效;而只要有一个测试位不为 0,则 NE 有效。

④ TEQ 相等测试指令。指令汇编语法格式为:TEQ{cond}   Rn, operand2

功能:TEQ 指令将寄存器 Rn 的值与 operand2 表示的数值按位做逻辑"异或"操作,根据操作结果和寄存器移位情况更新 CPSR 中的相应条件标志位,以便后面的指令根据相应的条件标志来判断是否执行。例如:

```
TEQ R0,R1          ;比较 R0 与 R1 是否相等  (不影响 V 位和 C 位)
```

注意:TEQ 指令与 EORS 指令的区别在于 TEQ 指令不保存运算结果。使用 TEQ 进行相等测试时,常与 EQ、NE 条件码配合使用。当两个数据相等时,EQ 有效;否则,NE 有效。

(4) 乘法指令

ARM 乘法指令完成 2 个寄存器中数据的乘法,按照保存结果的数据长度可以分为两类:一类为 32 位的乘法指令,即乘法操作的结果为 32 位;另一类为 64 位的乘法指令,即乘法操作的结果为 64 位。

A. 32×32 位乘法指令;

B. 32×32 位乘加指令;

C. 32×32 位结果为 64 位的乘/乘加指令。

① MUL 指令。汇编语法格式为:MUL{cond}{S}   Rd, Rm, Rs

MUL 指令实现两个 32 位的数(可以为无符号数,也可为有符号数)相乘(Rm*Rs)并将结果存放到一个 32 位的寄存器 Rd 中;如果指令包含后缀"S",则根据操作结果更新 CPSR 中的相应条件标志位。例如:

```
MUL        R0,R1,R2   ;R0: = R1* R2
MULS       R0,R1,R2   ;R0: = R1* R2,设置 N 位和 Z 位
MULEQS     R0,R1,R2   ;如 Z=1,则执行 R0: = R1* R2,并设置 N 位和 Z 位
```

② MLA 指令。汇编语法格式为:MLA{cond}{S}   Rd, Rm, Rs, Rn

MLA 指令实现两个 32 位的数(可以为无符号数,也可为有符号数)相乘,再将乘积(Rm* Rs)加上第 3 个操作数 Rn,并将结果存放到一个 32 位的寄存器 Rd 中;如果指令包含后缀"S",则根据操作结果更新 CPSR 中的相应条件标志位。例如:

```
MLA    R0,R1,R2,R3    ;R0: =R3+R1*R2
MLAS   R0,R1,R2,R3    ;R0 = R1 * R2 + R3,设置CPSR中的相关条件标志位
```

③ UMULL 指令。汇编语法格式为：UMULL{cond}{S}   RdLo, RdHi, Rm, Rs

UMULL 指令实现两个 32 位无符号数相乘，乘积结果的高 32 位存放到一个 32 位的寄存器 RdHi 中，乘积结果的低 32 位存放到另一个 32 位寄存器 RdLo 中；如果指令包含后缀"S"，则根据操作结果更新 CPSR 中的相应条件标志位。例如：

```
UMULL R0,R1,R2,R3;R0: =(R2*R3)低32位,R1: =(R2*R3)高32位
```

④ UMLAL 指令。汇编语法格式为：UMLAL{cond}{S}   RdLo, RdHi, Rm, Rs

UMLAL 指令将两个 32 位无符号数的 64 位乘积结果与由（RdHi：RdLo）表示的 64 位无符号数相加，加法结果的高 32 位存放到寄存器 RdHi 中，低 32 位存放到寄存器 RdLo 中；如果指令包含后缀"S"，则根据操作结果更新 CPSR 中的相应条件标志位。例如：

```
UMLAL R0,R1,R2,R3;R0:=(R2 * R3)的低32位+R0
                 ;R1:=(R2 * R3)的高32位+R1
```

⑤ SMULL 指令。汇编语法格式为：SMULL{cond}{S}   RdLo, RdHi, Rm, Rs

SMULL 指令实现两个 32 位有符号数相乘，乘积结果的高 32 位存放到一个 32 位的寄存器 RdHi 中，乘积结果的低 32 位存放到另一个 32 位的寄存器 RdLo 中；如果指令包含后缀"S"，则根据操作结果更新 CPSR 中的相应条件标志位。例如：

```
SMULL R0,R1,R2,R3   ; R0 = (R2 * R3)的低32位
                    ; R1 = (R2 * R3)的高32位
```

⑥ SMLAL 指令。汇编语法格式为：SMLAL{cond}{S}   RdLo, RdHi, Rm, Rs

SMLAL 指令将两个 32 位有符号数的 64 位乘积结果与由（RdHi：RdLo）表示的 64 位无符号数相加，加法结果的高 32 位存放到寄存器 RdHi 中，乘积结果的低 32 位存放到寄存器 RdLo 中；如果指令包含后缀"S"，则根据操作结果更新 CPSR 中的相应条件标志位。

3. 异常处理指令

（1）SWI 软件中断指令（Software Interrupt）

语句格式：SWI{条件}   24 位的立即数

SWI 指令用于产生软件中断，以便用户程序能调用操作系统的系统例程。操作系统在 SWI 的异常处理程序中提供相应的系统服务，指令中 24 位的立即数指定用户程序调用系统例程的类型，相关参数通过通用寄存器传递。当指令中 24 位的立即数被忽略时，用户程序调用系统例程的类型由通用寄存器 R0 的内容决定，同时，参数通过其他通用寄存器传递。

使用 SWI 来访问操作系统例程或第三方生产的模块。SWI 允许操作系统拥有一个模块结构，这表明可以使用许多小模块和一个模块处理程序来建立完整的操作系统所需代码。当 SWI 处理程序得到对特定的例程编号的一个请求的时候，找到这个例程的位置并且执行，同时传递相关的数据。中断处理程序可以是一个简短的程序，还可以是功能复杂的程序。当 SWI 处理服务程序是一个功能复杂的程序时，需要在服务程序内部进行功能区分，通常使用寄存器 R0 确定服务的类型。

例如：指令"SWI 0x02"调用操作系统编号为 02 的系统例程，SWI 所做的就是把模式改变为管理模式并设置 PC 来执行在地址&08 处的指令，同时把处理器转换到管理模式，会切

换掉两个寄存器 r13 和 r14，使用 r13_svc 和 r14_svc 替换它们。

（2）BKPT 指令

格式：BKPT{16 位立即数}

功能：该指令产生软件断点中断，可用于程序调试。

4. 程序状态寄存器处理指令

这里将介绍两种指令，如表 4-4 所示。

表 4-4 程序状态寄存器处理指令

指令助记符	功能描述
MRS	程序状态寄存器向通用寄存器传送数据
MSR	通用寄存器向程序状态寄存器传送数据

① MRS 指令。格式：MRS{条件} 通用寄存器，程序状态寄存器（CPSR 或 SPSR）

功能：程序状态寄存器向通用寄存器数据传送指令。当需要改变程序状态寄存器的内容时，可用 MRS 将程序状态寄存器的内容读入通用寄存器，修改后再写回程序状态寄存器。在异常处理或进程切换时，需要保存程序状态寄存器的值，可先用该指令读出程序状态寄存器的值再保存。例如：

```
MRS R0,CPSR      ;将 CPSR 的内容保存到 R0
MRS R1,SPSR      ;将 SPSR 的内容保存到 R1
```

② MSR 指令。格式：MSR{条件} 程序状态寄存器（CPSR 或 SPSR）_<域>，操作数

MSR 指令通常与 MRS 指令联合使用，通过对 CPSR、SPSR 的修改，实现处理器的模式切换、设置/禁止 IRQ。

功能：通用寄存器向程序状态寄存器数据传送指令。MSR 指令用于将操作数的内容传送到程序状态寄存器的特定域中。其中，操作数可以为通用寄存器或立即数。<域>用于设置程序状态寄存器中需要操作的位，32 位的程序状态寄存器可分为 4 个域：位[31:24]为条件标志位域，用 f 表示；位[23:16]为状态位域，用 s 表示；位[15:8]为扩展位域，用 x 表示；位[7:0]为控制位域，用 c 表示。该指令通常用于恢复或改变程序状态寄存器的内容，在使用时，一般要在 MSR 指令中指明将要操作的域。例如：

```
MSR    CPSR,R0     ;传送 R0 的内容到 CPSR
MSR    SPSR,R0     ;传送 R0 的内容到 SPSR
MSR    CPSR_c,R0   ;传送 R0 的内容到 SPSR,但仅仅修改 CPSR 中的控制位域
```

设置 IRQ 中断示例：

```
MRS  R1,CPSR
BIC R1,R1,#0x80
MSR CPSR_C,R1
```

5. ARM 的存储器加载/存储指令

处理器中含有大量寄存器是 RISC 指令集的重要特点。ARM 指令集中存储器向寄存器、寄存器向存储器传送的指令十分丰富，包括向单个寄存器加载数据、向多个寄存器加载数据、单个寄存器的数据保存、多个寄存器的数据保存和寄存器之间的数据交换。存储器指令如表 4-5 所示。

表 4-5 存储器指令

类 别	指令助记符	功能描述
单寄存器加载	LDR	存储器向寄存器加载字数据
	LDRB	存储器向寄存器加载无符号字节数据
	LDRT	存储器向寄存器加载无符号字数据（用户模式）
	LDRBT	存储器向寄存器加载无符号字节数据（用户模式）
	LDRSB	存储器向寄存器加载有符号字数据
	LDRH	存储器向寄存器加载无符号半字数据
	LDRSH	存储器向寄存器加载有符号半字数据
多寄存器加载	LDM	存储器向多个寄存器加载字数据
单寄存器存储	STR	寄存器向存储器存储字数据
	STRB	寄存器向存储器存储无符号字节数据
	STRT	寄存器向存储器存储字数据
	STRBT	寄存器向存储器存储无符号字节数据
	STRH	寄存器向存储器存储半字数据
多寄存器存储	STM	多个寄存器向存储器存储字数据
寄存器交换	SWP	寄存器与存储器交换字数据
	SWPB	寄存器与存储器交换字节数据

ARM 的存储器加载和寄存器存储指令通常表示为 LDR/STR{条件} Rd,<地址>。其中 Rd 表示要被加载的寄存器或要被存储的寄存器；而<地址>表示存储器地址，寻址的方式非常丰富，可以采用寄存器寻址方式、基址方式、间接寻址方式、相对寻址方式和移位寻址方式等。LDR/STR 指令的 32 位编码中含有 P、U、S、W 和 L 共 5 个特征位。P 位表示使用"预先变址寻址"，P=0 表示使用"过后变址寻址"，P=1 表示在装载/存储之前增加/减少基址寄存器。U 位表示地址改变方向，给出的偏移量加到基址寄存器上，不使用时就从中减去偏移量。S 位在不同指令中有不同的含义，S=1 表示将 SPRS 复制到 CPRS 中；在不含有 R15 寄存器列表的 LDMS 和 STMS 指令中，S=1 表示当前处理器模式下，指令操作的寄存器不是特权模式的物理寄存器，而是用户模式寄存器。W 位决定是否更新基址寄存器，对于预先变址寻址，设置 W 位可强制把用作地址转换的最终地址写回基址寄存器中，位 W=1 表示写回操作，W=0 表示存储操作。L 位表示操作类型，L=1 表示存储操作，L=0 表示装载。

加载存储指令基本格式为：LDM（或 STM）{条件}{增值类型} Rd{！}，寄存器列表{∧}

{！}是可选项，用于设置回写操作位 W。指令中含有选择回写后缀"！"时，当数据传送完毕，系统会将最后的地址写入基址寄存器，即指令执行结束时将包括偏移量的目的地址值回写到基址寄存器。不含此项，基址寄存器的内容不改变。基址寄存器为 R15 时，不允许回写。寄存器列表可以为 R0～R15 的任意组合。{∧}为可选项，不允许在用户模式或者系统模式下使用。当指令为 LDM 且寄存器列表中包含 R15 时，选用该后缀表示：除了正常的数据传送，还将 SPSR 复制到 CPSR。特别注意，{∧}后缀还表示传入或传出时所指的用户模式下的寄存器，不是当前模式下的寄存器。

该指令的常见用途是将多个寄存器的内容入栈或出栈。其中，{增值类型}可以选为 IA、IB、DA、DB、FD、ED、FA 和 EA 等之一。使用非堆栈操作有四个，分别表示为：IA 每次传送后，地址加 4；IB 每次传送前，地址加 4；DA 每次传送后，地址减 4；DB 每次传送前，地址减 4。

使用堆栈操作有四个，分别为：FD 表示满递减堆栈；ED 表示空递减堆栈；FA 表示满递增堆栈；EA 表示空递增堆栈。

(1) 单寄存器加载

这类指令从指定的地址将数据装载到指定的 Rd 中。如果指令后面指定"B"，装载一个单一字节；寄存器是 32 位，寄存器的高端三个字节自动清零。内存地址可以是一个简单的值，或一个偏移量，或者是一个被移位的偏移量。也可以把合成的有效地址写回到基址寄存器（去除了对加/减操作的需要）。

① LDR （Load register a word，加载字数据）。

语句格式：LDR{条件} Rd, <地址>

功能：用于将内存中 32 位数据加载到指定的目标寄存器。当指定的目标寄存器是 PC 时，指令从存储器中读取的字数据被当作目的地址，程序自动实现跳转。例如：

```
LDR   R1, [R2]              ;[R2]→R1
LDR   R1, [R2,#0x16]        ;[R2+#0x16] →R1,R2+#0x16 →R2
LDR   R1, [R2,-R1]          ;[R2-R1] →R1,[R2-R1] →R2
LDR   R1,[R2,R3]            ;[R2+R3] →R1
LDR   R1,[R2,R3]!           ;[R2+R3] →R1,且 R2+R3 →R2
LDR   R1,[R2],R3            ;[R2] →R1, R2+R3→ R2
LDR   R1, [R2,R3,LSL#3]!    ;[R2+R3*8] →R1,且 R2+R3x8 →R2
```

② LDRB（Load register a byte，加载无符号字节数据）。语句格式：LDRB{条件} Rd,<地址>

功能：用于从存储器中将一个字节数据加载到指定的目标寄存器，目标寄存器的高 24 位自动清零；当 Rd 为 PC 时，从存储器中读取的字数据被当作目的地址，程序自动实现跳转。例如：

```
LDRB   R0, [R1,#5]    ;将[R1+5]指定的字节加载到 R0 的低 8 位,R0 的其他字节清零
LDRB   R0, [R1]       ;将[R1]指定的字节加载到 R0 的低 8 位,R0 的其他字节清零
```

③ LDRT （Load register by user mode privilege，用户模式加载字数据）。

语句格式：LDRT{条件}   Rd, <地址>

功能：用于将内存中单一字（32 位）数据加载到指定的目标寄存器。对于小端数据模式，指令给出的地址数据存放在目标寄存器的低 8 位；对于大端数据模式，指令给出的地址数据存放在目标寄存器的高 8 位。在特权级使用该指令，系统默认为用户模式下对寄存器的访问。当目标寄存器 Rd 为 PC 时，程序自动实现跳转。

④ LDRBT（Load register signed byte，用户模式加载无符号字节数据）。

语句格式：LDRBT{条件} Rd, <地址>

功能：用于单一字节数据加载到指定的目标寄存器，目标寄存器的高 24 位自动清零。在特权级使用本指令，系统默认为用户模式下对寄存器的访问。

⑤ LDRSB（Load register signed byte，加载有符号字节数据）。

语句格式：LDRSB{条件} Rd, <地址>

功能：用于单一字节数据加载到指定的目标寄存器，目标寄存器的高 24 位自动设置为符号位。当指定的目标寄存器是 PC 时，程序自动实现跳转。例如：

```
LDRSB R1,[R0]        ;将[R0]指示的字节加载到R1,高24位用符号位扩展
```

⑥ LDRH（Load register halfword，加载无符号半字数据（双字节））。

语句格式：LDRH{条件} Rd, <地址>

功能：用于存储器中将一个 16 位数据加载到指定的目标寄存器，目标寄存器的高 16 位自动清零。指令要求内存地址是半字对齐。当 Rd 为 PC 时，从存储器中读取的字数据被当作目的地址，程序自动实现跳转。例如：

```
LDRH R1,[R0]         ;将[R0]指示的两个字节传送到R1的低16位,高16位清零
LDRH R1,[R0,R2]      ;将[R0+R2]指示的两个字节传送到R1的低16位,高16位清零
LDRH R1,[R0,#8]      ;将[R0+8]指示的两个字节传送到R1的低16位,高16位清零
LDRH R1,[R0],#8      ;将[R0]指示的两个字节传送到R1的低16位,高16位清零,R0:=R0+16
```

⑦ LDRSH（Load register a signed halfword，加载有符号半字数据（双字节））。

语句格式：LDRSH{条件} Rd, <地址>

功能：用于 16 位数据加载到指定的目标寄存器，目标寄存器的高 16 位自动置为符号位。指令要求内存地址是半字对齐。当 Rd 为 PC 时，程序自动实现跳转。例如：

```
LDRSH R1,[R0]        ;将[R0]指示的两个字节传送到R1的低16位;高16位扩展为符号位
DRSH R1,[R0,R2]      ;将[R0+R2]指示的两个字节传送到R1的低16位;高16位扩展为符号位
LDRSH R1,[R0],#8     ;将[R0]指示的两个字节传送到R1的低16位;高16位扩展为符号位
                     ;R0=R0+8
```

（2）单寄存器存储

这类指令的作用是将数据从 Rd 存储到指定的地址中。如果指令后面指定"B"，存储一个字节，寄存器是 32 位，寄存器的高端三字节自动清零。内存地址允许是一个简单的立即数，或一个偏移量，或者是一个被移位的偏移量；还可以把合成的有效地址写回到基址寄存器（去除了对加/减操作的需要）。

① STR 存储字数据（Store register word，四字节）。语句格式：STR{条件} Rd,<地址>

功能：使用 STR 指令将 32 位数据传送到指定内存中。例如：

```
STR  R0,[R1],#4 ;R0→[R1], R1=R1+4
STR  R0,[R1,#8] ;R0→[R1+8],R1 不改变
```

② STRB（Store register byte，存储字节数据（8 位））。

语句格式：STRB{条件} Rd, <地址>

功能：使用 STRB 指令将 8 位字节数据传送到指定内存，此字节数据为源寄存器中的低 8 位。例如：

```
STRB R0,[R1]         ;R0 的低 8 位 → [R1]
STRB R0,[R1,#8]      ;R0 的低 8 位→[R1+8]
STRB R0,[R1],#8      ;R0 的低 8 位→[R1+8],R1=R1+8
```

③ STRT（Store register word by user mode privilege，用户模式存储字数据（四字节））。

语句格式：STRT{条件} Rd, <地址>

功能：使用 STRT 指令将 32 位字数据传送到指定内存。在特权级使用本指令，系统默认为用户模式下对寄存器的访问。

④ STRBT（Store register byte by user mode privilege，用户模式存储字节数据（字节））。

语句格式： STRBT{条件} Rd, <地址>

功能：STRBT 将一个字节数据写入指定的内存单元，在特权级使用本指令，系统默认为用户模式下对寄存器的访问。

⑤ STRH（Store register halfword，存储半字数据（双字节））。

语句格式：STRH{条件} Rd, <地址>

功能：STRH 将一个寄存器低 16 位数据写入指定的内存单元，指令要求内存地址采用半字对齐。

（3）多寄存器加载和多寄存器存储

ARM 微处理器支持批量数据加载和存储指令，它们可以一次在连续的存储器单元和多个寄存器之间传送数据，或者把多个寄存器的内容传送到存储器单元。使用的内存地址由基址寄存器 Rn 指定的内存地址增加或者减少（可以存储基址寄存器自身）而得，Rn 变化后的最终地址可以被写回到基址寄存器中。在进行堆栈操作时，要预先设置堆栈指针。

多寄存器加载和多寄存器存储指令的作用主要是保护现场、恢复现场、传递参数等。在这些指令中也可以使用条件执行，要注意条件标志要先于字节标志表现。字装载（LDR）或字存储（STR）将生成一个字对齐的地址。寄存器列表放在花括号中。不管用什么次序在其中指定寄存器，寄存器必须按从低到高的编号次序在从低端到高端的内存之间传送数据。在指令编码中，用一个单一的位来表示是否保存一个寄存器，所以不能指定某个寄存器两次。当使用一个范围内的寄存器时，可以简单地只写第一个和最后一个，并在其间加一个横杠。例如"R0-R3"与"R0, R1, R2, R3"的作用相同。

① LDM（Load multiple register，批量数据加载指令。

语句格式：LDM {条件} {增值类型} 基址寄存器{!}，寄存器列表{^}

功能：可以一次连续从内存单元读取数据传送到指令列表的寄存器。当 PC 包括在列表的寄存器中，指令读到 PC 中的内容作为程序跳转的目标地址，实现跳转操作。例如：

```
LDM F D R13!,{R1,R3-R11,PC}    ;将堆栈内容恢复到寄存器(R1,R3 到 R11,PC)
STM F D R13!,{R1,R4-R12,LR}    ;将寄存器（R1,R4 到 R12,LR）存入堆栈
LDM F DSP!,{R0-R12, PC}        ;从堆栈中恢复寄存器,并返回
```

② STM（Store multiple register，批量数据存储指令）。

语句格式：STM {条件} {增值类型} 基址寄存器{!}，寄存器列表{^}

功能：STM 的主要用途是把需要保存的寄存器复制到连续的内存单元，主要用于数据的块写入、寄存器的保护等操作。例如：

```
STMFD R13!, {R1, R4-R12, LR};将寄存器（R1, R4 到 R12, LR）存入堆栈
```

（4）寄存器交换

ARM 微处理器所支持的数据交换指令能在存储器和寄存器之间交换数据。数据交换指令有 SWP 和 SWPB 两条指令。

① SWP（Swap，单一数据交换）。指令格式：SWP{条件} Rd，Rm，[Rn]

功能：SWP 指令的功能是把 Rn 所指示的存储器中的字数据传送到目标寄存器 Rd 中，同时把 Rm 中的字数据传送到 Rn 所指示的存储器中。当 Rm 和目的寄存器 Rd 为同一个寄存器时，指令的作用是把寄存器和存储器的内容进行交换。例如：

```
SWP R0,R1,[R2]   ;将 R2 所指向的存储器中的字数据传送到 R0,
                 ;同时将 R1 中的字数据传送到 R2 所指向的存储单元
SWP R0,R0,[R1]   ;把 R1 所指向的存储器中的字数据与 R0 中字数据交换
```

② SWPB。语句格式：SWP{条件}B Rd，Rm，[Rn]

功能：SWPB 的功能是把 Rn 所指示的存储器中的字节传送到 Rd 的低 8 位，Rd 的高 24 清零，同时把 Rm 中的字节数据传送到 Rn 所指向的存储器中。当 Rm 和 Rd 是相同寄存器时，其功能是以字节为单位交换寄存器和存储器的内容。例如：

```
SWPB R0,R1,[R2]      ;[R2]指向的字节送 R0,R0 的高 24 位清零,
                     ;同时将 R1 中的低 8 位数据送[R2]
SWPB R0,R0,[R1]      ;将 R1 所指向的字节与 R0 中的低 8 位数据交换
```

6. 协处理器指令

ARM 微处理器最多可支持 16 个协处理器，用于各种操作。在程序执行的过程中，每个协处理器只执行针对自身的协处理指令，不理睬其他协处理器和 ARM 处理器指令。

协处理器指令主要用于 ARM 初始化、ARM 协处理器的数据操作，ARM 处理器寄存器和协处理器寄存器之间的数据传送，ARM 协处理器寄存器和存储器之间的数据传送。ARM 协处理器指令包括协处理器数据操作指令、协处理器数据加载指令、协处理器数据存储指令、ARM 处理器寄存器向协处理器寄存器的数据传送指令、协处理器寄存器向 ARM 处理器寄存器的数据传送指令以及协处理器内部功能指令。ARM 协处理器指令如表 4-6 所示。

表 4-6 ARM 协处理器指令

指令助记符	功 能 描 述
CDP	协处理器数据操作指令
LDC	协处理器数据加载指令
MCR	ARM 处理器寄存器到协处理器寄存器的数据传送指令
MRC	协处理器寄存器到 ARM 处理器寄存器的数据传送指令
STC	协处理器数据存储指令

（1）CDP 协处理器数据操作指令

语句格式：CDP{条件} 协处理器号，协处理器操作码 1，Rd，Rs1，Rs2，协处理器操作码 2

功能：CDP 指令用于 ARM 处理器通知 ARM 协处理器执行特定的操作，若协处理器不能成功完成特定的操作，则产生未定义指令异常。协处理器操作码 1 和协处理器操作码 2 是协处理器将要执行的操作，其中目的寄存器 Rd 和源寄存器 Rs 都是协处理器的寄存器，指令不涉及 ARM 处理器的寄存器和存储器。例如：

```
CDP P3,2,C12,C10,C3,4    ;该指令完成协处理器 P3 的初始化
```

（2）LDC 协处理器数据加载指令

语句格式：LDC {条件} {L} 协处理器号，Rd，[源寄存器]

功能：LDC 指令用于把源寄存器所指向的存储器中的字数据传送到目的寄存器 Rd 中。若协处理器不能成功完成传送操作，则产生未定义指令异常。其中，{L}选项表示指令为长读取操作，如用于双精度数据的传输。例如：

```
LDC P3,C4,[R0]        ;将 ARM 寄存器 R0 所指向存储器中的字数据
                      ;传送到协处理器 P3 的寄存器 C4 中
```

(3) STC 协处理器数据存储指令

语句格式：STC {条件} {L} 协处理器号，Rs，[Rd]

功能：STC 指令与 LDC 指令对应，用于把源寄存器 Rs 中的字数据传送到目的寄存器 Rd 所指向的存储器。若协处理器不能成功完成传送操作，则产生未定义指令异常。其中，{L} 选项表示指令为长读取操作，如用于双精度数据的传输。例如：

```
STC P3,C4,[R0]        ;将协处理器 P3 寄存器 C4 中的字数据
                      ;传送到 ARM 寄存器 R0 所指向的存储器中
```

(4) MCR（ARM 寄存器向协处理器寄存器传送数据指令）

语句格式：MCR {条件} 协处理器号，协处理器操作码 1，Rs，Rd1，Rd2，协处理器操作码 2。

功能：MCR 指令用于将 ARM 处理器寄存器 Rs 中的数据传送到协处理器寄存器中，若协处理器不能成功完成此操作，则产生未定义指令异常。其中协处理器操作码 1 和协处理器操作码 2 为协处理器将要执行的操作，源寄存器 Rs 为 ARM 处理器的寄存器，Rd1 和 Rd2 均为协处理器的寄存器。例如：

```
MCR P3,3,R0,C4,C5,6   ;该指令将 ARM 处理器寄存器 R0 中的数据
                      ;传送到协处理器 P3 的寄存器 C4 和 C5 中
```

(5) MRC（协处理器寄存器向 ARM 处理器寄存器的数据传送指令）

语句格式：MRC {条件} 协处理器号，协处理器操作码 1，Rd，Rs1，Rs2，协处理器操作码 2。

功能：MRC 指令用于将协处理器寄存器中的数据传送到 ARM 处理器寄存器中，若协处理器不能成功完成操作，则产生未定义指令异常。其中协处理器操作码 1 和协处理器操作码 2 为协处理器将要执行的操作，目的寄存器 Rd 为 ARM 处理器的寄存器，Rs1 和 Rs2 均为协处理器的寄存器。例如：

```
MRC P3,3,R0,C4,C5,6   ;将协处理器 P3 的寄存器中的数据传送到 ARM 寄存器中
```

(6) 浮点指令

这里我们以浮点运算协处理器为例，了解协处理器功能。IEEE 定义了标准的 ARM 浮点运算指令集。如果不存在实际浮点运算协处理器的硬件，则指令被截获，由浮点模拟器模块（FP Emulator）来执行。程序不需要知道是否存在 FP 处理器。IEEE 定义的 FP 系统包含 8 个高精度 FP 寄存器（F0 到 F7）和一个 FPSR（浮点状态寄存器），浮点运算协处理器的 FPSR 类似于 ARM 自己的 PSR，保存应用程序可能需要的状态信息。协处理器还有 FPCR（浮点控制寄存器）。它保存应用程序不需要访问的信息，如开启和关闭 FP 单元的标志。

浮点运算协处理器的指令如下：

① ABS 求绝对值　　　② ACS 反余弦函数

③ ADF 浮点加法　　　④ ASN 反正弦函数

⑤ ATN 反正切函数　　⑥ CMF 比较浮点值

⑦ CNF 浮点取负比较　　　　⑧ COS 余弦函数
⑨ DVF 浮点除法　　　　　　⑩ EXP 指数函数
⑪ FDV 浮点快速除法　　　　⑫ FIX 转换浮点值成整数
⑬ FLT 转换整数成浮点值　　⑭ FML 浮点快速乘法
⑮ FRD 浮点快速反向除法　　⑯ LDF 装载浮点值
⑰ LFM 装载多个浮点值　　　⑱ LGN 自然对数函数
⑲ LOG 常用对数函数　　　　⑳ MNF 传送取负的值
㉑ MUF 浮点乘法　　　　　　㉒ MVF 传送值/浮点寄存器到一个浮点寄存器
㉓ NRM 规格化　　　　　　　㉔ POL 极化角
㉕ POW 幂函数　　　　　　　㉖ RDF 反向除法
㉗ RFC 读 FP 控制寄存器　　㉘ RFS 读 FP 状态寄存器
㉙ RMF 取余函数　　　　　　㉚ RND 舍入取整值
㉛ RPW 反向幂　　　　　　　㉜ RSF 浮点反向减法
㉝ SFM 存储多个浮点值　　　㉞ SIN 正弦函数
㉟ SQT 开平方根　　　　　　㊱ STF 存储浮点值
㊲ SUF 浮点减法　　　　　　㊳ TAN 正切函数
㊴ URD 非规格化舍入　　　　㊵ WFC 写 FP 控制寄存器
㊶ WFS 写 FP 状态寄存器

二、Thumb 指令集

为兼容数据总线宽度为 16 位的应用系统，ARM 体系结构除了支持执行效率很高的 32 位 ARM 指令集，同时支持 16 位的 Thumb 指令（指令编码为 16 位长度）。与等价的 32 位代码相比较，Thumb 指令集在保留 32 位代码优势的同时，大大节省了系统的存储空间。但由于 Thumb 指令的长度为 16 位，即只用 ARM 指令一半的位数来实现同样的功能，实现特定的程序功能所需的 Thumb 指令的条数较 ARM 指令增多。显然，ARM 指令集和 Thumb 指令集各有其优点。若对系统的性能有较高要求，应使用 32 位的存储系统和 ARM 指令集；若对系统的成本及功耗有较高要求，则应使用 16 位的存储系统和 Thumb 指令集。当然，若两者结合使用，充分发挥其各自的优点，会取得更好的效果。

Thumb 指令集不是一个完整的体系，Thumb 指令集中没有"协处理器指令"、"访问程序状态字（CPSR 或 SPSR）指令"、"乘加指令"和"64 位乘法指令"，一般不能仅用 Thumb 指令编写完整的汇编程序；通常采用 Thumb 指令实现通用功能，必要时借助于完善的 ARM 指令集来实现其他特殊功能。Thumb 指令集作为 ARM 指令集的一个子集，一般不需要程序员手动编写。

Thumb 指令集如表 4-7 所示，与 ARM 指令集的区别主要有以下几点：
（1）除跳转指令（B）以外，其余指令均为"无条件执行"。
（2）绝大多数数据处理指令采用 2 地址格式而非 3 地址格式。
（3）只有 MOV、ADD 和 CMP 指令可以访问高位寄存器（R8～R15）。
（4）访问低位寄存器（R0～R7）的数据处理指令总是影响 ALU 条件标志。
（5）访问高位寄存器（R8～R15）的数据处理指令均不影响条件标志。
（6）只能使用 LDMIA 和 STMIA 这 2 种加载/存储指令访问存储器。

（7）只存在"满递减"类型堆栈，且访问堆栈只能使用 PUSH（入栈）和 POP（出栈）指令。
（8）移位通过"移位指令"实现而非数据处理指令中的"移位操作"。
（9）没有状态寄存器（CPSR 或 SPSR）访问指令（MRS 和 MSR）。
（10）没有乘加指令和 64 位乘法指令（SMULL、SMUAL、UMULL 和 UMUAL）。
（11）没有协处理器指令（CDP、LDC、STC、MCR 和 MRC）。

表 4-7 Thumb 指令集一览表

助 记 符	语法格式	指令功能	指令说明
B	B lable	无条件跳转	跳转范围：±2KB
	B{cond} lable	条件跳转	跳转范围：-257～+256
BL	BL lable	带返回跳转（调用）	跳转（调用）范围：±4MB
BX	BX Rm	带无状态切换跳转	若 Rm[0]=0，则 Rm[1]=0，且切换到 ARM 状态执行目标代码
SWI	SWI #immed8	软件中断	immed8（立即数）：0～255，表示调用系统例程的编号
MOV	MOV Rd, #expre8	立即数传送	Rd: R0～R7; expre8: 0～255
	MOV Rd, Rm	寄存器 Rm 数据传送	Rd&Rm: R0～R15
NVN	MVN Rd, Rm	寄存器 Rm 数据取反传送	Rd&Rm: R0～R7
NGE	NGE Rd, Rm	寄存器 Rm 数据变负传送	Rd&Rm: R0～R7
ADD	ADD Rd, Rn, Rm	低寄存器加法	Rd&Rn&Rm: R0～R7
	ADD Rd, Rn, #expre		expre（立即数）：0～7
	ADD Rd, #expre8		expre8（立即数）：0～255
	ADD Rd, Rm	通用寄存器加法	Rd&Rm: R0～R15
	ADD Rd, Rp, #expre8	PC 或 SP 相对偏移量加法	Rp;PC 或 SP; expre8:0～1020
	ADD SP, #expre8	SP 操作的加法	expre8: -508～+508 内 4 的整倍数
ADC	ADD Rd, Rm,	带进位加法	Rd&Rm: R0～R7
SUB	SUB Rd, Rn, Rm	低寄存器减法	Rd&Rn&Rm: R0～R7
	SUB Rd, Rn, #expre		expre（立即数）：0～7
	SUB Rd, #expre8		expre8（立即数）：0～255
	SUB SP, #expre8	SP 操作的减法	expre8: -508～+508 内 4 的整倍数
SBC	SBC Rd, Rm	带借位加法	Rd&Rm: R0～R7
MUL	MUL Rd, Rm	32 位乘法	
AND	AND Rd, Rm	逻辑与	Rd&Rm: R0～R7
ORR	ORR Rd, Rm	逻辑或	影响相应的 ALU 标志位
EOR	EOR Rd, Rm	逻辑异或	
BIC	BIC Rd, Rm	位清零	
ASR	ASR Rd, Rs	算数右移	Rd&Rs&Rm: R0～R7
	ASR Rd, Rm, #expre		expre: 0～32
LSL	LSL Rd, Rs	逻辑左移	Rd&Rs&Rm: R0～R7
	LSL Rd, Rm, #expre		expre: 0～32
LSR	LSR Rd, Rs	逻辑右移	Rd&Rn&Rm: R0～R7
	LSR Rd, Rm, #expre		expre: 0～32

续表

助记符	语法格式	指令功能	指令说明
ROR	ROR Rd, Rs	循环右移	Rd&Rs: R0~R7
CMP	CMP Rd, Rm	通用寄存器比较	Rd&Rm: R0~R15
	CMP Rd, #expre8	低寄存器比较	Rd&Rm: R0~R7, expre8: 0~255
CMN	CMN Rd, Rm	低寄存器 Rm 取反比较	Rd&Rm: R0~R7
TST	TST Rd, Rm	低寄存器测试	
LDR	LDR Rd, [Rn, #expre5_4]	字加载（立即数偏移）	Rd&Rn&Rm: R0~R7 #expre5_4：？
	LDR Rd, [Rn, Rm]	字加载（寄存器偏移）	
	LDR Rd, [PC, #expre5_4]	字加载（PC 相对偏移）	
	LDR Rd, lable	程序地址加载	
	LDR Rd, [SP, #expre5_4]	字加载（SP 相对偏移）	
STR	STR Rd, [Rn, #expre5_4]	字存储（立即数偏移）	
	STR Rd, [Rn, Rm]	字存储（寄存器偏移）	
	LDR Rd, [SP, #expre5_4]	字存储（SP 相对偏移）	
LDRH	LDRH Rd, [Rn, Rm/#expre5_2]	半字数据加载	Rd&Rn&Rm: R0~R7 #expre5_4：（0~32）×4 #expre5_2：（0~32）×2 #expre5_2：（0~32）×1
LDRB	LDRB Rd, [Rn, Rm/#expre5_1]	字节数据加载	
STRH	STRH Rd, [Rn, Rm/#expre5_2]	半字数据存储	
STRB	STRB Rd, [Rn, Rm/#expre5_1]	字节数据存储	
LDMIA	LDMIA Rn!,{reglist}	多字加载	Rn& reglist: R0~R7 { reglist }表示寄存器列表
STMIA	STMIA Rn!,{reglist}	多字存储	
PUSH	PUSH {reglist [, LR]}	多寄存器入栈	
POP	POP{reglist [, PC]}	多寄存器出栈	

实验七　温度计界面设计实验

【实验目的】

（1）掌握 Qt 下的界面设计方法。

（2）掌握标签（Label）、段码液晶、滑动条（Slider）、表盘等部件的应用。

（3）掌握 Qt 下使用信号与槽进行部件间关联和配合的方法。

【实验设备】

（1）装有 Linux 系统或装有 Linux 虚拟机的 PC 一台。

（2）物联网多网技术综合教学开发设计平台一套。

（3）串口线或 USB 线（A-B）一条。

【实验要求】

利用Qt实现具有图4-2所示的界面的对话框。该对话框左侧的滑动条用于调整摄氏温度的值，右侧的表盘用于调整华氏温度的值。当调整摄氏温度的值时，编程使滑动条左侧的标签显示当前的温度值，并使表盘同步显示对应的华氏温度；当调整华氏温度时，编程使段码液晶显示当前的华氏温度,并使滑动条同步显示对应的摄氏温度。

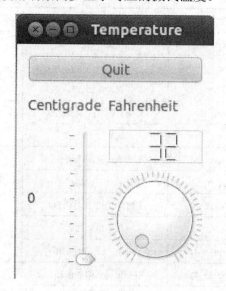

图 4-2 温度转换器界面

【实验原理】

1. 标签部件

(1) 标签部件概述

标签部件一般用于显示文本或图像,另外,它也可以被配置成显示不同的内容。应用程序通常可以使用标签部件来标记其他控制部件,或分割不同组别的部件。标签部件可以显示的内容如表 4-8 所示。

表 4-8 标签部件的显示内容及设置方式对照表

显示内容	设置方式
常规文本	传递 QString 文本给 setText()
多格式文本	传递包含有多格式文本的 QString 给 setText()
位图	传递 QPixmap 给 setPixmap()
动态画面	传递 QMovie 给 setMovie()
数字	传递 int 或 double 型的数字给 setNum()
空	使用 clear() 函数或清空显示字符串

当使用表 4-8 中列出的函数改变标签控件的显示内容时,之前的显示内容将立即被清除。标签部件不会产生信号,它只提供了几个槽用来接收其他部件的信号,以便改变自身的某些状态。在使用标签部件时,需要在源程序中包含 QLabel 头文件:

```
#include <QLabel>
```

(2) 标签部件提供的常用成员函数

标签部件主要提供了以下成员函数,用于控制它的属性或行为。

【函数形式】QLabel(Qwidget *parent, Qt::WindowFlags f = 0);

【函数功能】标签部件类构造函数。

【使用说明】在构造标签部件的对象时，自动调用该函数。可以用于指定标签部件的父窗口及标签部件的窗体属性。

【函数形式】QLabel（const Qstring &test, Qwidget *parent = 0, Qt::WindowFlags f = 0）；
【函数功能】标签部件类构造函数。
【使用说明】在构造标签部件的对象时，如需要指定标签部件的标题，可以使用该构造函数来完成对象的构造过程。它的第一个参数规定了标签部件被创建之后默认显示的文本。

【函数形式】void setAlignment（Qt::Alignment）；
【函数功能】设置对齐方式。
【使用说明】该函数可以将标签部件的内容按照指定的对齐方式进行显示。

【函数形式】QString text() const;
【函数功能】获取当前显示的文本。
【使用说明】该函数用于获取标签部件当前显示的文本。

(3) 标签部件提供的信号槽

为了与其他部件配合，标签部件提供了几个用于接收其他部件信号的槽函数。这些函数主要用于改变标签部件的显示内容。详述如下：

【槽的形式】void clear();
【槽的功能】清除显示内容。
【使用说明】该函数用于在信号发出后清除标签部件的显示内容。

【槽的形式】void setMovie（QMovie *movie）；
【槽的功能】显示动态画面。
【使用说明】该函数用于在标签部件上显示信号源指定的动态画面。

【槽的形式】void setNum（int num）；
　　　　　　void setNum（double num）；
【槽的功能】显示数字。
【使用说明】这两个函数用于在标签部件上显示信号源指定的数字。

【槽的形式】void setPicture（const QPicture &picture）；
　　　　　　void setPixmap（const QPixmap &pixmap）；
【槽的功能】显示图片。
【使用说明】这两个函数用于在标签部件上显示信号源指定的图片。

【槽的形式】void setText（QString &string）；
【槽的功能】显示文本。
【使用说明】该函数用于在标签部件上显示信号源指定的文本字符串。

(4) 标签部件的典型应用

标签部件对应的类名是 QLabel，定义一个 QLabel 类的对象即可创建一个标签部件。使用下面的代码可以在窗口上放置一个标签部件，并让其在屏幕上显示出来。

```
#include <QApplication>
#include <QLabel>
int main(int argc, char *argv[])
{
QApplication app(argc, argv);
QLabel screen("Hello, Qt World!");//创建一个标签部件,并让其显示一段文本
screen.show();                    //将标签部件显示出来
return app.exec();
}
```

标签部件的运行效果如图 4-3 所示。

2. 段码液晶部件

（1）段码液晶部件概述

段码液晶部件以类似于段码液晶的样式显示数字。它几乎可以以任意大小，以十进制、十六进制、八进制或二进制等多种进制方式来显示数字。利用段码液晶部件的 display()信号槽可以很方便地跟其他数据源部件绑定，用以显示数值信息。经过多次重载的 display()函数可以很容易地接收各种参数，以便用来显示不同的数字信息。用户可以通过 setMode()信号槽修改段码液晶部件显示的数字的进制格式，另外，还可以使用 setSmallDecimalPoint()信号槽来改变十进制模式下小数点的位置。使用 setNumDigits()函数可以设置段码液晶部件的显示范围，同时，小数点的位置将会影响段码液晶部件所能显示的数字范围。当程序要求段码液晶部件显示的数字超出它所能表示的范围时，将产生 overflow()信号。如果被设置为十六进制、八进制或二进制显示方式，那么小数将被变成等价的整数来显示。

图 4-3 标签部件效果图

段码液晶部件除了可以显示阿拉伯数字，还可以用于显示以下字符：O（与数字 0 相同），S（与数字 5 相同），负号，小数点，A，B，C，D，E，F，h，H，L，o，P，r，u，U，Y，冒号，引号和空格。其他不能显示的字符段码液晶部件将以空格代替。

（2）段码液晶部件提供的常用成员函数

【函数形式】QLCDNumber（uint numDigits, Qwidget *parent = 0）;

【函数功能】段码液晶部件类构造函数。

【使用说明】在构造段码液晶部件的对象时，可以通过 numDigits 指定段码液晶显示的数字的位数。

【函数形式】bool checkOverflow（double num） const;
　　　　　　bool checkOverflow（int num） const;

【函数功能】检查指定的值是否超出段码液晶部件的显示范围。

【使用说明】该函数有两种形式，分别接受 double 型和 int 型的数值。应用程序可以用它来检查某个特定的值是否会超出段码液晶的显示范围。如果超出可显示的范围，则返回 True；否则返回 False。应用程序需要根据反馈结果判断是否需要进一步操作。

【函数形式】int intValue() const;

【函数功能】返回显示数值的整数部分。

【使用说明】该函数可以返回段码液晶部件当前显示的值的整数部分。这个值也是作为十六进制、八进制或二进制显示的值。

【函数形式】Mode mode() const ;
【函数功能】查看当前的显示进制模式。
【使用说明】该函数用于检查段码液晶部件当前使用的进制模式。调用此函数后将返回表 4-9 所示的可选值中的一个。

表 4-9 段码液晶的显示模式

常　量	值	描　述
QLCDNumber::Hex	0	十六进制
QLCDNumber::Dec	1	十进制
QLCDNumber::Oct	2	八进制
QLCDNumber::Bin	3	二进制

【函数形式】int numDigits() const;
【函数功能】获取段码液晶当前显示的位数。
【使用说明】该函数可以返回当前段码液晶部件能够显示的数字的位数。另外，小数点将会影响位数的数值。当 smallDecimalPoint 为 False 的时候，小数点将占用一位。

【函数形式】SegmentStyle segmentStyle() const;
【函数功能】获取段码液晶的样式。
【使用说明】该函数可以返回段码液晶部件的显示样式。显示样式的可选值参考表 4-10。

表 4-10 段码液晶的显示样式

常　量	值	描　述
QLCDNumber::Outline	0	段码条纹以浮雕样式显示，并以背景色填充
QLCDNumber::Filled	1	段码条纹以浮雕样式显示，并以前景色填充
QLCDNumber::Flat	2	段码条纹以平板样式显示，并以前景色填充

【函数形式】void setMode（Mode）;
【函数功能】设置显示进制模式。
【使用说明】该函数可以设置段码液晶显示的进制模式。

【函数形式】void setNumDigits（int nDigits）;
【函数功能】设置段码液晶显示的位数。
【使用说明】该函数可以设置段码液晶显示的位数。注意，小数点将会影响实际显示的数字的位数。当 smallDecimalPoint 为 False 的时候，小数点将占用一位。

【函数形式】void setSegmentStyle（SegmentStyle）;
【函数功能】设置段码液晶的显示样式。
【使用说明】该函数可以设置段码液晶部件的显示样式。显示样式的可选值参考表 4-10。

【函数形式】bool smallDecimalPoint() const;
【函数功能】获取小数点的样式。
【使用说明】该函数返回 True 时表示小数点显示在两个数字之间，不单独占用一个位置，当返回 False 时表示小数点将占用一个显示位置。

【函数形式】double value() const;
【函数功能】获取段码液晶的当前值。
【使用说明】该函数用于获取段码液晶显示的当前值。

（3）段码液晶部件发出的信号

段码液晶部件仅当被要求显示超出它的表示范围的数字时，发出 overflow 信号。overflow 信号的详情如下：

【信号形式】void overflow();
【信号描述】段码液晶显示超范围信号。
【使用说明】当段码液晶被要求显示的数字超出自身范围时发出此信号。

（4）段码液晶部件提供的信号槽

【槽的形式】void display（const QString &s）;
　　　　　　void display（double num）;
　　　　　　void display（int num）;
【槽的功能】设置段码液晶部件的显示内容。
【使用说明】该信号槽用于设置段码液晶部件当前显示的内容。它有三种重载形式，分别可以接受字符串、双精度变量和整形变量的值。

【槽的形式】void setBinMode();
【槽的功能】设置显示方式为二进制模式。
【使用说明】该信号槽用于将段码液晶部件的显示方式修改为二进制模式。

【槽的形式】void setDecMode();
【槽的功能】设置显示方式为十进制模式。
【使用说明】该信号槽用于将段码液晶部件的显示方式修改为十进制模式。

【槽的形式】void setHexMode();
【槽的功能】设置显示方式为十六进制模式。
【使用说明】该信号槽用于将段码液晶部件的显示方式修改为十六进制模式。

【槽的形式】void setOctMode();
【槽的功能】设置显示方式为八进制模式。
【使用说明】该信号槽用于将段码液晶部件的显示方式修改为八进制模式。

【槽的形式】void setSmallDecimalPoint（bool）;
【槽的功能】设置小数点的样式。
【使用说明】该信号槽用于设置十进制模式下小数点的样式。当该信号槽的参数为 True 时，小数点显示在两个数字之间，不单独占用一个位置；当参数为 False 时，小数点将占用一个显示位置。

（5）段码液晶部件的典型应用

段码液晶部件对应的类名是 QLCDNumber，定义一个 QLCDNumber 类的对象即可创建一个段码液晶部件。使用下面的代码可以在窗口上放置一个段码液晶部件，并让其在屏幕上显示出来。

```
#include <QApplication>
#include <QLCDNumber>
int main(int argc, char *argv[])
{
QApplication app(argc, argv);
QLCDNumber screen(3);
screen.setSegmentStyle(QLCDNumber::Filled);
screen.display(159);
screen.setGeometry(100, 100, 100, 50);
screen.show();
return app.exec();
}
```

段码液晶部件的运行效果如图 4-4 所示。

3. 滑动条部件

（1）滑动条部件概述

滑动条部件提供了一个水平或垂直方向的滑动条，它是一个经典的部件，可以用来控制一个带有范围的数值。滑动条部件允许用户在水平或垂直方向上移动滑动条上的滑块，并将滑块在滑动条上的位置转换成一个对应设定范围内的整数。滑动条部件只提供了少量比较有用的函数：setValue()可以设置滑块的位置；

图 4-4 段码液晶部件效果图

triggerAction()可以仿真被单击的效果（可以用于快捷键操作）；setSingleStep()和 setPageStep()可以用于设置移动的步长；setMinimum()和 setMaximum()可以设置滑动条所代表的数值范围，或者，也可以使用 setRange()函数一次性指定它的数值范围的最小和最大值。

（2）滑动条部件提供的常用成员函数

【函数形式】QSlider（Qt::Orientation orientation, Qwidget *parent = 0）;

【函数功能】滑动条部件类构造函数。

【使用说明】在构造滑动条部件的对象时，可以通过 orientation 指定滑动条水平放置还是垂直放置。可选值有 Qt::Horizontal（表示水平放置）、Qt::Vertical（表示垂直放置）。

（3）滑动条部件发出的信号

滑动条部件类（QSlider）集成于 QAbstractSlider 类，QAbstractSlider 类是为实现滑动条、滚动条等部件所设计的一个基础类。滑动条部件所能发出的信号，全部来源于 QAbstractSlider 类。具体如下：

【信号形式】void actionTriggered（int action）;

【信号描述】滑动条动作改变信号。

【使用说明】当滑动条的动作发生改变时，将发出此信号。action 代表了发出此信号时滑动条进行的动作。action 代表的动作见表 4-11 的描述。

表 4-11 滑动条动作代码及描述

动 作	意 义
SliderSingleStepAdd	滑动条发生单步增加动作
SliderSingleStepSub	滑动条发生单步减少动作
SliderPageStepAdd	滑动条发生块增加动作

续表

动　作	意　义
SliderPageStepSub	滑动条发生块减少动作
SliderToMinimum	滑动条移动到最小
SliderToMaximum	滑动条移动到最大
SliderMove	滑动条发生移动

【信号形式】void rangeChanged（int min, int max）;
【信号描述】滑动条数值范围发生改变。
【使用说明】当滑动条的数值范围发生改变时，将发出此信号。min 和 max 分别代表了新的数值范围的最小和最大值。

【信号形式】void sliderMoved（int value）;
【信号描述】滑块被按下并被移动。
【使用说明】滑动条处于 sliderDown 状态并且滑块被移动时，将发出此信号。该信号通常发生在用户拖拽滑块的时候。value 代表了当前滑块的位置所代表的值。

【信号形式】void sliderPressed();
【信号描述】滑块被按下。
【使用说明】滑动条处于 sliderDown 状态时，将发出此信号。通常该信号表示滑块被鼠标按下，或者其他程序调用了 setSliderDown（True）。

【信号形式】void sliderReleased();
【信号描述】滑块抬起。
【使用说明】滑动条的 sliderDown 状态变为 False 时，将发出此信号。通常该信号表示滑块被鼠标释放，或者其他程序调用了 setSliderDown（False）。

【信号形式】void valueChanged（int value）;
【信号描述】滑动条的值发生变化。
【使用说明】滑动条的值发生变化时，将发出此信号。value 代表了当前滑动条的值。

（4）滑动条部件提供的信号槽

滑动条部件类的信号槽全部集成自 QAbstractSlider 类。提供了用于改变自身状态和行为的方法。详细如下：

【槽的形式】void setOrientation（Qt::Orientation orientation）;
【槽的功能】改变滑动条的外观。
【使用说明】该信号槽用于修改滑动条的外观，orientation 表示了修改后的外观样式。

【槽的形式】void setValue（int value）;
【槽的功能】改变滑动条的数值。
【使用说明】该信号槽用于修改滑动条的值（即滑块的位置），value 指定了新的值。

（5）滑动条部件的典型应用

滑动条部件对应的类名是 QSlider，定义一个 QSlider 类的对象即可创建一个滑动条部件。使用下面的代码可以在窗口上放置一个滑动条部件，并让其在屏幕上显示出来。

```
#include <QApplication>
#include <QSlider>
int main(int argc, char *argv[])
{
 QApplication app(argc, argv);
 QSlider screen(Qt::Vertical);          //创建一个垂直方向的滑动条
 screen.setRange(0, 100);               // 设置滑动条的数值范围
 screen.setValue(50);                   // 设置滑动条当前值
 screen.setGeometry(100, 100, 50, 100);
 screen.show();
 return app.exec();
}
```

滑动条部件的运行效果如图 4-5 所示。

4. 表盘部件

（1）表盘部件概述

表盘部件提供了一个圆形的数值范围控制部件，它看起来就像是一个汽车里使用的速度罗盘。它经常被用于需要在某个范围内对一个值进行调整的场合（类似滑动条部件），并且它的数值指示器可以绕成一个圆形。与滑动条部件类似，表盘部件也继承自 QAbstractSlider。这意味着，表盘部件与滑动条部件拥有相似的行为，只是在视觉效果上不一样，一个是将标尺绕成圆形，一

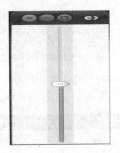

图 4-5　滑动条部件效果图

个是直线。特别的，当表盘部件的 wrapping 属性为 False 时，它看起来跟滑动条部件没有任何区别。它们具有相同的信号、信号槽和成员函数。至于到底需要使用滑动条部件还是表盘部件，仅取决于应用程序的界面布局。

由于表盘部件与滑动条部件的相似性，这里不再详细介绍表盘部件的用法，只介绍它与滑动条部件不同的一个函数：

【函数形式】void setWrapping（bool on）；

【函数功能】修改表盘部件的样式。

【使用说明】当 on 为 True 时，表盘部件的标尺以圆形被绘制，看起来就像汽车上的速度罗盘；当 on 为 False 时，表盘部件看起来跟滑动条部件一模一样。

（2）表盘部件的典型应用

表盘部件对应的类名是 QDial，定义一个 QDial 类的对象即可创建一个表盘部件。使用下面的代码可以在窗口上放置一个表盘部件，并让其在屏幕上显示出来。

```
#include<QApplication>
#include <QDial>
 int main(int argc, char *argv[])
 {
QApplication app(argc, argv);
QDialscreen;
screen.setRange(32, 212);
```

```
screen.setValue(50);
screen.setNotchesVisible(true);
screen.show();
return app.exec();
}
```

表盘部件的运行效果如图 4-6 所示。

5. 布局管理器

Qt 的布局管理器提供了一种简单但是有效的部件管理机制。使用 Qt 的布局管理器可以：定位部件的位置；为窗口提供默认大小信息；为窗口提供最小尺寸信息；在窗口大小发生变化时及时调整各个部件；当内容发生变化时自动更新内容；控制部件的字体大小、内容发生变化；显示或隐藏一个部件；移除一个部件。

Qt 提供了一些用于布局的 C++类，主要包括：QHBoxLayout、QVBoxLayout 和 QGridLayout 等。利用这些类用户可以方便地对部件进行布局管理。

（1）QHBoxLayout（水平布局管理器）

QHBoxLayout 类提供了水平布局管理器的功能。利用这个类，可以将部件按照水平方向依次排列，如图 4-7 所示。

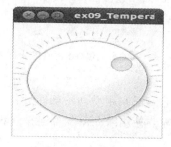

图 4-6　表盘部件效果图

图 4-7　水平布局管理器效果图

在使用水平布局管理器时，最重要的是利用 addWidget()函数将需要布局的部件添加到水平布局管理器的管理范围内。addWidget()函数的详细描述如下：

【函数形式】void addWidget（QWidget *w）；

【函数功能】添加部件到布局管理器。

【使用说明】必须使用该函数将部件添加至布局管理器。

布局管理器还应该附属于某个容器部件。一般情况下，布局管理器与应用程序的主窗体相关联，表示当主窗体显示的时候，布局管理器也同时显示，并开始工作。使用 setLayout()可以设置当前主窗体部件所使用的布局管理器。该函数的详细描述如下：

【函数形式】void QWidget::setLayout（QLayout *layout）；

【函数功能】设置某个部件使用指定的布局管理器。

【使用说明】一般情况下至少需要为主窗体部件关联一个布局管理器。

使用水平布局管理器的范例代码如下：

```
#include <QWidget>
#include <QApplication>
#include <QPushButton>
```

```cpp
#include <QHBoxLayout>
// 自定义类,重载自 QWidget,用于构建主窗体
class MyScreen : public QWidget
{
public:
MyScreen();
~MyScreen() {};
private:
void createScreen();
 QPushButton *m_PushButton[5];        // 主窗体上的五个按钮
 QHBoxLayout *m_Layout;               // 主窗体使用的布局管理器
 };
MyScreen::MyScreen() : QWidget()
{
 createScreen(); // 在构造函数中创建各个子部件
 }
void MyScreen::createScreen()
 {
 int i;
 m_Layout = new QHBoxLayout; // 创建水平部件管理器
 for(i = 0; i < 5; i++)
 {
 m_PushButton[i] = new QPushButton(QString("Button") + QString::number(i));
 // 创建按钮
 m_Layout->addWidget(m_PushButton[i]); // 将按钮添加到水平布局管理器内
 }
setLayout(m_Layout); // 设置主窗体的布局管理器
 }
 // 应用程序入口
int main(int argc, char *argv[])
 {
 QApplication app(argc, argv);
 MyScreen screen;              //利用自定义类创建主窗体
 screen.show();                //将主窗体显示出来
 return app.exec();
 }
```

(2) QVBoxLayout (垂直布局管理器)

QVBoxLayout 类提供了垂直布局管理器的功能。利用这个类,可以将部件按照垂直方向依次排列,如图 4-8 所示。

垂直布局管理器的使用方法与水平布局管理器的使用方法类似,在创建垂直布局管理器之后,利用 addWidget()函数将部件添加至布局管理器内,最后使用 setLayout()函数将其设置成主窗体部件所使用的布局管理器即可,这里不再详细描述。

图 4-8 垂直布局管理器效果图

使用垂直布局管理器的范例代码如下：

```cpp
#include <QWidget>
#include<QApplication>
#include<QPushButton>
#include <QVBoxLayout>
 // 自定义类,重载自 QWidget,用于构建主窗体
class MyScreen : public QWidget
{
 public:
 MyScreen();
 ~MyScreen() {};
private:
void createScreen();
QPushButton *m_PushButton[5];//主窗体上的五个按钮
QVBoxLayout *m_Layout;        //主窗体使用的布局管理器
 };
MyScreen::MyScreen() : QWidget()
{
createScreen();              //在构造函数中创建各个子部件
}
void MyScreen::createScreen()
{
int i;
m_Layout = new QVBoxLayout;// 创建垂直部件管理器
for(i = 0; i < 5; i++)
{
 m_PushButton[i] = new QPushButton(QString("Button") + QString::number(i));
 // 创建按钮
m_Layout->addWidget(m_PushButton[i]); // 将按钮添加到垂直布局管理器内
}
 setLayout(m_Layout);         //设置主窗体的布局管理器
}
// 应用程序入口
int main(int argc, char *argv[])
 {
QApplication app(argc, argv);
MyScreen screen;             //利用自定义类创建主窗体
screen.show();               //将主窗体显示出来
return app.exec();
}
```

（3）QGridLayout（栅格布局管理器）

QGridLayout 类提供了栅格布局管理器的功能。利用这个类，可以将部件按照类似棋盘的栅格的形式依次排列，如图 4-9 所示。

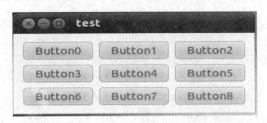

图 4-9 栅格布局管理器效果图

栅格布局管理器提供了比水平布局管理器和垂直布局管理器更丰富和灵活的布局管理功能。它把空间按照行和列拆分为多个网格,并将部件放入相应的网格里。

用户可以很容易地控制行和列的行为。这里将以列为例讨论用户可以控制的行为,对行的控制与之对应。每一列都可以设置一个最小宽度和伸长因子。最小宽度规定了所有处于这一列中的部件的最小宽度,可以通过setColumnMinimumWIdth()函数来设置;伸长因子规定了所有处于这一列中的部件最大可以伸长到最小宽度的多少倍,可以通过 setColumnStretch()函数来设置。

通常,可以使用 addWidget()将一个部件或其他的布局管理器放置在栅格中的一个单元格内。用户也可以让某个部件占据多个单元格的位置。使用经过重载的 addWidget()函数,用户可以设置当前添加的部件跨越几行几列。可以使用remove()函数将一个部件从栅格中删除,或者使用 hide()将某个部件隐藏起来,也可以达到像删除一样的效果,并且在适当的时候还可以使用 show()函数令其重新显示出来。 栅格布局管理器的常用函数如下:

【函数形式】void addWidget(QWidget *w, int row, int column, Qt::Alignment alignment = 0);

【函数功能】添加部件到布局管理器。

【使用说明】该函数可以向第 row 行,第 column 列的单元格里添加一个部件。alignment 可以指定部件在单元格内的对齐方式,可选值参考表 4-12。

表 4-12 对齐方式对照表

常 量	值	描 述
Qt::AlignLeft	0x0001	左对齐
Qt::AlignRight	0x0002	右对齐
Qt::AlignHCenter	0x0004	水平居中对齐
Qt::AlignJustify	0x0008	使内容适应显示区域

【函数形式】void addWidget(QWidget *w, int fromRow, int fromColumn, int rowSpan,
　　　　　　　　　　int columnSpan, Qt::Alignmentalignment = 0);

【函数功能】添加部件到布局管理器。

【使用说明】该函数可以向第 row 行,第 column 列的单元格里添加一个部件,并且部件占用的空间将横跨 columnSpan 个列,纵跨 rowSpan 个行,alignment 可以指定部件在单元格内的对齐方式,可选值参考表 4-12。

【函数形式】void addLayout(QLayout *layout, int row, int column,
　　　　　　　　　　Qt::Alignment alignment = 0);

【函数功能】添加其他的布局管理器到栅格布局管理器。

【使用说明】该函数可以向第 row 行,第 column 列的单元格里添加一个布局管理器。

alignment 可以指定布局管理器在单元格内的对齐方式，可选值参考表 4-12。

【函数形式】void addLayout （QLayout *layout, int fromRow, int fromColumn,int rowSpan, int columnSpan, Qt::Alignment alignment = 0）；

【函数功能】添加其他的布局管理器到栅格布局管理器。

【使用说明】该函数可以向第 row 行，第 column 列的单元格里添加一个布局管理器，并且布局管理器占用的空间将横跨 columnSpan 个列，纵跨 rowSpan 个行，alignment 可以指定部件在单元格内的对齐方式，可选值参考表 4-12。使用栅格布局管理器的范例代码如下。

```cpp
#include <QWidget>
#include <QApplication>
#include <QPushButton>
#include <QGridLayout>
// 自定义类，重载自 QWidget,用于构建主窗体
class MyScreen : public QWidget
{
 public:
 MyScreen();
 ~MyScreen() {};
 private:
 void createScreen();
 QPushButton *m_PushButton[9];       //主窗体上的九个按钮
 QGridLayout *m_Layout;              //主窗体使用的布局管理器
};
MyScreen::MyScreen() : QWidget()
 {
 createScreen();                     //在构造函数中创建各个子部件
 }
void MyScreen::createScreen()
 {
int i;
m_Layout = new QGridLayout;          //创建栅格布局管理器
for(i = 0; i < 9; i++)
 {
m_PushButton[i] = new QPushButton(QString("Button") + QString::number(i));
 // 创建按钮
m_Layout->addWidget(m_PushButton[i], i / 3, i % 3);
 // 将按钮添加到栅格布局管理器内
 }
 setLayout(m_Layout);                //设置主窗体的布局管理器
 }
 int main(int argc, char *argv[])
```

```
{
QApplication app(argc, argv);
MyScreen screen;            //利用自定义类创建主窗体
screen.show();              //将主窗体显示出来
return app.exec();
}
```

6. 本实验的实验原理

在本实验中，需要实现温度转换计的界面，并实现摄氏温度与华氏温度之间的关联，使二者中的一个发生变化时另外一个可以随之变化。

本实验共计使用了 7 个部件，其布局如图 4-10 所示。

可以使用水平布局管理器和垂直布局管理器混合的方式来实现这种布局。在本实验中，我们使用栅格布局管理器来实现。由于界面中有些部件并不是占据一个栅格中的一个单元格，所以，需要将布局简单拆分一下，如图 4-11 所示。

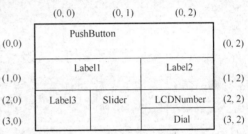

图 4-10 温度转换器界面布局图　　　图 4-11 温度转换器界面布局拆分图

可以看到，PushButton 占据了 3 个单元格，以（0, 0）单元格起始；Label1 占据了 2 个单元格，以（1, 0）单元格起始，依此类推。所以，使用栅格布局管理器可以使用下面的示例代码完成应用程序布局。

```
// PushButton 从单元格(0, 0)开始,横跨 3 个单元格
m_Layout->addWidget(m_PushButton, 0, 0, 1, 3);
// Label1 从单元格(1, 0)开始,横跨 2 个单元格
m_Layout->addWidget(m_Label1, 1, 0, 1, 2);
// Label2 从单元格(1, 2)开始
m_Layout->addWidget(m_Label2, 1, 2);
// Label3 从单元格(2, 0)开始,纵越 2 个单元格
m_Layout->addWidget(m_Label3, 2, 0, 2, 1);
// Slider 从单元格(2, 1)开始,纵越 2 个单元格
m_Layout->addWidget(m_Slider, 2, 1, 2, 1);
// LCDNumber 从单元格(2, 2)开始
m_Layout->addWidget(m_LCDNumber, 2, 2);
// Dial 从单元格(3, 2)开始
m_Layout->addWidget(m_Dial, 3, 2);
```

摄氏温度与华氏温度之间的转换关系为：摄氏温度=（华氏温度-32）×5÷9。

当滑动条发生变化时，要求 Label3 可以显示当前的摄氏温度值，所以，需要将滑动条的

valueChanged 信号与 Label3 的 setNum 信号槽关联，示例代码如下。

```
connect(m_Slider,SIGNAL(valueChanged(int)),m_Label3,SLOT(setNum(int)));
```

同样，当表盘发生变化时，要求 LCDNumber 可以显示当前的华氏温度值，所以，需要将表盘的 valueChanged 信号与 LCDNumber 的 display 信号槽关联，示例代码如下。

```
connect(m_Dial,SIGNAL(valueChanged(int)),m_LCDNumber,SLOT(display(int)));
```

同时，当滑动条发生变化时，还需要让表盘相应地发生变化。为了可以实现摄氏温度向华氏温度的转换，需要为窗体实现一个自定义的信号槽，用来接收滑动条的 valueChanged 信号，并将摄氏温度转换成华氏温度，并反映到表盘上。信号槽的实现如下。

```
void MyWid::celToFah(int celNum)
{
int fahNum = (celNum * 9 / 5) + 32;      // 将摄氏温度值转换为华氏温度值
m_Dial->setValue(fahNum);                 // 让表盘显示对应的华氏温度
m_LCDNumber->display(fahNum);             // 让 LCDNumber 的显示结果同时发生变化
}
```

另外，还需要在类的定义中声明该函数为信号槽函数。

```
public slots:
void celToFah(int celNum);
```

类似的，当表盘发生变化时，还需要使滑动条同时变化，以便实现华氏温度值向摄氏温度值的转换。该自定义信号槽的实现如下。

```
void MyWid::fahToCel(int fahNum)
{ int celNum = (fahNum - 32) * 5 / 9;    //将华氏温度值转换为摄氏温度值
 m_Slider->setValue(celNum);              //让滑动条显示对应的摄氏温度
 m_Label3->setNum(celNum);                //让 Label3 的显示结果同时发生变化
}
```

同样，该函数也需要声明为信号槽函数。

```
public slots:
void celToFah(int celNum);
void fahToCel(int fahNum);
```

最后，使用 connect 函数将这两个信号槽分别与滑动条和表盘关联。

```
connect(m_SliderSIGNAL(valueChanged(int)),this,SLOT(celToFah(int)));
connect(m_Dial, SIGNAL(valueChanged(int)), this, SLOT(fahToCel(int)));
```

【实验步骤】

（1）将实验箱的串口和网线连接到 PC，硬件连接如图 4-12 所示。

项目四 智能车位管理系统设计

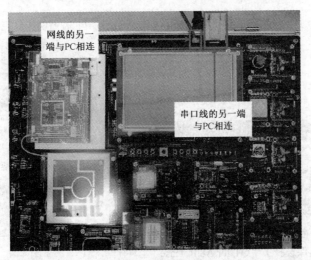

图 4-12 Qt 的硬件连接

（2）将光盘中附带的本实验的范例代码 "ex09_Temperature" 文件夹复制到 Ubuntu 系统中。

（3）在 "ex09_Temperature" 文件夹中找到 "ex09_Te（3，2）mperature.pro" 文件，如图 4-13 所示。

图 4-13 工程文件

（4）双击 "ex09_Temperature.pro"，打开工程，在弹出的 "Project setup" 页面中，确保 "QT for A8" 已经被选中，如图 4-14 所示。

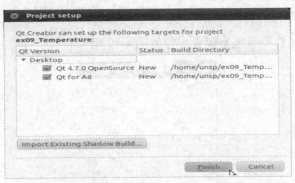

图 4-14 确保 "QT for A8" 已经选中

（5）在左下角的编译选择中，选择 "QTfor A8 Release"，如图 4-15 所示。

· 207 ·

（6）单击图4-16所示的左下角的"Build All"按钮，即可开始编译实验箱运行的版本。

图4-15　确保选择了"QT for A8 Release"　　　　图4-16　单击编译按钮

（7）当看到编译选择按钮上方的进度条变成绿色，即表示编译完成，如图4-17所示。

（8）在工程的保存目录中，可以找到一个名为"ex09_Temperature-build-desktop"的文件夹，如图4-18所示。编译生成的可执行程序"ex09_Temperature"即在此文件夹中。

图4-17　编译完成　　　　　　　图4-18　目标文件夹

（9）将"ex09_Temperature-build-desktop"文件夹中的"ex09_Temperature"文件复制到Windows下，并按照实验一中下载程序的方法，下载到实验箱。

（10）在超级终端中，为"ex09_Temperature"添加可执行权限，并运行它；

```
chmod +x ex09_Temperature
./ex09_Temperature
```

（11）运行后在LCD屏幕观察现象，应如图4-19所示。

图4-19　温度QT程序的界面

任务二 ARM 汇编语言伪指令和程序设计

知识 1 符号、数据和过程定义伪指令

在 ARM 的汇编程序中，有以下几种伪指令：符号定义伪指令、数据定义伪指令、汇编控制伪指令、宏指令以及其他伪指令。

一、符号定义伪指令

符号定义伪指令用于定义 ARM 汇编程序中的变量、对变量赋值以及定义寄存器的别名等，有如下几种：

用于定义局部变量的 LCLA、LCLL 和 LCLS。
用于定义全局变量的 GBLA、GBLL 和 GBLS。
用于对变量赋值的 SETA、SETL 和 SETS。
为通用寄存器列表定义名称的 RLIST。

1. LCLA、LCLL 和 LCLS（定义局部变量）

语句格式：LCLA/LCLL/LCLS 局部变量名

LCLA、LCLL 和 LCLS 伪指令用于定义一个汇编程序中的局部变量并初始化。这 3 条伪指令用于声明局部变量，在其局部作用范围内变量名必须唯一，例如在宏内。其中：LCLA 定义一个局部的数字变量，初始化为 0；LCLL 定义一个局部的逻辑变量，初始化为 F；LCLS 定义一个局部的字符串变量，初始化为空串。例如：

```
LCLA num1              ;定义一个局部数字变量,变量名为 num1
LCLL I2                ;定义一个逻辑变量,变量名为 I2
LCLS str3              ;定义一个字符串变量,变量名为 str
3num1 SETA 0xabcd      ;将该变量赋值为 0xabcd
I2 SETL{FALSE}         ;将该变量赋值为真
str3 SETS"HELLO"       ;将变量赋值为 "HELLO"
```

2. GBLA、GBLL 和 GBLS（定义全局变量）

语句格式：GBLA/GBLL/GBLS 变量名

GBLA、GBLL 和 GBLS 定义一个汇编程序中的全局变量并初始化。这 3 条伪指令用于定义全局变量，因此在整个程序范围内变量名必须唯一。其中：GBLA 定义一个全局数字变量，并初始化为 0；GBLL 定义一个全局逻辑变量，并初始化为 F；GBLS 定义一个全局字符串变量，并初始化为空串。

3. SETA、SETL 和 SETS（对变量赋值）

语句格式：变量名 SETA/SETL/SETS 表达式

格式中的变量名必须为已经定义过的全局或局部变量，表达式为将要赋给变量的值。其中：SETA：给一个数字变量赋值；SETL：给一个逻辑变量赋值；SETS：给一个字符串变量赋值。

4. RLIST（为一个通用寄存器列表定义名称）

语句格式：名称 RLIST {寄存器列表}

RLIST 可用于对一个通用寄存器列表定义名称，该名称可在 ARM 指令 LDM/STM 中使用。在 LDM/STM 指令中，列表中的寄存器为根据寄存器的编号由低到高访问次序，与列表中的寄存器排列次序无关。例如：

```
pblock RLIST {R0-R3,R7,R5,R9}    ;将寄存器列表名称定义为pblock,可在ARM指令
                                 ;LDM/STM 中通过该名称访问寄存器列表
```

二、数据定义伪指令

数据定义伪指令为数据分配存储单元，同时初始化。

1. DCB（字节分配）

语句格式：标号 DCB 表达式

分配一块字节单元并用伪指令中指定的表达式进行初始化。表达式可以为使用双引号的字符串或 0~255 的数字。例如：

```
Array1 DCB 1,2,3,4,5              ;数组
str1 DCB "Your are welcome!"      ;构造字符串并分配空间
```

2. DCW/DCWU 半字（2 字节）分配

语句格式：标号 DCW/DCWU 表达式

DCW 分配一段半字存储单元并用表达式值初始化，它定义的存储空间是半字对齐的。DCWU 功能与 DCW 类似，只是分配的字存储单元不严格半字对齐。例如：

```
Arrayw1 DCW 0xa,-0xb,0xc,-0xd;构造固定数组并分配半字存储单元
```

3. DCD/DCDU 字（4 字节）分配

语句格式：标号 DCD/DCDU 表达式

DCD 伪指令用于分配一块字存储单元并用伪指令中指定的表达式初始化，它定义的存储空间是字对齐的。例如：

```
Arrayd1 DCD 1334,234,345435       ;构造固定数组并分配字为单元的存储单元
Label DCD str1                    ;该字单元存放 str1 的地址
```

4. DCQ/DCQU 8（个字节分配）

语句格式：标号 DCQ/DCQU 表达式

DCQ 用于分配一块以 8 个字节为单位的存储区域并用伪指令中指定的表达式初始化，它定义的存储空间是字对齐的。DCQU 功能与 DCQ 类似，只是分配的存储单元不严格字对齐。例如：

```
Arrayd1 DCQ 234234,98765541       ;构造固定数组并分配字为单元的存储空间
```

注意：DCQ 不能给字符串分配空间。

5. DCFD/DCFDU（单精度浮点数分配）

语句格式：标号 DCFD/DCFDU 表达式

DCFD 用于为双精度的浮点数分配一片连续的字存储单元并用伪指令中指定的表达式初始化，它定义的存储空间是字对齐的。每个双精度的浮点数占据两个字单元。DCFDU 功能与 DCFD 类似，只是分配的存储单元不严格字对齐。例如：

```
Arrayf1 DCFD 6E2
Arrayf2 DCFD 1.23,1.45
```

6. DCFS/DCFSU（双精度浮点数分配）

语句格式：标号 DCFS/DCFSU 表达式

DCFS 用于为单精度的浮点数分配一片连续的字存储单元并用表达式初始化，它定义的存储空间是字对齐的。每个单精度浮点数使用一个字单元。DCFSU 功能与 DCFS 类似，只是分配的存储单元不严格字对齐。例如：

```
Arrayf1 DCFS 6E2,-9E-2,-.3
Arrayf2 DCFSU 1.23,6.8E9
```

7. SPACE（分配一块连续的存储单元）

语句格式：标号 SPACE 表达式

SPACE 用于分配一片连续的存储区域并初始化为 0，表达式为要分配的字节数。例如：

```
freespace SPACE 1000    ;分配1000字节的存储空间
```

8. MAP（定义一个结构化的内存表首地址）

语句格式：MAP 表达式,[基址寄存器]

MAP 定义一个结构化的内存表的首地址。此时，内存表的位置计数器{VAR}（汇编器的内置变量）设置成该地址值。表达式可以为程序中的标号或数学表达式，基址寄存器为可选项，当基址寄存器选项不存在时，表达式的值即为内存表的首地址，当该选项存在时，内存表的首地址为表达式的值与基址寄存器的和。MAP 可以与 FIELD 伪操作配合使用来定义结构化的内存表。例如：

```
MAP 0x130,R2    ;内存表首地址为0x130+R2
```

9. FIELD（定义一个结构化的内存表的数据域）

语句格式：标号 FIELD 字节数

FIELD 用于定义一个结构化内存表中的数据域。FIELD 常与 MAP 配合使用来定义结构化的内存表：FIELD 伪指令定义内存表中的各个数据域，MAP 则定义内存表的首地址，并为每个数据域指定一个标号以供其他的指令引用。需要注意的是 MAP 和 FIELD 伪指令仅用于定义数据结构，并不分配存储单元。例如：

```
MAP 0xF10000    ;定义结构化内存表首地址为0xF10000
count FIELD 4   ;定义count的长度为4字节,位置0xF1000+0xFIELD 4
                ;定义x的长度为4字节,位置为0xF1004
```

```
y FIELD 4            ;定义y的长度为4字节,位置为0xF1008
```

三、过程定义伪指令

在程序设计中，常把具有一定功能的程序设计成一个过程，过程可以是主程序也可以是被调用的子程序。

语句格式：过程名 PROC {类型}

......

过程名 ENDP

其中，类型为 NEAR 或 FAR。NEAR 表示段内调用，CS 不变，调用时只返回地址的偏移地址，即 IP 入栈；FAR 表示段间调用，CS 改变，调用时返回地址的段地址（即 CS 和 IP）都需要入栈，CS 在前，IP 在后。

知识 2　汇编控制和其他伪指令

一、汇编控制伪指令

汇编控制伪指令指引汇编程序的执行流程。

1. MACRO 和 MEND 宏定义的开始与结束

语句格式：MACRO [$标号] 宏名 [$参数1, $参数2，……]指令序列
　　　　　MEND

其中，$标号在宏指令被展开时，标号可被替换成相应的符号（在一个符号前使用$，表示程序在汇编时将使用相应的值来替代$后的符号），"$参数 1"为宏指令的参数，当宏指令被展开时将被替换成相应的值，类似于函数中的形式参数。

2. IF、ELSE 和 ENDIF 条件汇编控制

语句格式：IF 逻辑表达式
　　　　　　代码段 1
　　　　　ELSE
　　　　　　代码段 2
　　　　　ENDIF

此结构能根据逻辑表达式的成立与否决定是否在编译时加入某个指令序列。 IF、ELSE 和 ENDIF 分别可以用 "[" , "|" , "]" 代替。如果 IF 后面的逻辑表达式为真，则编译代码段 1，否则编译代码段 2。ELSE 及代码段 2 也可以没有，这时，当 IF 后面的逻辑表达式为真时，则执行代码段 1，否则继续编译后面的指令。

3. WHILE 和 WEND

语句格式：WHILE 逻辑表达式
　　　　　　代码段
　　　　　WEND

WHILE 和 WEND 伪指令能根据逻辑表达式的成立与否决定是否循环执行这个代码段。当 WHILE 后面的逻辑表达式为真时，则执行代码段；该代码段执行完毕后，再判断逻辑表达式的值，若为真则继续执行，一直到逻辑表达式的值为假。

例如：

```
GBLA num              ;声明全局的数字变量 num
num SETA 9            ;由 num 控制循环次数
…
WHILE num>0
sub r0,r0,1
add r1,r1,1
WEND
```

4. MACRO、MEND 宏定义指令

语句格式：$标号

宏名

$参数 1，$参数 2，……

代码段

MEND

MACRO、MEND 伪指令可以将一段代码定义为一个整体，称为宏指令，然后就可以在程序中通过宏指令多次调用该段代码。其中，$标号在宏指令被展开时，标号会被替换为用户定义的符号，宏指令可以使用一个或多个参数，当宏指令被展开时，这些参数被相应的值替换。宏指令的使用方式和功能与子程序有些相似，子程序可以提供模块化的程序设计、节省存储空间并提高运行速度。但在使用子程序结构时需要保护现场，从而增加了系统的开销；因此，在代码较短且需要传递的参数较多时，可以使用宏指令代替子程序。包含在 MACRO 和 MEND 之间的指令序列称为宏定义体，在宏定义体的第一行应声明宏的原型（包含宏名、所需的参数），然后就可以在汇编程序中通过宏名来调用该指令序列。在源程序被编译时，汇编器将宏调用展开，用宏定义中的指令序列代替程序中的宏调用，并将实际参数的值传递给宏定义中的形式参数。

MACRO、MEND 伪指令可以嵌套使用。

5. MEXIT

语法格式：MEXIT

MEXIT 用于从宏定义中跳转出去。

二、其他伪指令

在汇编程序中经常会使用一些其他的伪指令，详述如下。

1. ASSERT

语句格式：ASSERT 逻辑表达式

ASSERT 用来表示程序的编译必须满足一定的条件，如果逻辑表达式不满足，则编译器会报错，并终止汇编。例如：

```
ASSERT ver>7;保证 ver>7
```

2. AREA

语句格式： AREA 段名 属性，……

AREA 用于定义一个代码段、数据段或者特定属性的段。如果段名以数字开头，那么该段名须用"|"字符括起来，如|7wolf|，用 C 的编译器产生的代码一般也用"|"括起来。属性部分表示该代码段/数据段的相关属性，多个属性可以用半角逗号分隔。

常见属性如下：

（1）DATA：定义数据段，默认属性是 READWRITE。

（2）CODE：定义代码段，默认属性是 READONLY。

（3）READONLY：表示本段为只读。

（4）READWRITE：表示本段可读写。

（5）ALIGN=表达式，表示段的对齐方式为 2 的表达式次方字节对齐，例如：表达式=3，则对齐方式为 8 字节对齐。表达式的取值范围为 0~31。

（6）COMMON 属性：定义一个通用段，这个段不包含用户代码和数据。

3. ALIGN

语句格式： ALIGN [表达式，[偏移量]]

ALIGN 伪操作可以通过填充字节使当前的位置满足一定的对齐方式。表达式的值为 2 的幂，如 1、2、4、8、16 等，用于指定对齐方式。如果伪操作中没有指定表达式，则编译器会将当前位置对齐到下一个字的位置。偏移量也是个数字表达式，如果存在偏移量，则当前位置自动对齐到 2 的表达式值次方＋偏移量。例如：

```
AREA ||.data||,DATA,READWRITE,ALIGN=2
```

4. CODE16/CODE32

语句格式： CODE16/CODE32

如果在汇编源代码中同时包含 Thumb 和 ARM 指令时，可以用"CODE32"通知编译器后的指令序列为 32 位的 ARM 指令，用"CODE16"伪指令通知编译器后的指令序列为 16 位的 Thumb 指令。CODE16/CODE32 不能对处理器进行状态的切换。例如：

```
CODE32   ; 32 位的 ARM 指令
AREA ||.text||,CODE,READONLY
…
LDR R0,＝0x8500;
BX R0     ;程序跳转,并将处理器切换到 Thumb 状态
…
CODE16   ;16 位的 Thumb 指令
ADD R3,R3,1
END      ;源文件结束
```

5. ENTRY

语句格式：ENTRY

ENTRY 用于指定汇编程序的入口。在一个完整的汇编程序中至少要有一个 ENTRY，也可以有多个，此时，程序的真正入口点可在链接时指定，但在一个源文件里最多只能有一个 ENTRY 或者没有 ENTRY。

6. END

语句格式：END

END 告诉编译器已经到了源程序的结尾。

7. EQU

语句格式：名称 EQU 表达式，[类型]

EQU 用于将程序中的数字常量、标号、基于寄存器的值赋予一个等效的名称，可用 "*" 代替 EQU。如果表达式为 32 位的常量，我们可以指定表达式的数据类型，类型域可以有 3 种：CODE16/CODE32/DATA。例如：

```
num1 EQU 1234                ;定义 num1 为 1234
addr5 EQU str1+0x50
d1 EQU 0x2400,CODE32         ;定义 d1 的内容为 0x2400,且该处为 32 位的 ARM 指令
```

8. EXPORT/GLOBAL

语句格式：EXPORT/GLOBAL 标号，[WEAK]

EXPORT 在程序中声明一个全局标号，其他文件中的代码可以被该标号引用。用户也可以用 GLOBAL 代替 EXPORT。[WEAK]可选项声明其他文件有同名的标号，则该同名标号优先于本文件标号被引用。例如：

```
AREA ||.text||,CODE,READONLY
main PROC
...
ENDP
EXPORT main  ;声明一个可全局引用的函数 main
...
END
```

9. IMPORT

语句格式：IMPORT 标号，[WEAK]

其作用是告诉编译器，这个标号要在当前源文件中使用，但标号是在其他的源文件中定义的。[WEAK]：如果所有的源文件都没有找到这个标号的定义，编译器也不会提示错误信息，同时编译器也不会到当前没有被包含进来的库中去查找该符号。

使用 IMPORT 表示符号是在其他源文件中定义的。如果链接器在链接处理时不能解析该符号，而且 IMPORT 操作中没有指定[WEAK]选项，则链接器将会报告错误。如果链接器在链接处理时不能解析该符号，而 IMPORT 伪操作中指定了[WEAK]选项，则链接器不会报告错误，而是进行下面的操作：如果该符号被 B 或 BL 指令引用，则该符号被设置成下一条指令的地址，该 B 或者 BL 指令相当于一条 NOP 指令。例如 "B sign" 中的 "sign" 不能被解析，则该指令被忽略为 NOP 指令，继续执行下面的指令，也就是将 sign 理解为下一条指令的地址。其他情况下该符号被设置为 0。例如：

```
AREA mycode,CODE,READONLY
IMPORT _ printf ;通知编译器当前文件要引用函数_ printf
```

```
...
END
```

10. EXTERN

语句格式：EXTERN 标号, [WEAK]

其作用是告诉编译器，标号要在当前源文件中引用，但是该标号是在其他的源文件中定义的。与 IMPORT 不同的是，如果当前源文件实际上没有引用该标号，该标号就不会被加入到当前文件的符号表中。例如：

```
AREA ||.text||,CODE,READONLY
...
EXTERN _printf,WEAK    ;告诉编译器当前文件要引用标号,如果找不到,则不提示错误……
END
```

11. GET/INCLUDE

语句格式：GET 文件名

GET 将一个源文件包含到当前的源文件中，并将被包含的源文件在当前位置展开进行汇编处理。INCLUDE 和 GET 的作用是等效的。

使用方法：在某源文件中定义一些宏指令，用 MAP 和 FIELD 定义结构化的数据类型，用 EQU 定义常量的符号名称，然后用 GET/INCLUDE 将这个源文件包含到其他的源文件中。使用方法与 C 语言中的"#include"相似。GET/INCLUDE 只能用于包含源文件，包含其他文件则需要使用 INCBIN 伪指令。例如：

```
AREA mycode,DATA,READONLY
GET E:\code\prog1.s      ;通知编译器在当前源文件包含源文件 E:\code\ prog1.s
GET prog2.s              ;通知编译器当前源文件包含可搜索目录下的prog2.s
...
END
```

12. INCBIN

语句格式：INCBIN 文件名

INCBIN 将一个数据文件或者目标文件包含到当前的源文件中,编译时被包含的文件不做任何变动地存放在当前文件中，编译器从后面开始继续处理。例如：

```
AREA constdata,DATA,READONLY
INCBIN data1.dat              ;源文件包含文件 data1.dat
INCBIN E:\DATA\data2.bin      ;源文件包含文件 E:\DATA\data2.bin
...
END
```

13. RN

语句格式：名称 RN 表达式

RN 用于给一个寄存器定义一个别名，以便程序员记忆该寄存器的功能。名称为给寄存器定义的别名，表达式为寄存器的编码。例如：

```
count RN R1;给 R1 定义一个别名 count
```

14. ROUT

语句格式：[名称] ROUT

ROUT 可以给一个局部变量定义作用范围。在程序中未使用该伪指令时，局部变量的作用范围为所在的 AREA；而使用 ROUT 后，局部变量的作用范围为当前 ROUT 和下一个 ROUT 之间。例如：

```
routine ROUT          ;定义局部标号的有效范围
...
1 routine             ;routine 内的局部标号 1
...
BEQ %1 routine        ;若条件成立,则跳转到 routine 范围内的局部标号 1
...
Otherroutine ROUT     ;定义新的局部标号的有效范围
```

15. LTORG

LTORG 用于声明一个数据缓冲池（Literal Pool）的开始。通常放在无条件跳转指令之后，或者子程序返回指令之后，以免处理器错误地将数据缓冲池中的数据作为指令来执行。例如：

```
Func1
...
MOV PC, LR
LTORG
DATA SPACE 26;从 data 标号开始预留 256 字节的内存单元
END
```

16. ADR（小范围地址读取）

语句格式：ADR{<cond>} <Rd>,< expr>

ADR 将基于 PC 相对偏移的地址值或基于寄存器相对偏移的地址值（expr 地址表达式）读取到目标寄存器 Rd 中。当地址值不采用字对齐时，取值范围在-255~255 字节之间；当地址值采用字对齐时，取值范围在-1020～1020 字节之间。在编译源程序时，ADR 伪指令被编译器替换成一条合适的指令。通常，编译器用一条 ADD 指令或 SUB 指令来实现该 ADR 伪指令的功能。若不能用一条指令实现，则产生错误，编译失败。对于基于 PC 相对偏移的地址值，给定范围是相对当前指令地址后两个字处（因为 ARM7TDMI 为三级流水线）。可以用 ADR 加载地址实现查表。例如：

```
LOOP MOV R1,#0xF0
     ADR R2,LOOP;将 LOOP 的地址放入 R2,因为 PC 值为当前指令地址值加 8 字节
              ;所以本 ADR 伪指令将被编译器换成"SUB R2,PC,0XC"
```

17. ADRL（中等范围地址读取）

语句格式：ADRL{<cond>} <Rd>,< expr>

ADRL 类似于 ADR，但比 ADR 读取更大范围的地址。当地址值不采用字对齐时，取值范围在-64KB～64 KB 之间；地址值采用字对齐时，取值范围在-256KB~256 KB 之间。

在编译源程序时，ADRL 伪指令被编译器替换成两条合适的指令。若不能用两条指令实现 ADRL 伪指令功能，则产生错误，编译失败。可以用 ADRL 加载地址，实现程序跳转。例如：

```
ADRL R0,DATA_BUF
ADRL R1,DATA_BUF+80
DATA_BUF
SPACE 100;定义100字节缓冲区
```

18. LDR（大范围地址读取）

语句格式：LDR{<cond>} <Rd>,< =expr/label-expr >

LDR 加载 32 位的立即数或一个地址值到目标寄存器 Rd。在编译源程序时，LDR 伪指令被编译器替换成一条合适的指令。若加载的常数未超出 MOV 或 MVN 的范围，则使用 MOV 或 MVN 指令代替该 LDR 伪指令；否则汇编器将常量放入文字池，并使用一条程序相对偏移的 LDR 指令从文字池读出常量。LDR 用于加载芯片外围功能部件的寄存器地址（32 位立即数），以实现各种控制操作。从 PC 到文字池的偏移量必须小于 4 KB。与 ARM 指令的 LDR 相比，伪指令的 LDR 的参数有"＝"符号。例如：

```
LDR R0,=0x12345678       ;加载 32 位立即数 0x12345678
LDR R0,=DATA_BUF+60      ;加载 DATA_BUF 地址+60
…
LTORG ;声明文字池
```

19. NOP（空操作）

语句格式：NOP

NOP 不产生任何有意义的操作，只是占用一个机器周期。NOP 伪指令在汇编时将会被替代成 ARM 中的空操作，比如可能为"MOV R0,R0"指令等。

知识 3　ARM 汇编语言程序设计、编写和调试

所谓汇编语言，实质上就是机器语言的一种高级形式。机器语言是由 0 和 1 组成的一组数字。对于初学者来说，用 ARM 汇编指令来编写程序是一件比较困难的事情。由于汇编语言指令繁多，不方便记忆，加上其语法结构相对于一般的 C 语言或者 Java 语言比较复杂，掌握并且熟练运用汇编语言的确比较困难。但是掌握好汇编语言对于一名合格的嵌入式开发工程师来说却又是十分必要的。使用汇编语言，可以写出高效的程序，特别是在操作系统移植、底层硬件开发中，汇编语言都起着不可替代的作用。因此只有掌握 ARM 的体系架构和编程基础，才能成为一个合格的嵌入式系统工程师。

汇编语言源程序的基本组成单位是语句，源程序使用的语句有三种：指令、伪指令和宏指令。指令语句又称为可执行语句，它在源程序汇编时产生可供计算机执行的指令代码，每一条指令语句都可以表示计算机所具有的一个基本能力，如数据传送、两数相加等功能；但是这种能力仅仅是在指令代码所构成的目标程序运行时才能完成，可以看出它是依赖于计算机内的 CPU、存储器、输入/输出接口等硬件设备来实现的。汇编语言程序的语句除指令外还包括伪指令和宏指令，伪指令又称为伪操作，它不像机器指令那样是在程序运行期间由计算机来执行的，它是在汇编程序对源程序汇编期间由汇编程序处理的操作，完成诸如数据定义、分配存储区、指示程序结束等功能。宏是源程序中一段有独立功能的程序代码，它只需要在

源程序中定义一次，就可以多次调用，调用时只需要用一个宏指令语句就可以。宏指令是用户自定义的指令，在编程时将多次使用的功能用一条宏指令来代替。因此，在汇编时使用宏指令能提高编程效率。

ARM 汇编语言程序的设计步骤分为编辑、汇编、链接和调试，如图 4-20 所示。

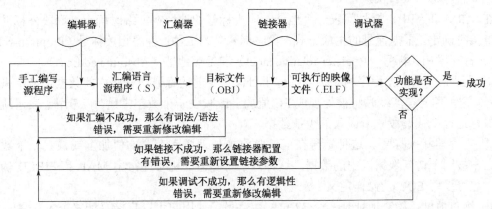

图 4-20　ARM 汇编语言程序流程图

一、ARM 汇编语言的语句格式

1. ARM 汇编语言中的符号

在汇编语言程序设计中，经常使用各种符号代替地址（Address）、变量（Variable）和常量（Constant）等，以增加程序的灵活性和可读性。尽管符号的命名由编程者决定，但并不是任意的，必须遵循以下的约定：符号区分大小写，同名的大、小写符号会被编译器认为是两个不同的符号；符号在其作用范围内必须唯一；自定义的符号名不能与系统的保留字相同。其中保留字包括系统内部变量（Built in variable）和系统预定义（Predefined symbol）的符号；符号名不应与指令或伪指令同名。如果要使用和指令或伪指令同名的符号要用双竖杠"||"将其括起来，如"||ASSERT||"；局部标号以数字开头，其他的符号都不能以数字开头。

（1）变量（Variable）

程序中的变量是指其值在程序的运行过程中可以改变的量。ARM（Thumb）汇编程序所支持的变量有数字变量、逻辑变量和字符串变量三种类型。变量的类型在程序中是不能改变的。

① 数字变量（Numeric）。数字变量用于在程序的运行中保存数字值，但注意数字值的大小不应超出数字变量所能表示的范围。

② 逻辑变量（Logical）。逻辑变量用于在程序的运行中保存逻辑值，逻辑值只有两种取值情况：真（TURE）和假（FALSE）。

③ 字符串变量（String）。字符串变量用于在程序的运行中保存一个字符串，注意字符串的长度不应超出字符串变量所能表示的范围。

（2）常量（Constant）

程序中的常量是指其值在程序的运行过程中不能被改变的量。ARM（Thumb）汇编程序所支持的常量有数字常量、逻辑常量和字符串常量。

数字常量一般为 32 位的整数，当作为无符号数时，其取值范围为 $0\sim 2^{32}-1$；当作为有符号数时，其取值范围为 $-2^{31}\sim 2^{31}-1$。汇编器认为 $-n$ 和 $2^{32}-n$ 是相等的。对于关系操作，如比较两个数的大小,汇编器将其操作数看作无符号的数,也就是说"0>-1",对汇编器来说取值为"假(FLASE)"。逻辑常量只有两种取值情况,真或假。字符串常量为一个固定的字符串,一般用于程序运行时的信息提示。

(3) 程序标号(Label)

在 ARM 汇编中,标号代表一个地址,段内标号的地址在汇编时确定,而段外标号地址值在链接时确定。根据标号的生成方式,程序标号分为三种:程序相关标号(Program-relative label)、寄存器相关标号(Register-relative label)和绝对地址(Absolute address)。

① 程序相关标号。程序相关标号指位于目标指令前的标号或程序中的数据定义伪操作前的标号。这种标号在汇编时将被处理成 PC 值加上或减去一个数字常量。它常用于表示跳转指令的目标地址或代码段中所嵌入的少量数据。

② 寄存器相关标号。这种标号在汇编时将被处理成寄存器的值加上或减去一个数字常量。它常被用于访问数据段中的数据。这种基于寄存器的标号通常用 MAP 和 FIELD 伪操作定义,也可以用 EQU 伪操作定义。

③ 绝对地址。绝对地址是一个 32 位的数字量,使用它可以直接寻址整个内存空间。

(4) 局部标号

局部标号主要用于局部范围代码中,在宏定义中也是很有用的。局部标号是一个 0~99 之间的十进制数字,可重复定义;后面可以紧接一个通常表示该局部变量作用范围的符号。局部变量的作用范围为当前段,也可以用伪操作 ROUT 来定义局部标号的作用范围。

局部标号在子程序或程序循环中常被用到,也可以配合宏定义伪操作(MACRO 和 MEND)来使程序结构更加合理。在同一个段中,可以使用相同的数字命名不同的局部变量。默认情况下,汇编器会寻址最近的变量;也可以通过汇编器命令选项来改变搜索顺序。

局部标号定义格式:

```
N{routname}
```

局部标号引用格式:

```
%{F|B}{A|T}N{routname}
```

其中,N 是局部标号,范围是 0~99;routname 为变量作用范围名称,由 ROUT 伪指令定义;%表示局部标号引用操作;F 指示汇编器只向前搜索;B 指示汇编器只向后搜索;A 指示汇编器搜索所有宏的嵌套;T 指示汇编器只搜索宏的当前层。

如果在引用过程中,没有指定 F 和 B,则汇编器先向前搜索,再向后搜索。

如果 A 和 T 没有指定,汇编器搜索所有从当前层次到宏最高层次,比当前层次低的层次不再搜索。

如果指定了 routname,汇编器向前搜索最近的 ROUT 操作;若 routname 与该 ROUT 伪操作定义的名称不匹配,汇编器报告错误并结束汇编。

2. 汇编语言中的表达式

在汇编语言程序设计中经常使用各种表达式,表达式一般由变量、常量、运算符和括号构成。常用的表达式有数字表达式、逻辑表达式和字符串表达式。

(1) 字符串表达式

字符串表达式一般由字符串常量、字符串变量、运算符和括号构成。字符串由包含在双引号内的一系列字符组成。编译器所支持的字符串最大长度为512字节。字符串可以通过SETS伪操作对其赋值。

常用的与字符串表达式相关的运算符如下：
LEN：计算字符串长度运算符；
CHR：ASCII 码转换运算符；
STR：字符串转换运算符；
LEFT：字符串取左运算符；
RIGHT：字符串取右运算符；
CC：字符串连接运算符。

（2）数字表达式

数字表达式一般由数字常量、数字变量、数字运算符和括号构成。数字表达式可以包含寄存器相关（Register-relative）或程序相关（Program-relative）表达式，这些表达式在编译时被汇编器翻译为与地址无关的数字常量。可以通过 SETA 伪操作对数字变量赋值。例如：

```
SETA256*256        ;将数字变量赋值为 256*256
MOV r1,#(a*22)     ;将数字表达式(a*22) 的值放入 r1
```

汇编语言中，整数数字量有以下几种形式：十进制数、"0x" + 十六进制数、"&" + 十六进制数、n 进制数、字符。

其中，十进制数可以是"0"到"9"数字的任意组合；十六进制数可以是"0"到"9"数字和字母"A"到"F"的任意组合；n 进制数（n_base-n-digits）中"n_"可以取 2 到 9，"base-n-digits"是在 n 进制下合法的任意数值；字符可以是除单引号以外的所有字符。下面举例说明整数表达式的基本用法。

```
aSETA34906
addr DCD 0xA10E
LDR r4,=&1000000F
DCD 2_11001010
c3 SETA8_74007
DCQ 0x0123456789abcdef
LDR r1,='A'         ;ARM 伪指令将整数 65(A 的 ASCII 码)存入寄存器
ADD r3,r2,#'\'      ;将整数 39(字符"/"的 ASCII 码)加到 r2,结果存入 r3
```

（3）逻辑表达式

逻辑表达式一般由逻辑量、逻辑运算符和括号构成，其表达式的运算结果为真或假。可以通过 SETL 伪操作对逻辑变量赋值。与逻辑表达式相关的运算符有"="、">"、"<"、">="、"<="、"/="、"<>"运算符和"LAND"、"LOR"、"LNOT"及"LEOR"运算符。

（4）程序或寄存器相关表达式

寄存器相关表达式的值等于指定寄存器的值加上或减去一个数字表达式。程序相关表达式的值等于程序计数器 PC 的值加上或减去一个数字表达式的值。此种表达式通常由程序中的标号与一个数字表达式组成。

（5）汇编中的操作符

在汇编语言程序设计中，表达式包含一个扩展的操作符集，这些操作符和高级语言中的

运算符十分接近。其运算次序遵循如下的优先级：优先级相同的双目运算符的运算顺序为从左到右；相邻的单目运算符的运算顺序为从右到左，单目运算符的优先级高于其他运算符；括号运算符的优先级最高。

汇编语法的操作符优先级和 C 语言中的不完全相同。例如在汇编中，下面的汇编语言（1+2：SHR：3）相当于（1+（2：SHR：3）），而在 C 语言中，运算则变为((1+2) >>3) =0。类似于这样的操作，在使用时要特别注意。为了保证表达式运算结果的正确，建议使用 "()" 来避免歧义。

二、汇编语言的程序格式

在 ARM（Thumb）汇编语言程序中以程序段为单位组织代码。段是相对独立的指令或数据序列，具有特定的名称。段可以分为代码段（Code Section）和数据段（Data Section），代码段的内容为执行代码，数据段存放代码运行时需要用到的数据。一个汇编程序至少应该有一个代码段，当程序较长时，可以分割为多个代码段和数据段，多个段在程序编译链接时最终形成一个可执行的映像文件。可执行映像文件通常由以下几部分构成：一个或多个代码段（代码段的属性为只读）；零个或多个数据段（数据段的属性为可读写）。数据段可以是被初始化的数据段或没有被初始化的数据段。链接器根据系统默认或用户设定的规则，将各个段安排在存储器中的相应位置。因此源程序中段之间的相对位置与可执行的映像文件中段的相对位置一般不会相同。

三、ARM 汇编语言的程序结构

按照程序功能来分类，可把程序分为顺序程序、分支程序、循环程序和子程序等类型。编程时应根据不同的编程要求，采用适当的结构组合，确保程序逻辑正确、语法正确、结果正确。

以下是一个汇编语言源程序的基本结构。

```
    AREA    Init,CODE,READONLY
    ENTRY
    Start
    LDR     R0,=0x3FF5000
    LDR     R1,0xFF
    STR     R1,[R0]
    LDR     R0,=0x3FF5008
    LDR     R1,0x01
    STR     R1,[R0]
    ...
    END
```

在汇编语言程序中，用 AREA 伪操作定义一个段，并说明所定义段的相关属性，本例定义一个名为 Init 的代码段，属性为只读。ENTRY 伪操作标识程序的入口点，接下来为指令序列；程序的末尾为 END 伪指令，该伪操作告诉编译器源文件的结束，每一个汇编程序段都必须有一条 END 伪操作，指示代码段的结束。

1. 汇编语言子程序调用

在 ARM 汇编语言程序中，子程序的调用一般是通过 BL 指令来实现的。在程序中，使用指令"BL 子程序"名即可完成子程序的调用。

该指令在执行时完成如下操作：将子程序的返回地址存放在链接寄存器 LR 中，同时将程序计数器 PC 指向子程序的入口点。当子程序执行完毕需要返回调用处时，只需要将存放在 LR 中的返回地址重新复制给程序计数器 PC 即可。在调用子程序的同时，也可以完成参数的传递和从子程序返回运算的结果，通常可以使用寄存器 R0～R3 完成。

以下是使用 BL 指令调用子程序的汇编语言源程序的基本结构：

```
AREA    Init,CODE,READONLY
ENTRY
Start
LDR     R0,=0x3FF5000
LDR     R1,0xFF
STR     R1,[R0]
LDR     R0,=0x3FF5008
LDR     R1,0x01
STR     R1,[R0]
BL      PRINT_TEXT
...
PRINT_TEXT
...
 MOV    PC,BL
...
END
```

2. 汇编语言程序格式

例：计算 20+8，将结果放在 R0 存储器。

```
AREA          Buf,DATA,READWRITE         ;声明数据段 Buf
Count DCB 20                              ;定义一个字节单元 Count
AREA          Example,CODE,READONLY      ;声明代码段 Example
ENTRY                                     ;标识程序入口
CODE32                                    ;声明 32 位 ARM 指令
Start LDRR0,Count                         ;R0=Count=20
MOV R1,#8                                 ;R1=8
ADD R0,R0,R1                              ;R0=R0+R1
B Start
END
```

程序书写注意事项：

标号必须在一行的顶格书写，其后面不要加"："，对于变量的设置，常量的定义，其标示符必须在一行的顶格书写，而所有的指令均不能顶格书写。汇编器对标示符大小写敏感，书写标号及指令时字母大小写要一致。

3. 注释使用"；"

某一段错误的汇编语言程序

```
START MOV R0,#1
ABC:MOV R1,#2
MOV R2,#3
LOOP MOV R2,#3
B loop
```

四、汇编语言程序设计的步骤

使用计算机通过编程序解决某一问题时，通常按以下步骤进行。

1. 分析问题，建立数学模型

研讨目标系统的本质特性，用数学方法对其本质特性进行抽象描述，建立目标系统的数学表示模型。

2. 确定算法

在已建立的目标系统数学表示模型上进一步研讨目标系统的内在规则，设计相应处理法则方案（算法分析与描述）。

3. 设计程序流程图

把解题的方法、步骤用框图形式表示。常用的框图如 4-21 所示。如果问题比较复杂，那么可以逐步细化，直到每一框图可以容易地进行编程为止。流程图不仅便于程序的编制，也便于检查程序逻辑正确性。

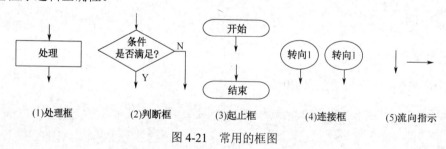

图 4-21 常用的框图

4. 合理分配寄存器、存储空间和外设资源

（1）合理地分配存储器资源，将前述的目标系统（即"数据结构模型"）表示到各存储器单元。

（2）CPU 寄存器数量有限，在程序中，大多数操作都要使用寄存器；并且有的操作使用特定的寄存器（如堆栈操作使用 SP/R13 等），程序中要合理分配各寄存器的用途。

5. 编制程序

用计算机语言，对数据结构模型和流程图表示的算法进行准确的描述。

6. 调试程序

（1）语法调试：排除程序中的语法错误。
（2）功能调试：保证程序的逻辑功能正确性。

7. 形成文档

用文档形式记录说明程序的功能、使用方法、程序结构、算法流程等每一个阶段的工作。

五、顺序程序设计

顺序程序是一种最简单的程序结构，也称为直线程序，它的执行自始自终按照语句的先后顺序进行。这种结构的流程图，除了有一个起始框，一个终止框外，就是若干执行框（图4-22）。

例如：试编制一程序，完成10+3的操作。

```
AREA ARMex, CODE, READONLY   ; 代码段名 ARMex
    ENTRY                    ; 程序的入口
    CODE 32
start
    MOV R0, #10              ; 将立即数10存入寄存器R0
    MOV R1, #3               ; 将立即数3存入寄存器R1
    ADD R0, R0, R1           ; R0 = R0 + R1
stop
    MOV R0, #0x18            ; 这三条指令是ADS调试环境特有的
LDR R1, =0x20026             ; 程序运行结束返回编译器调试环境
    SWI 0x123456
    END                      ; 结束
```

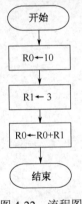

图4-22　流程图

六、分支程序设计

许多实际问题需要根据不同的情况做出不同的处理。在程序中，针对不同的情况把不同的处理方法编制成各自的处理程序段，运行时由机器根据当时的条件自动做出判断，选择执行相应的处理程序段。这样的程序结构中，计算机不再完全按指令存储的顺序执行，称之为分支程序。分支程序使用转移指令B、子程序调用指令BL或带状态转移指令BX来实现。

例如：将内存某地址内的值取绝对值后保存。判断其值，如果大于等于0，则保持不变；如果小于0，则取反。程序如下：

```
AREA TEST2, CODE, READONLY   ; 代码段名 TEST2
    ENTRY                    ; 程序的入口
```

```
            CODE 32
START LDR R1,=0x50010      ; 变量地址→R1
  MOV R0, #0               ; 将立即数 0 存入寄存器 R0
   LDR R2,[R1]             ; 将变量值加载到 R2
   CMP R2,#0               ; 与 0 比较,影响标志位
   SUBL TR2,R0,R2          ; 若<0 取反
   STR R2, [R1]            ; 保存结果
   B START
   END                     ; 结束
```

七、循环程序设计

程序设计时,往往需要多次重复执行一串指令,这就是循环设计。循环程序一般由三部分组成。第一部分是循环初始:确保循环正常进行的初始化,主要包括控制循环结束条件的初值和循环本身初值;第二部分是循环体:需要重复执行的程序段;第三部分是循环控制和修改:修改并判断控制变量是否满足终止条件,不满足则转去重复执行循环部分,满足则顺序执行,退出循环。

例如:用汇编语言编写程序,求 1 到 50 的累加和。

```
    AREA     Example1,CODE,READONLY
       ENTRY
       CODE32
START  LDR    R5,=0x40003005
       MOV    R0,#0
       MOV    R1,#1
LOOP   BL     SUM
    B  LOOP

SUM
       ADDS   R0,R0,R1
       ADD    R1,R1,#1
       CMP    R1,#50
       BLHI   HALT
       MOV    PC,LR

HALT   STR R0,[R5]
    B
    END
```

知识 4 Linux GUI 编程

图形用户界面(Graphical User Interface,简称 GUI,又称图形用户接口)是指采用图形方式显示的计算机操作用户界面。与计算机使用的命令行界面相比,图形界面对于用户来说在视觉上更易于接受。

一、GTK+/Gnome 开发简介

"GTK+"(GIMP Toolkit)是一套跨多种平台的图形工具包。它按 LGPL 许可协议发布。虽然最初是为 GIMP 写的,但目前已发展为一个功能强大、设计灵活的通用图形库。由于 GTK+ 遵循 LGPL,使用它来开发开源软件、自由软件以及商业软件,都不需要支付任何费用来购买许可证和使用权,因此得到了越来越广泛的应用。由于 GTK+库的大小只有 3MB 左右,而且还可以根据需要对其进行裁剪。因此它占用系统资源比较少,这点对于内存受限的嵌入式设备尤其重要。

在 GTK+图形库中,我们将窗口、标签、命令按钮以及框架等图形界面元素称为构件。构件具有面向对象的特性,它的具体结构由 GTK+库定义,但对于使用构件的程序员来说是透明的。GTK+库提供了一套完善的构件,可以用来构造非常丰富的用户界面。

GTK+最著名的成功案例是 Gnome 桌面。在 Gnome 项目的开发过程中,根据实际需要,在 GTK+构件的基础上,又开发了一些新的构件,称为 Gnome 构件。这些都是对 GTK+构件库的补充,提供了许多 GTK+构件没有的功能,使用 Gnome 构件可以使开发图形界面应用程序变得更加容易。

二、常用 GTK+构件

GTK+中所包含的构件非常丰富,本节将只介绍一些常用的 GTK+构件。

1. 使用容器构件

容器构件就是用来容纳其他构件的构件。在用 GTK+构件创建程序界面时,使用容器可以定位构件。GTK+中有两种容器构件,一种只能容纳一个子构件,一种可以容纳多个子构件。

实际上,GTK+中的大多数构件都是一个容器构件。例如,我们想要创建一个带有图片的按钮,只需将图片添加到 GtkButton 这个容器中就可以了。对于按钮中是否包含文本,文本与图片之间的相对位置等都可以自由设置。

(1) GtkWindow 构件

GtkWindow 构件是 GTK+中最大的容器构件,但它只能容纳一个子构件。GtkWindow 构件的创建方法为:

```
GtkWidget* gtk_window_new(GtkWindowType type);
```

对于应用程序的窗口,参数 type 一般设为 GTK_WINDOW_TOPLEVEL。里边给出两个常用函数。

① gtk_window_set_title 函数。用来设置或更改窗口的标题,它的一般形式为:

```
void gtk_window_set_title(GtkWindow *window, const gchar *title);
```

参数 window 为要设置或更改标题的窗口指针,参数 title 为一个字符串,即窗口的标题。

② gtk_window_set_default_size 函数。用来设置窗口的默认大小,它的一般形式为:

```
void gtk_window_set_default_size(GtkWindow *window, gint width, gint height);
```

参数 window 为要设置的窗口指针,其中参数 width 和 height 为设置的宽度和高度。

(2) GtkBox 构件

GtkBox 构件也称为组装盒,它有两种形式:GtkHBox(水平组装盒)和 GtkVBox(垂直

组装盒）。GtkHBox 的所有构件都分配同样的高度。GtkVBox 的所有构件都分配同样的宽度。GtkBox 构件的创建方法为：

```
GtkWidget * gtk_box_new (GtkOrientation orientation, gint spacing);
```

参数 orientation 用来设置组装盒的方向，可以设为 GTK_ORIENTATION_HORIZONTAL（水平）或 GTK_ORIENTATION_VERTICAL（垂直）；参数 spacing 用来指定子构件之间的间距。

gtk_box_pack_start 函数和 gtk_box_pack_end 函数用来将子构件组装到 GtkBox 中，它们的一般形式为：

```
void gtk_box_pack_start(GtkBox *box, GtkWidget *child, gint expand, gint fill, gint padding);
void gtk_box_pack_end(GtkBox *box, GtkWidget *child, gint expand, gint fill, gint padding);
```

参数 box 为指向 GtkBox 构件的指针；参数 child 为指向子构件的指针；参数 expand 和 fill 可以设为 TRUE 或 FALSE，用来控制子构件是否扩展以及剩余空间的分配；参数 padding 为子构件与组装盒之间的间隔大小。

gtk_box_pack_start 函数可将子构件从左到右组装到水平组装盒之中，或是从上到下组装到垂直组装盒之中；gtk_box_pack_end 函数则相反，可将子构件从右到左组装到水平组装盒之中，或是从下到上组装到垂直组装盒之中。

（3）GtkTable 构件

GtkTable 构件用来创建一个网格，将子构件分别放入各个网格之中，同一个构件也可以占据多个网格。GtkTable 构件的创建方法为：

```
GtkWidget *gtk_table_new( guint rows, guint columns, gboolean homogeneous);
```

参数 rows 和 columns 分别为网格行和列的数量；参数 homogeneous 可以设为 TRUE 或 FALSE，如果设为 TRUE，表示所有网格的大小都调整为网格中最大子构件的大小，否则表示根据所在行中最高的子构件，与所在列中最宽的子构件来决定自身的大小。

gtk_table_attach 用来将子构件放入到网格之中，它的一般形式为：

```
void gtk_table_attach(GtkTable *table, GtkWidget *child, guint left_attach, guint right_attach, guint top_attach, guint bottom_attach, GtkAttachOptions xoptions, GtkAttachOptions yoptions, guintxpadding, guint ypadding);
```

参数 table 为指向 GtkTable 构件的指针；参数 child 为指向子构件的指针；参数 left_attach、right_attach、top_attach 以及 bottom_attach 用来指定子构件放置的位置，以及占据的网格数。参数 xoptions 和 yoptions 用来指定组装时的选项，如下所示：

GTK_EXPAND：子构件使用窗口所有保留空间。

GTK_FILL：如果网格的大小大于子构件时，子构件进行扩展，以使用所有的可用空间。

GTK_SHRINK：如果网格的大小小于子构件时，例如用户改变窗口的大小，子构件将和网格一起缩小。

参数 xpadding 和 ypadding 用来在构件周围产生一个指定像素的空白区域。

gtk_table_attach 函数有一个简写形式，一般形式为：

```
void gtk_table_attach_defaults(GtkTable *table, GtkWidget *widget, guint left_attach, guint right_attach,guint top_attach, guint bottom_attach);
```

该函数其实是将 gtk_table_attach 函数中的 xoptions 和 yoptions 参数设为 GTK_FILL | GTK_EXPAN，xpadding 和 ypadding 参数设为 0。

2. 使用按钮构件

按钮构件（GtkButton）可用来构建一个按钮，按钮构件主要包括普通按钮（GtkButton）、开关按钮（GtkToggleButton）、复选按钮（GtkCheckButton）以及单选按钮（GtkRadioButton）4 种类型。

（1）普通按钮（GtkButton）

普通按钮一般用于当用户单击时执行某个动作。它的创建方法有两种，如下所示：

```
GtkWidget* gtk_button_new(void);
GtkWidget* gtk_button_new_with_label(const gchar *label);
```

两个函数的主要差别在于所创建的按钮是否带有标签。使用 gtk_button_new 函数创建一个按钮后，可以调用 gtk_container_add 函数将标签或图片等添加上去。

通过连接回调函数，按钮构件可以响应的信号包括鼠标按下（Pressed）、松开（Released）、单击（Clicked）、进入（Enter）以及离开（Leave）。

（2）开关按钮（GtkToggleButton）

开关按钮的作用类似于普通按钮，但它只有两种状态：按下和弹起。开关按钮的创建方法有两种，如下所示：

```
GtkWidget *gtk_toggle_button_new(void);
GtkWidget *gtk_toggle_button_new_with_label(const gchar *label);
```

两个函数的主要差别在于所创建的按钮是否带有标签。

开关按钮的状态可以通过调用 gtk_toggle_button_get_active 函数来获得，它的一般形式为：

```
gboolean gtk_toggle_button_get_active (GtkToggleButton *toggle_button);
```

对于开关按钮，一般关心的是 toggled 信号，回调函数为：

```
void toggle_button_callback(GtkWidget *widget, gpointer data);
{
if (gtk_toggle_button_get_active(GTK_TOGGLE_BUTTON(widget)))
{
…            /* 开关按钮按下 */
}
else
{
…            /* 开关按钮弹起 */
}
}
```

用户也可以使用函数来设定开关按钮的状态，函数的一般形式为：

```
gboolean gtk_toggle_button_set_active (GtkToggleButton *toggle_button, gboolean is_active);
```

参数 toggle_button 为指向开关按钮的指针；参数 is_active 为设定的状态，即按下（TRUE）或弹起（FALSE），默认情况下为弹起状态。

（3）复选按钮（GtkCheckButton）

复选按钮通常用来在应用程序中切换选项的状态，它继承了开关按钮的许多属性和功能。复选按钮的创建方法如下所示：

```
GtkWidget *gtk_check_button_new(void);
GtkWidget *gtk_check_button_new_with_label(const gchar *label);
```

两个函数的主要差别在于所创建的按钮是否带有标签。检测复选按钮状态的方法与开关按钮类似，这里就不介绍了。

（4）单选按钮（GtkRadioButton）

单选按钮与复选按钮类似，不同之处在于单选按钮是分组的，同一组内的按钮一次只能有一个被选中。单选按钮的创建方法如下所示：

```
GtkWidget *gtk_radio_button_new(CSList *group);
GtkWidget *gtk_radio_button_new_with_label(CSList *group, gchar *label);
```

参数 group 用来指定单选按钮所属的组。第一次调用上面的函数时，group 可以设为 NULL，然后使用下面的函数来创建一个组。

```
GSList* gtk_radio_button_group(GtkRadioButton *radio_button);
```

创建完成之后，将其传递给下一个调用 gtk_radio_button_new 或 gtk_radio_button_new_with_label 的函数中，就可以创建一系列的单选按钮了。

3. 使用标签构件

标签（GtkLabel）用来在窗口中添加标签，它的创建方法为：

```
GtkWidget *gtk_label_new(const char *str );
```

参数 str 为标签显示的字符串。下面依次讲解几个重要的函数。

① gtk_label_get_text 函数可以用来获取标签的当前文本，它的一般形式为：

```
gchar *gtk_label_get_text(GtkLabel *label);
```

参数 label 为指向标签构件的指针。

② gtk_label_set_text 函数可以用来更改标签的文本，它的一般形式为：

```
void gtk_label_set_text(GtkLabel *label, const char *str);
```

参数 label 为指向标签构件的指针，参数 str 为要设定的字符串。

③ gqtk_label_set_justify 函数可以用来设置标签文本的对齐方式，它的一般形式为：

```
void gtk_label_set_justify(GtkLabel *label, GtkJustification jtype);
```

参数 label 为指向标签构件的指针，参数 jtype 的取值可以为：
GTK_JUSTIFY_LEFT：左对齐；
GTK_JUSTIFY_RIGHT：右对齐；
GTK_JUSTIFY_CENTER：居中对齐（默认）；
GTK_JUSTIFY_FILL：填满。

4. 使用文本及文本输入构件

文本和文本输入构件用于显示和编辑文本，也是 GTK+中比较常用的构件。

（1）文本构件

文本构件（GtkText）用于显示或编辑多行文本，它的创建方法为：

```
GtkWidget * gtk_text_view_new (void);
```

该函数不需要任何参数，在执行成功后就会返回一个 GtkWidget 类型的指针。函数在执行后会创建一个默认设置的缓冲区，在文本构件中编辑的内容都是在缓冲区中完成的。

使用文本构件显示文本时，如果不希望用户更改文本的内容，可以设置构件的可编辑状态。获取构件编辑状态使用的函数为：

```
gboolean gtk_text_view_get_editable (GtkTextView *text_view);
```

参数 text_view 即为创建的文本构件。设置可编辑状态的函数为：

```
void gtk_text_view_set_editable (GtkTextView *text_view, gboolean setting);
```

参数 text_view 即为要设置编辑状态的对象。参数 setting 可以设为 TRUE 或 FALSE，分别表示可编辑或不可编辑。

我们可以通过设置文本构件默认缓冲区来对编辑做一些限制，例如设置缓冲区的长度，设置默认内容等。首先我们需要获取默认的缓冲区，使用的函数为：

```
GtkTextBuffer *gtk_text_view_get_buffer (GtkTextView *text_view);
```

参数 text_view 即为使用 gtk_text_view_new 函数创建的文本构件。然后就可以设置缓冲区的属性，使用的函数为：

```
void gtk_text_buffer_set_text (GtkTextBuffer *buffer, const gchar *text, gint len);
```

参数 buffer 为使用 gtk_text_view_get_buffer 函数获取的缓冲区。参数 gchar 为缓冲区中默认存在的内容。参数 len 为缓冲区的长度，通常设置为-1，表示不限长度。

文本构件中还预设了很多命令，用来进行光标移动、文本编辑等，其中一些与 EMACS 编辑器是兼容的。

（2）文本输入构件

文本输入构件（GtkEntry）用于显示和编辑单行文本，使用的函数为：

```
GtkWidget *gtk_entry_new(void);
```

文本输入构件中的文本可以通过下面的函数来获取，这在回调函数中很有用。

```
const gchar *gtk_entry_get_text(GtkEntry *entry );
```

gtk_entry_set_text 函数用来更改文本内容：

```
void gtk_entry_set_text(GtkEntry *entry, const gchar *text);
```

该函数的作用是用新的文本替换构件的当前文本。

使用文本输入构件显示文本时，如果不希望用户更改文本的内容，可以设置构件的可编辑状态，使用的函数为：

```
void gtk_editable_set_editable (GtkEditable *editable, gboolean is_editable);
```

参数 is_editable 可以设为 TRUE 或 FALSE，分别表示可编辑或不可编辑。

5. 使用进度条构件

进度条构件（GtkProgressBar）常用来显示一个比较长时间操作的进度，使用的函数为：

```
GtkWidget *gtk_progress_bar_new (void);
```

函数 gtk_progress_bar_new 不接受任何参数。

进度条构件创建完成之后，就可以通过函数对其进行更新。进度条有两种模式，分别是百分比模式和活动模式，分别使用下面两个函数来更新：

```
void gtk_progress_bar_set_fraction(GtkProgressBar *pbar, gdouble fraction);
void gtk_progress_bar_pulse(GtkProgressBar *pbar);
```

参数 pbar 为要操作的进度条构件的指针；参数 fraction 为进度条上显示的百分比，其取值范围为 0~1。

在连续方式下，可以在进度条中显示一个字符串，控制显示的函数为：

```
void gtk_progress_bar_set_show_text (GtkProgressBar *pbar, gboolean show_text);
```

参数 show_text 可以设为 TRUE 或 FALSE，分别表示显示或不显示。

对于间断方式，可以通过下面的函数来设置步进的长度。

```
void gtk_progress_bar_set_pulse_step(GtkProgressBar *pbar, gdouble fraction);
```

6. 使用组合框

组合框构件（GtkComboBox）用于让用户在下拉列表中选择一个项目，组合框构件的创建方法为：

```
GtkWidget *gtk_combo_box_text_new(void);
```

设置下拉列表中选项的函数为：

```
void gtk_combo_box_text_append(GtkComboBoxText *combo_box,const gchar *id,
```

```
const gchar *text);
```

参数 combo_box 为要设置的组合框构件的指针；参数 id 为选项的 id 号，它用来标识下拉选项；参数 text 为选项要显示给用户的字符串。

获取文本输入框中所输入文本的函数为：

```
gchar *gtk_entry_get_text(GtkEntry *entry);
```

文本输入框中也可以显示文本，使用的函数为：

```
gchar *gtk_entry_set_text(GtkEntry *entry, const gchar *text);
```

7. 使用对话框

对话框（GtkDialog）用来创建一个弹出式窗口，它的定义如下所示：

```
struct GtkDialog {
GtkWindow window;
GtkWidget *vbox;
GtkWidget *action_area;
};
```

可以看到，对话框构件其实是一个预先组装了几个构件的窗口。它的创建方法有两种，如下所示：

```
GtkWidget *gtk_dialog_new();
GtkWidget *gtk_dialog_new_with_buttons(const gchar *title, GtkWindow *parent, GtkDialogFlags flags,
  const gchar *first_button_text, ...);
```

第一个函数用来创建一个空对话框，后面可以通过组装来扩充其活动区。第二个函数允许用户设置具体参数，主要包括：

GTK_DIALOG_MODAL：使用独占模式；

GTK_DIALOG_DESTROY_WITH_PARENT：父窗口被关闭时一起关闭。

添加一个标签构件可以使用如下所示函数。

```
void gtk_box_pack_start (GtkBox *box, GtkWidget *child, gboolean expand, gboolean fill, guint padding);
```

参数 expand 表示子控件随父容器大小重新计算显示位置；参数 fill 允许子控件随父容器扩展。

对话框的区域分为内容区域和活动区域，可以使用如下函数获取这些区域：

```
GtkWidget *gtk_dialog_get_action_area(GtkDialog *dialog);
GtkWidget *gtk_dialog_get_content_area(GtkDialog *dialog);
```

Linux 系统下的应用程序一般都有一个"关于"菜单项或按钮，用来弹出"关于"对话框，以显示应用程序相关的一些信息，例如作者、版权等。

下面通过创建一个关于对话框来简单介绍一下对话框构件相关的知识。关于对话框构件最简单的创建方法为：

```
void gtk_show_about_dialog (GtkWindow *parent, const gchar *first_property_name, ...);
```

参数 parent 表示父窗口，通常设置为 NULL；参数 first_property_name 为关于对话框第一个属性的名称；参数……为多个属性名和参数值的对应。该函数最后需要以表示设置 NULL 结束。对话框的属性是固定的，有如下所示的属性：

artists：参与软件制作的美工；authors：软件作者；comments：程序的注释或者说明；copyright：软件的版权；documenters：文档；license：软件许可证；license-type：许可证类型；wrap-license：是否允许许可内容执行；logo：软件标志；logo-icon-name：使用一个命名的标志；program-name：软件的名称；translator-credits：翻译人员；version：软件版本；website：URL 格式网址；website-label：标签格式网址。

函数在对话框创建完成后，可以直接显示，不需要调用其他函数。

GTK+图形库中的常用构件还有很多，由于篇幅关系，这里就不逐一介绍了。需要进行图形用户界面设计的读者，可以参看相关的说明文档。

三、GUI 生成器 Glade

Glade 是针对 GTK+/Gnome 快速图形界面开发的应用软件。Glade 的可视化编程可以使程序员不需为界面的修改重复编写大量烦琐的 Gtk+函数，从而提高了开发效率。

1. Glade 软件界面

Linux 系统启动图形界面之后，在终端上输入"glade"或在桌面上双击 Glade 程序图标，即可启动 Glade。常用构件窗口是常用 GTK+构件的图形化集合。需要调用某个构件时，只要在这个窗口中单击该构件的图标，然后在指定的位置单击鼠标，即可将构件添加进去。

设计区域是主要的工作区域，大部分设计都在这里完成，这里主要用来进行界面整体框架的搭建以及调整。

容器列表用来显示当前设计界面中的容器以及层级关系，同时也可以在容器列表中删除容器。

属性窗口主要负责对项目对象（构件）的属性调整，各页上集中了构件某一方面的属性，例如构件的名称、大小、位置、对齐方式以及信号处理等。

2. 创建应用程序界面

软件在启动后就默认新建一个项目，当然我们也可以自己来创建一个新的工程。在建立好一个工程以后我们就可以进行界面设计了。

（1）创建一个新的窗口

在常用构件窗口上单击顶层构件中的"窗口（Window）"后在设计区域中将出现一个标题为"window1"的窗口，这就是应用程序的主窗口。此时，属性窗口已经被激活。

（2）在窗口中添加各种构件

在窗口中可以添加容器、按钮、标签等构件。

（3）为构件的信号连接回调函数

为信号连接回调函数需要在构件的属性窗口中设置。首先选中属性窗口上的信号页，在其中选择一个信号，并在处理函数对应的列中设置一个信号的处理函数。

至此，我们为一个按钮构件的 Clicked 信号连接了一个回调函数 on_button1_clicked。

（4）保存文件

在设计好界面以后我们就可以将其保存在硬盘中。设计的文件会保存为一个 Glade 界面项目文件，实际该文件是一个 XML 文件。

3．C 语言代码联编

例如：下面使用相关函数连接前面制作的程序界面。

```
gcc -Wall -g glade.c -o glade pkg -config-flags- -libs gtk +-3.0 -export-dynamic
```

注意：其中的-export-dynamic 选项用于使信号连接用户在主程序中自定义的回调函数。

Glade 的功能非常强大，可以设计实现很多复杂的应用程序界面。本小节中只介绍了 Glade 的基本使用方法，读者要熟练掌握还需要大量的编程实践。

在 Linux 系统中，基于 GTK+构件的应用程序图形界面，执行效率高，占用资源少，有着很好的发展前景。由于篇幅有限，这里只介绍了很少一部分 GTK+构件。Glade 是 GTK+的快速开发工具，它能够满足图形用户界面可视化开发的基本需求，这里也只介绍了一下基础的使用方法。

任务三 智能城市车位管理系统设计

知识1 应用程序设计

车位管理系统总体框图如图 4-23 所示。

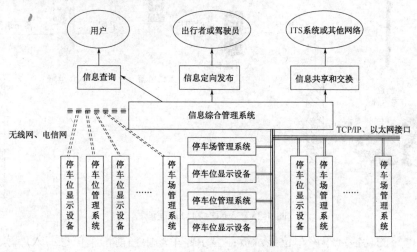

图 4-23 车位管理系统总体框图

知识2 停车场管理系统总体设计

一、系统分析

停车场管理系统总体设计如图 4-24 所示。

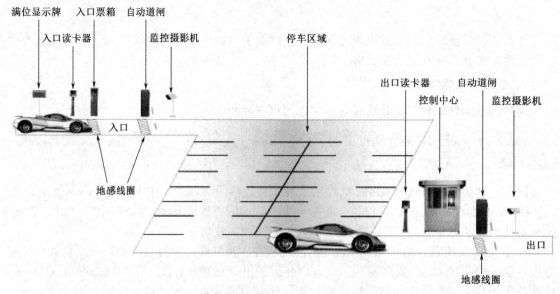

图 4-24　停车场管理系统总体设计图

1. 需求

（1）入库检测与管理流程

入库检测与管理流程如图 4-25 所示。

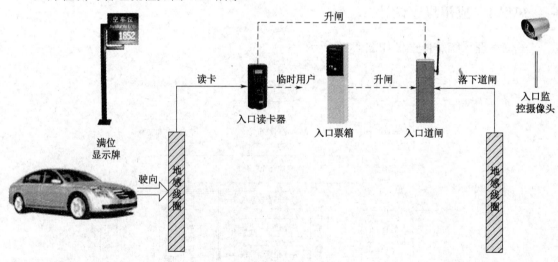

图 4-25　入库检测与管理流程

各单元电路的功能：车库车位显示板：显示停车场中当前泊车信息；入库读卡器：读取当前入库车辆的用户信息；入口票箱：为临时用户发放临时停车卡；地感线圈：感知是否有车辆到达或控制入口道闸关闭；入口道闸机：控制车辆进入；监控摄像机：对入库车辆进行实时监控及抓拍车辆图像，获取入库车辆信息。

（2）出库检测与管理流程

出库检测与管理流程如图 4-26 所示。

项目四 智能车位管理系统设计

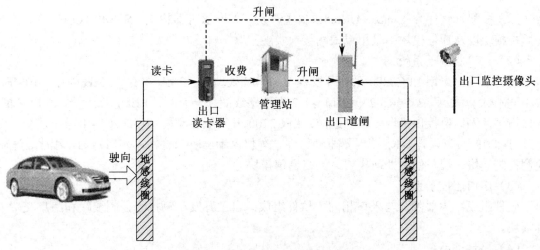

图 4-26 出库检测与管理流程图

各单元电路的功能：出口读卡器：读取当前出库车辆的用户信息；出库管理站：收取临时用户的停车费和临时卡，并控制出口道闸打开；地感线圈：感知是否有车辆，并发送读卡信号和控制出口道闸的关闭；出口道闸机：控制车辆出库；出口摄像机：监测出口及抓拍出库车辆图像，比对用户身份。在以上的基本需求之上，做进一步的分析，并编写项目设计规格说明书。

2. 系统组成

系统组成框图如图 4-27 所示。

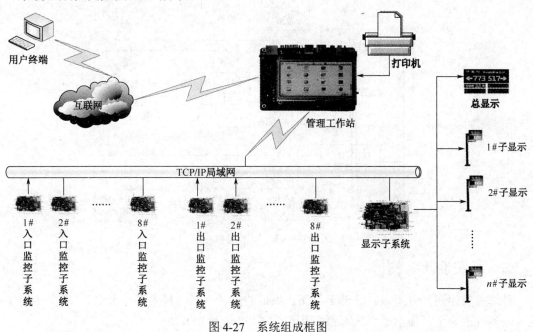

图 4-27 系统组成框图

（1）管理工作站组成

硬件组成：选用带触摸屏的 S3C2440 开发板，ARM9 处理器、内存 4MB，闪存 32MB，10MB/s 或 100MB/s 以太网，一个 RS-232 接口，3.5 寸显示屏，小键盘，USB 接口。软件组成（开发板配置软件）：Linux、UBoot；自主开发：Web 服务器模块、SNMP 代理模块、停车场监控模块以及通信模块；采用以太网接口实现互联。

（2）入口监测子系统

硬件组成：选用 LPC2200 系列开发板，ARM7 处理器、2MB 内存，2MB 闪存，10MB/s 或 100MB/s 以太网，2 个 RS-232 接口等，2 套地感线圈，一个大屏 LED，读卡器，入口票箱，入口道闸，入口监控摄像机等。软件组成：LPC2200 开发板驱动程序、uC/OS-II 操作系统、轻量级 TCP/IP 协议软件、IC 读卡器驱动软件、车位显示屏驱动软件、入口初始化程序、车辆检测控制模块、用户信息处理模块、网络通信模块等。

（3）出口监控子系统

硬件组成：主要部分与入口相同。软件组成：自主开发车辆检测控制模块和用户交费处理模块。

（4）显示子系统

显示子系统最多有 64 个区间显示处理，显示子系统的控制部分由微控制器、以太网接口、RS-232 接口、CAN 总线、监控管理软件等组成。每个区间显示处理由微控制器、CAN 总线、车位检测电路、控制显示软件组成。显示子系统框图如图 4-28 所示。

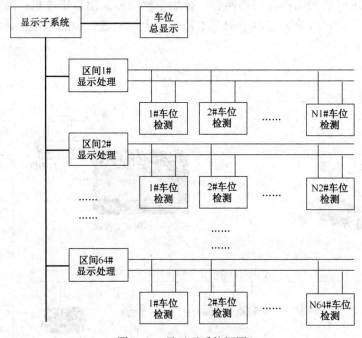

图 4-28　显示子系统框图

二、系统设计

系统主要由四部分组成：管理工作站，入口监控子系统（最多可达 8 个），出口监控子系统（最多可达 8 个）显示子系统（最多可包含 64 个子显示）。

各个子系统之间通过因特网互联，而且管理工作站与因特网互联，通过因特网可以远程对整个系统进行管理、维护。

1. 管理工作站

管理工作站负责系统的监控、维护和管理。框图如图 4-29 所示。

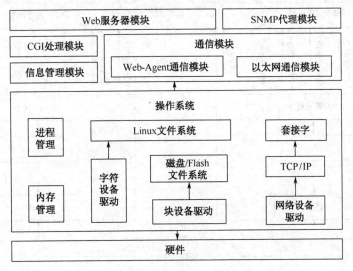

图 4-29　管理工作站框图

（1）Web 服务器模块

Web 服务器模块是整个智能停车场管理系统的人机交互界面，采用 BOA 嵌入式 Web 服务器。如图 4-30 所示。

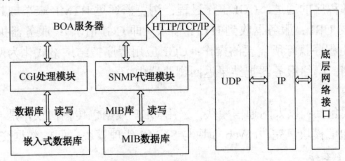

图 4-30　Web 服务器模块

Web 功能主要有：用户信息管理、系统配置管理、计时收费管理、事件管理、安全管理等功能模块。Web 界面主要有：管理员级（最高级，可以查看、配置所有页面，设置用户权限）；一般用户级（可由管理员设置权限，浏览部分页面，可查看自己的管理信息）；游客级（可以浏览开发的公共页面）。

（2）SNMP 代理模块

智能车位管理系统采用 SNMP 协议对城市里的停车场进行管理，停车场管理系统内嵌有 SNMP 代理模块。如图 4-31 所示。

图中 SNMP 管理模块嵌入在智能车位管理系统中，SNMP 代理模块嵌入在停车场管理系统的管理站中。SNMP 代理通过 161 端口接受管理系统（MS）的读（get）、写（set）操作，并能够通过 Trap 报文向 MS 的 162 端口发送故障信息。SNMP 有五种类型的操作：GetRequest、GetNextRequest、SetRequest、Response 和 Trap。

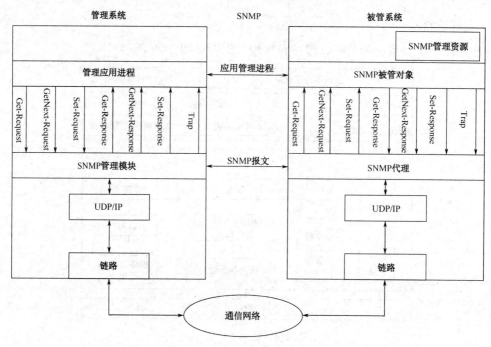

图 4-31　SNMP 代理模块框图

（3）CGI 处理模块

CGI（公共网关接口）规定 Web 服务器调用其他可执行程序的接口协议，向 Web 服务器提供一个执行外部程序的通道。CGI 工作过程：浏览器通过 HTML 表单或超链接请求指向一个 CGI 应用程序的 URL；服务器收到 HTTP 请求（即 CGI 请求）；服务器执行指定的 CGI 应用程序；CGI 应用程序执行所需要的操作；CGI 应用程序把结果格式化为网络服务器和浏览器能够理解的文档；网络服务器把结果返回浏览器中。

（4）通信模块

通信模块主要包括：以太网通信模块，采用 UDP 数据包传输协议，是一种无连接、不可靠的 Web-Agent 通信模块，完成 Web 模块与 SNMP 代理模块之间的数据交换。

2．入口监控子系统

入口监控子系统如图 4-32 所示。出口监控子系统与入口监控子系统类似，这边不再讲述。

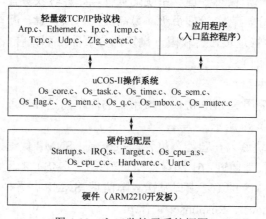

图 4-32　入口监控子系统框图

应用程序主要有：初始化模块：完成初始化工作，包括硬件初始化、系统资源申请，多任务的建立；用户识别模块：对用户卡片进行识别；UDP 通信模块：负责 UDP 通信，数据包的接收/发送、封装/解包、数据校验以及链路建立/释放；车辆检测控制模块：检测车辆是否进入停车场，对车辆信息进行采集，发送相应的控制信号；显示模块：接受管理中心发送的数据，解析后，通过串口发送给显示牌进行数据的显示。

知识 3　管理工作站子系统开发

一、硬件平台

硬件平台：S3C2440 开发板。三星的 S3C2440AL 处理器，主频 400MHz；板上装载 64MB SDRAM，数据总线 32 位，速度 100MHz；装载 256MB Nand Flash，可升级到 512MB～1GB；装载 2MB Nor Flash（最高可升级到 8MB）；装有 3 个串行口：UART0、UART1 和 UART2；装载 100M DM9000 网卡，带连接和传输指示灯；装有 USB HOST 接口；USB Device 接口；集成了 4 线电阻式触摸屏接口；支持不同分辨率的 TFT LCD；装有芯片 UDA1341，立体声音频输出，可录音。

二、软件平台

软件平台：提供 BSP 软件包；使用 USB 可以下载 u-boot，使得 Linux 容易安装，使用方便；在 ADS1.2 工具下可以方便地编译、调试、运行 uC/OS-Ⅱ操作系统；有丰富的驱动软件：三个 UART 串口驱动、Nand Flash 驱动、以太网卡驱动、实时时钟驱动、显示驱动、触摸屏驱动、USB 主设备驱动、USB 同步驱动、声卡驱动、用户按键驱动（使用外部中断）等程序。

三、建立嵌入式 Linux 系统运行环境

建立嵌入式 Linux 系统运行环境，应考虑 4 个层次：初始化启动代码（BootLoader）；操作系统内核（Kernel）；文件系统；用户应用程序。

四、嵌入式 Web 设计

Web 设计采用嵌入式 BOA Web 服务器。通过 SNMP 协议或者 Web 方式对被管设备（出/入口设备）进行监视和控制。

1. BOA 服务器

BOA 是一款单任务的 HTTP 服务器，通过建立 HTTP 请求列表来处理链接请求，只为 CGI 程序创建进程，具有很高的处理速度。完成功能：接收客户请求、分析请求、响应请求、向客户返回请求处理结果。BOA 服务器工作流程如图 4-33 所示。

2. CGI 处理程序

CGI 接口标准规定了 Web 服务器程序和 CGI 程序之间数据通信方式，包括标准输入、标准输出、环境变量三个部分。标准输入：CGI 程序可通过标准输入（stdin）从 Web 服务器得到输入信息，如表单（Form）中的数据；标准输出：CGI 程序通过标准输出（stdout）将输出信息传送给 Web 服务器；环境变量：Web 服务器和 CGI 接口另外设置了一些私有的环境变量，用来向 CGI 程序传递一些重要的参数。环境变量是文本串（名字/值），属于全局变量，可以

被应用程序设置和访问。

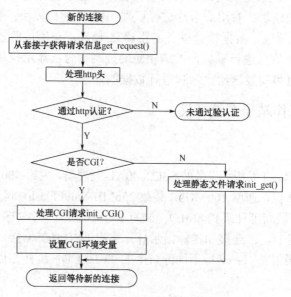

图 4-33 BOA 服务器工作流程图

五、嵌入式 SQLite 数据库开发

1. SQLite 简介

SQLite 是一个开源的、轻量级的、支持多平台的数据库；SQLite 也是一个嵌入式 SQL 数据库引擎，没有独立的服务进程；SQLite 直接读写磁盘文件，表、索引、触发器和视图的完整 SQL 数据库就包含在一个独立的磁盘文件中；支持多种开发语言；遵守 ACID 的关联式数据库管理系统标准。

2. 数据库系统设计

建立用户信息表，如表 4-13 所示。建立智能卡信息表，如表 4-14 所示。

表 4-13 用户信息表

列 名	类 型	长 度	约 束	备 注
UserID	char	30	主键	用户标识
Private	integer	1		用户权限
Telephone	char	11		用户联系方式
CardNo	char	8	外键	卡号
FeeMethod	char	1		缴费方式
Balance	float	1		账户余额

表 4-14 智能卡信息表

列 名	类 型	长 度	约 束	备 注
CardNo	char	8	主键	卡号
InDate	char	8		注册时间
OutDate	char	8		到期时间
CardType	char	1		卡片类型

六、SNMP 代理模块设计

SNMP Agent 是在 NET-SNMP 软件包的基础上，通过二次开发来实现的，使用 C 语言编写 Agent 程序。主要工作：管理信息库（MIB）设计；Agent 扩展程序设计。

1. NET-SNMP 软件包简介

NET-SNMP 软件是一个开源软件，UCD-SNMP 源自于卡耐基·梅隆大学的 SNMP 软件包 CMUsnmp2.1.2.1，2000 年 11 月 UCD-SNMP 项目转由 SourceForge 管理，并更名为 NET-SNMP。ucd-snmp4.2 之后为 NET-SNMP5.x。可移植到 UNIX、Windows、Linux 等，支持 IPv4 和 IPv6 网络，实现 SNMPv1、SNMPv2c、SNMPv3 协议。

2. NET-SNMP 编译与配置

下载 NET-SNMP-5.5，并解压缩输入配置命令：[root@yang met-snmp-5.5]# .configure －host=arm-Linux target=arm －with-cc=arm-Linux-gcc with-ar=arm-Linux-ar——disable-shared －with-endianness=little_ （用命令/configure －help 查看选项含义）；编译：输入 make 命令，在目录 net-snmp-5.5/agent 下生成代理程序 snmpd。

3. 管理信息库 MIB 设计

创建管理对象：对停车场管理系统及应用环境进行分析，创建了 18 个管理对象，如表 4-15 所示；MIB 库编写：MIB 使用 OSI 的抽象语法标识 ASN.1 来定义，私有 MIB 变量一般定义在 iso.org.dod.internet.private.enterprises 子树下。停车场管理系统中扩展的 MIB 库即是在该子树下定义，对应的 OID 为 1.3.6.1.4.1.1199。对 MIB 库的扩展部分的定义存储在 ITSNMS-MIB.txt 文件中。 OID 定义：入口：1.3.6.4.1.1199.1.1.1.1.1～1.3.6.4.1.1199.1.1.1.1.6；出口：1.3.6.4.1.1199.1.1.1.2.1～1.3.6.4.1.1199.1.1.1.2.6；总显示：1.3.6.4.1.1199.1.1.1.3.1；费率：1.3.6.4.1.1199.1.1.1.4.1～1.3.6.4.1.1199.1.1.1.4.5。

表 4-15 管理对象列表

序 号	类 别	名 称	类型（最大长度）	访 问 权 限
1	入口设备	地感线圈 1（LandCoils_one）	DisplayString（1）	Read_write
2		读卡器（CardReader）	DisplayString（12）	Read_write
3		票箱（TicketBox）	DisplayString（12）	Read_write
4		道闸（Sigon）	DisplayString（1）	Read_write
5		地感线圈 2（LandCoils_second）	DisplayString（1）	Read_write
6		摄像机（Vidicon）	DisplayString（1）	Read_write
7	出口设备	地感线圈 1（LandCoils_one）	DisplayString（1）	Read_write
8		读卡器（CardReader）	DisplayString（16）	Read_write
9		收费机（TollMachine）	DisplayString（16）	Read_write

续表

序 号	类 别	名 称	类型（最大长度）	访问权限
10	出口设备	道闸（Sigon）	DisplayString（1）	Read_write
11		地感线圈2（LandCoils_second）	DisplayString（1）	Read_write
12		摄像机（Vidicon）	DisplayString（1）	Read_write
13	收费费率	按年收费（RateForYear）	Integer（1）	Read_write
14		按季度收费（RateForQuarter）	Integer（1）	Read_write
15		按月收费（RateForMonth）	Integer（1）	Read_write
16		按时收费（RateForHour）	Integer（1）	Read_write
17		按次收费（RateForTime）	Integer（1）	Read_write
18	总显示	总显示（TotalDisplay）	DisplayString（1）	Read_write

4. 代理扩展程序

代理程序运行在开发板（S3C2440）上，主要有三个功能：接收管理中心发来的 Get 请求，查询并回应请求的信息；接收管理中心发来的 Set 请求，对被管设备进行设置；监视被管设备是否发生异常、告警，通过 Trap 报文向管理中心发送异常信息。

七、网络通信模块设计

1. 网络通信模型：采用 Server/Client 模型，如图 4-34 所示。

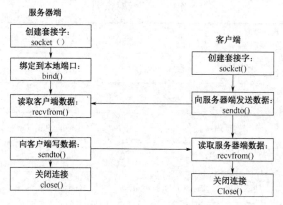

图 4-34　Server/Client 模型图

2. 网络通信数据格式

数据包结构如表 4-16 所示。标志位取值含义如表 4-17 所示。

表 4-16　数据包结构表

标 志 位	长 度 位	数 据 位	校 验 和	结 束 位
1字节	1字节	可变长度	1字节	1字节

表 4-17 标志位取值含义表

标志位	内容	功能	传输方向
START	0x49	入口发送数据	入口→管理站
	0x4f	出口发送数据	出口→管理站
	0xc9	管理站发送数据	管理站→入口
	0xcf	管理站发送数据	管理站→出口
	0x43	车位显示发送数据	车位显示→管理站

数据位结构体定义如下所示：

```
struct entrylog            //入场车辆信息
{   char cardno[8];        //车牌号
    char cardtype;         //卡片类型
    char Indate[4];        //入场日期
    char Intime[3];        //入场时间
    short int Innumber;    //入场序号
};
struct exitlog             //出场车辆信息
{   char cardno[8];        //车牌号
    char cardtype;         //卡片类型
    char Indate[4];        //入场日期
    char Intime[3];        //入场时间
    char Outdate[4];       //出场日期
    char Outtime[3];       //出场金额
    short int Innumber;    //入场序号
    int fee;               //缴费金额
};
```

执行流程：主控模块的流程逻辑如图 4-35 所示。

八、入口硬件设计

1. 非接触式 IC 卡

非接触式 IC 卡又称射频卡，它成功地将射频识别技术和 IC 卡技术结合起来，解决了无源（卡中无电源）和免接触这一难题，是电子器件领域的一大突破。

（1）WM_171 型非接触式 IC 卡性能

主要指标：容量为 8KB 的 EEPROM；分为 16 个扇区，每个扇区为 4 块，每块 16 个字节；每个扇区有独立的一组密码及访问控制；唯一的 32 位序列号；通信速率为 106KBps；读写距离为 100mm 以内；无电源，自带天线，内含加密控制逻辑和通信逻辑电路；可改写 10 万次，读无限次；对数据块的操作：读、写、加、减、存储、传输、中止。

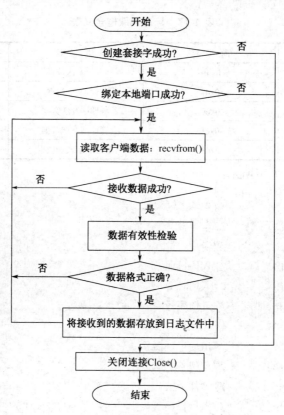

图 4-35 主控模块的流程逻辑图

(2) WM_171 型卡通信协议

命令格式：包括命令头、命令类型、命令参数和校验四部分。命令头：两个字节的 AA FF 或 BB FF。命令类型：一个字节，每条命令有唯一的命令类型。命令参数：长度和内容跟具体的命令有关。校验：1 个字节。上传卡号命令如表 4-18 所示，读卡命令如表 4-19 所示，写卡命令如表 4-20 所示。

表 4-18 上传卡号命令表

命　令	命令头	命令类型	卡　号	校验码
数据	BB FF	00	4字节	1字节

表 4-19 读卡命令表

命　令	命令头	命令类型	卡　号	密码类型	密　码	校验码
数据	AA FF	10	1	A/B	6	1

表 4-20 写卡命令表

命　令	命令头	命令类型	卡　号	密码类型	密　码	数　据	校验码
数据	AA FF	20	1	A/B	6	16	1

2. 车辆检测器

地感线圈：在地面上先造出一个圆形的沟槽，直径大概 1 米，在这个沟槽中埋入两到三

项目四 智能车位管理系统设计

匝导线,这就构成了一个埋于地下的电感线圈,这个振荡信号通过变换送到串片机组成的频率测量电路,单片机就可以测量该振荡器的频率。

检测器工作原理:环形线圈车辆检测器是一种基于电磁感应原理的车辆检测器,它的传感器是一个埋在路面下,通有一定工作电流的环形线圈(一般为2m×1.5m)。当车辆通过环形地埋线圈或停在环形地埋线圈上时,车辆自身铁质切割磁通线,引起线圈回路电感量的变化,检测器通过检测该电感量就可以检测出是否有车辆经过。

3. 车位显示器

车位显示器由中控制部分和显示部分组成,控制部分负责接收来自计算机串行口的画面显示信息,置入帧存储器,按分区驱动方式生成LED显示屏所需的串行显示数据和扫描控制时序;显示部分根据控制部分的设定模式显示所要显示的信息。

思考与练习

一、判断题

判断下列ARM指令的寻址方式正确与否,并指出错误之处

MOV   R0,#0x100000   ( )
LDR   R1,[R15]   ( )
LDR   R0,[R0,4]!   ( )
UMULL R0,R1,R9,R9   ( )
LDRD R14,[R1]   ( )
STRH R1,[R2,0xFFB]   ( )

二、问答题

1. ARM指令的寻址方式有哪些?
2. 阅读下面程序,并回答问题。

```
AREA    Example1,CODE,READONLY ;声明代码段 Example1
    ENTRY                      ;标识程序入口
    CODE32
START  MOV   R0,#20_____(1)
       MOV   R1,#10
       LDR   R5,=0x12345678_____(2)
ANDS   R2,R5,#0x20_____(3)
CMP    R2,#0
ADDEQ  R0,R0,#1_____(4)
ADDNE  R1,R1,#1_____(5)
HALT   B     HALT_____(6)
       END
```

请回答汇编语句(1)~(6)的含义。此程序实现什么功能?

三、分析与思考

1. 分析下列指令执行后寄存器的内容。

MOV R0, #0x40 （ ）
MOV R1, #0x10 （ ）
LDR R0, [R1] （ ）
ADDS R2, R1,#1 （ ）
SUBNES R2,R1, #0x20

2. 已知 R0=8, R2=5, 执行 "MOV R0,R2,LSL #2" 后, R0=? R2=?

3. 已知 r0=0x00000000, r1=0x00009000, mem32[0x00009000]=0x01010101, mem32 [0x00009004]=0x02020202, 问执行以下指令后 r1 及 r0 的情况。

(1) LDR R0,[R1,#0x4]!
(2) LDR R0, [R1,#0x4]
(3) LDR R0,[R1], #0x4

项目五　数码相框工程项目设计

项目概述

数码相框（Digital Photo Frame）是展示数码照片的相框。数码摄影必然推动数码相框的发展，因为全世界打印的数码相片不到35%。数码相框可以直接插上相机的存储卡展示照片，更多的数码相框会提供内部存储空间以及外接存储卡功能。数码相框外形就是一个相框，它可以通过一个液晶的屏幕显示 SD 卡中的相片，并设置循环显示的方式，比普通的相框更灵活多变，也给现在日益增加的数码相片一个新的展示空间。

知识目标

（1）理解 Yaffs 文件系统的构建。
（2）理解数码相册的制作过程。

技能目标

（1）构架真正的嵌入式项目。
（2）会进行根文件系统的构建和烧写。
（3）会制作数码相册。

任务一　Yaffs 文件系统的生成与烧写

知识1　Yaffs 文件系统的制作与生成步骤

Yaffs 文件系统有两种，一种是 Yaffs1，另一种是 Yaffs2。所用到的工具是 Mkyaffsimge 和 Mkyaffs2age 的源代码，前者用来制作 Yaffs1，后者用来制作 Yaffs2。下面我们分别来讲述它的支撑与生产步骤。

1. 前面我们已经建立根文件系统，并已编译好。我们只要把它复制到 Linux 系统中，放到任意一个文件夹中。这里以 Yaffs 文件夹为例，通过"tar-xzvf myroot.tar.gz"命令将打包压缩文件"myroot.tar.gz"在当前目录下解开。

2. 通过"mkdir yaffs-files"命令创建一个文件夹，然后把解压的"myroot"文件复制到 Yaffs-files 中。回到 Yaffs 文件夹中，把 Mkyaffsimage 复制到 Yaffs 目录下。并用"chmod777 mkyaffsimage"命令修改权限。

3. 编译，进入 Yaffs 文件夹。键入"./mkyaffsimage yaffs-files test.yaffs"命令，按下回车键以后，Yaffs 的映像文件"test.yaffs"就在当前目录下生成了，如图5-1所示。

如果编译不成功，可能是 Mkyaffsimge 出错，要自己去修改。Mkyaffsimgc 是一个已经编译好的工具。

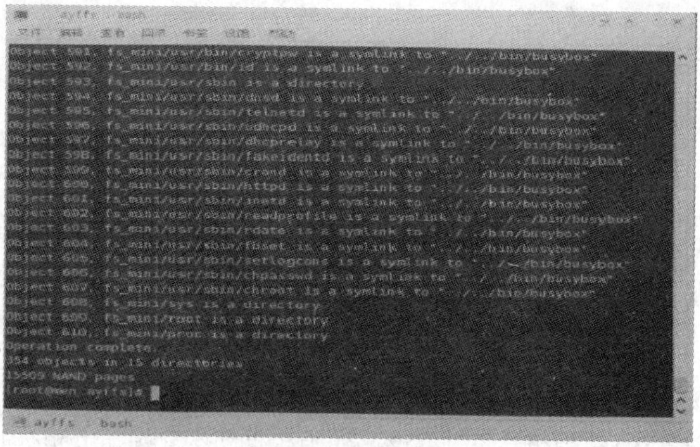

图 5-1 生成 Yaffs 的映像文件

知识 2 创建根文件系统

如果想自己创建根文件系统的话,可以用 Busybox 建立,既然要使用 Busybox,那么就要面对一个难题,就是 Busybox 与交叉编译器版本的问题。而且编译 Busybox 的交叉编译器版本必须与编译内核的版本一致才能挂载上内核。所以建议采用别人所编译成功的组合,常用的组合如下所示。

```
Busybox-1.1.3+Arm-Linux-3.3.2
Busybox-1.2.2.1+Arm-Linux-3.3.2
Busybox-1.2.2.1+Arm-Linux-3.4.1
Busybox-1.1.3+Arm-Linux-3.4.1
Busybox-1.5.1+Arm-Linux-4.1.2
```

本书所采用的是在 Fedora 下的 Busybox-1.10.1+Arm-Linux-3.4.1,Busybox-1.10.1 算是比较旧的版本了,现在有很多新版本出来。

下载后,我们要通过"#tar xjf busybox-1.10.1.tar.bz2"命令解压,解压后,执行"cd busybox-1.10.1"命令进入"busybox-1.10.1"目录下,最后通过"make menuconfig"配置 Busybox。运行后,如图 5-2 所示。

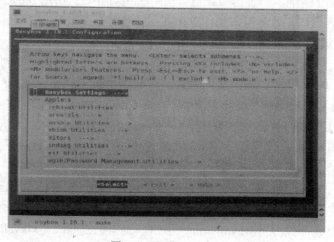

图 5-2 配置 Busybox

知识 3　Busybox 的配置与编译

键入"Make menuconfig"命令进入配置界面。一定要选中的内容如下：
1. Support for devfs
2. Build busybox as a static binary（no share dlibs）　// 将 Busybox 编译成静态链接
3. Do you want to build busybox with a Cross Compile?（/usr/local/arm/3.3.2/bin/arm-Linux-）Cross Compile prefix//指定交叉编译器
4. Init
5. Support reading an inittab file//支持 init 读取/etc/inittab 配置文件
6. Ash//选中后建立的 rcS 脚本才能被执行
7. Cp cat ls mkdir mv//可执行命令工具的选择
8. Mount
9. Umount
10. Support loopback mounts
11. Support for the old/etc/mtab file
12. Insmod
13. Support version 2.2.x to 2.4.x Linux kernels
14. Support version 2.6.x Linux kernels

除了以上必须选上的内容外，其他可按默认值处理。如果要支持其他功能，如网络支持等，可按需选择。然后执行"make install"，显示界面如图 5-3 所示。

图 5-3　执行"make install"

修改后再编译，在 Busybox 的目录下就会生成"_install"目录。创建初始化文件，其中包括了最重要的三个文件：/etc/Inittab、/etc/fstab 和/etc/Init.d/rcS。下面对文件进行详细介绍。

Inittab 文件如下：

```
#System initialization.
::sysinit:/etc/init.d/rcS
::askfirst:/bin/sh
```

Fstab 文件如下：

```
none/proc proc defaults 0 0
none/dev/pts devpts mode=0622 0 0
tmpfs/dev/shm tmfs defaults 0 0
```

Init.d/rcS 文件如下:

```
#!/bin/sh
PATH=/sbin:/bin :/usr/sbin:/usr/bin:/usr/local/bin:
runlevel=S
prevlevel=N
umask 022
export PATH runlevel prevlevel
#Charactor modules
/bin/mknod/dev/pts/0 c 136 0
/bin/ln -s/dev/v41/video0/dev/video0
/bin/ln -s/dev/fb/0/dev/fb0
/bin/ln -s/dev/vc/0/dev/tty1
/bin/ln -s/dev/scsi/host0/bus0/target0/lun0/part1/dev/sda1
/bin/mount -t proc none /proc
/bin/mount -t tmpfs none /tmp
/bin/mount -t tmpfs none /var
/bin/mkdir -p/var/lib
/bin/mkdir -p/var/run
/bin/mkdir -p/var/log
/sbin/ifconfig lo 127.0.0.1
/sbin/ifconfig eth0 192.168.0.27 up
```

制作 Yaffs 文件系统，只需执行"mkyaffsimage myroot myroot.img"命令，此时所创建出的"myroot.img"就是 Yaffs 文件系统镜像文件。

实验八 烧写 Yaffs 文件系统

【实训目的】
掌握 Yaffs 文件系统的烧写。

【实训设备】
（1）装有 Linux 系统或装有 Linux 虚拟机的 PC 机一台。
（2）物联网多网技术综合教学开发设计平台一套。
（3）miniUSB 线一条。
（4）JTAG 线一条。
（5）串口线一条或 USB 线（A-B）。

【实训要求】
能够熟练掌握 Yaffs 文件系统的烧写。

【实训步骤】
1. 首先安装软件 TFTPdwin。

把文件系统复制到软件安装的根目录下，重命名为"filesystem.yaffs"，然后启动开发板。

在 utu-BootLoader 命令行输入：run install-filesystem，运行后，如图 5-4 所示。

```
OK

U-Boot 1.3.4-svn (Sep 25 2012 - 14:24:58) for SAPP210


CPU:  S5PV210@800MHz(OK)
        APLL = 800MHz, HclkMsys = 200MHz, PclkMsys = 100MHz
        MPLL = 667MHz, EPLL = 80MHz
                       HclkDsys = 166MHz, PclkDsys = 83MHz
                       HclkPsys = 133MHz, PclkPsys = 66MHz
                       SCLKA2M  = 200MHz
Serial = CLKUART
Board:   SMDKV210
DRAM:     1 GB
Flash:   8 MB
SD/MMC:  Card0 init fail!    Card1 init fail!
NAND:    1024 MB
In:      serial
Out:     serial
Err:     serial
checking mode for fastboot ...
Hit any key to stop autoboot:  0

NAND read: device 0 offset 0x600000, size 0x500000
Main area read (40 blocks):

已连接 0:05:14  ANSIW  115200 8-N-1  SCROLL  CAPS  NUM  捕  打印
```

图 5-4　启动开发板

图 5-4 中，###表示一直在传送数据，此时 TFTP 软件界面显示如图 5-5 所示。

```
dm9000 i/o: 0x20000300, id: 0x90000a46

MAC: 0a:1b:2c:3d:4e:5f

TFTP from server 172.16.14.40; our IP address is 172.16.14.50

Filename 'zImage.bin'.

Load address: 0x30000000

Loading: T #################################################################

#################################################################

#######
```

图 5-5　传送数据

2．传送写入 Flash

传送并写入 Flash 完成以后，如图 5-6 所示。

```
#################################################################

#######

done

Bytes transferred = 1997952 (1e7c80 hex)

NAND erase: device 0 offset 0x200000, size 0x300000

Erasing at 0x4e0000 -- 100% complete.

OK

NAND write: device 0 offset 0x200000, size 0x1e7c80

Writing data at 0x3e7800 -- 100% complete.

1997952 bytes written: OK
```

图 5-6　写入 Flash

更新完成，重新上电就可以启动 Linux 了。

任务二 Jffs2 文件系统的制作与生成

制作 Jffs2 不像 Yaffs 那样，它没有现成的工具。我们这里是用 MTD 设备的工具包，编译它生成 mkfs.Jffs2 工具，然后用它制作 Jffs2 文件的系统映像文件。

知识 1 安装 Jffs2 文件系统

1. 安装

首先安装 zlib 工具包，把 zlib-1.2.3.tar.gz 复制到相应的文件夹中，建立一个 Jffs 文件夹，使用如下语句来完成。

```
#tar xzfzlib-1.2.3.tar.gz
#cd zlib-1.2.3
#./configure-shared-prefix=/usr
#make
#sudo make install
```

运行后，如图 5-7 所示。

图 5-7 安装 zlib 工具包

2. 编译 Mkfs.jffs2

接下来编译 Mkfs.jffs2，工具包是"mtd-utils-09-05-30.tar.bz2"，使用如下语句来完成。

```
#tar xjf mtd-utils-05-07-23.tar.bz2
#cd mtd-utils-05-07-23/util
#make
#sudo make install
```

运行后，如图 5-8 所示。

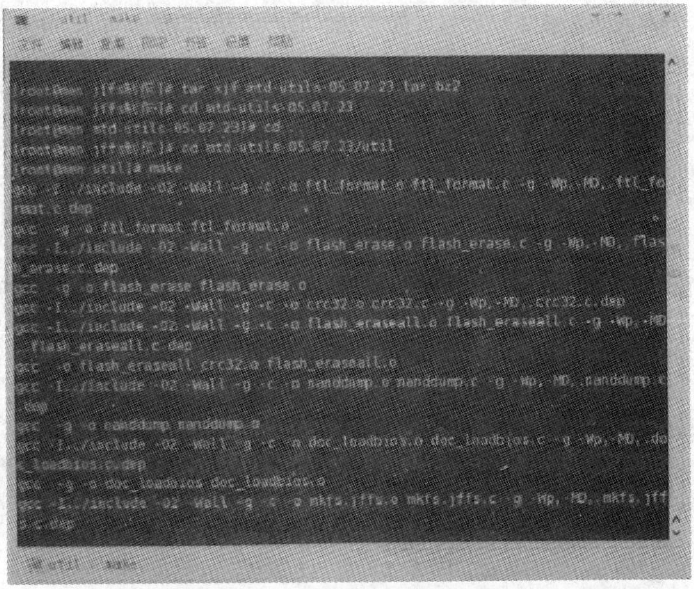

图 5-8 编译 mkfs.jffs2

3. 将根文件系统复制到 Linux 中

使用 "fs_mini.tar.bz2" 这个根文件系统。把它复制到 Linux 系统中，放到任意一个文件夹中。我们这边使用 Jffs 文件夹为例，通过如下命令来完成。

```
#tar-xzvffs_mini.tar.bz2
#mkfs.jffs2 –n -s 512 -e 16KiB –d fs_mini -o fs_mini.jffs2
```

运行后，如图 5-9 所示。

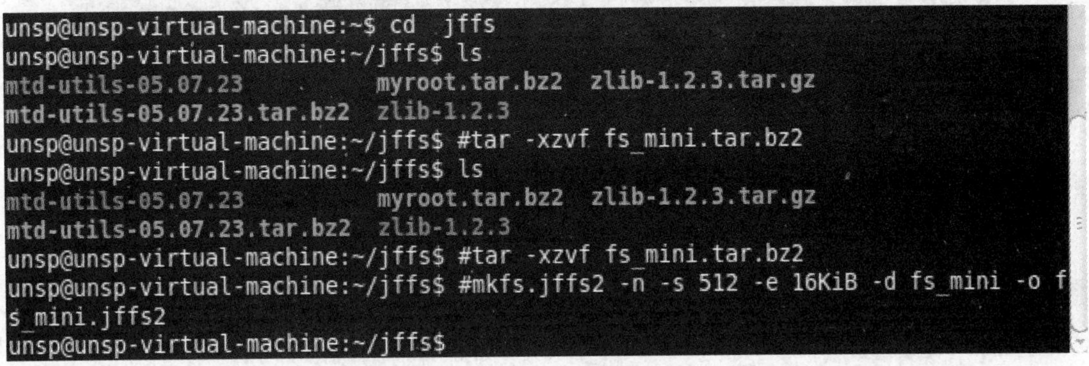

图 5-9 运行 "fs_mini.tar.bz2"

知识 2　烧写 Jffs2 文件系统

1. 安装软件

首先安装软件，输入序列号。把文件系统复制到软件安装的根目录下，然后启动开发板。在 utu-BootLoader 命令行输入 "run install-filesystem" 运行后，如图 5-10 所示。

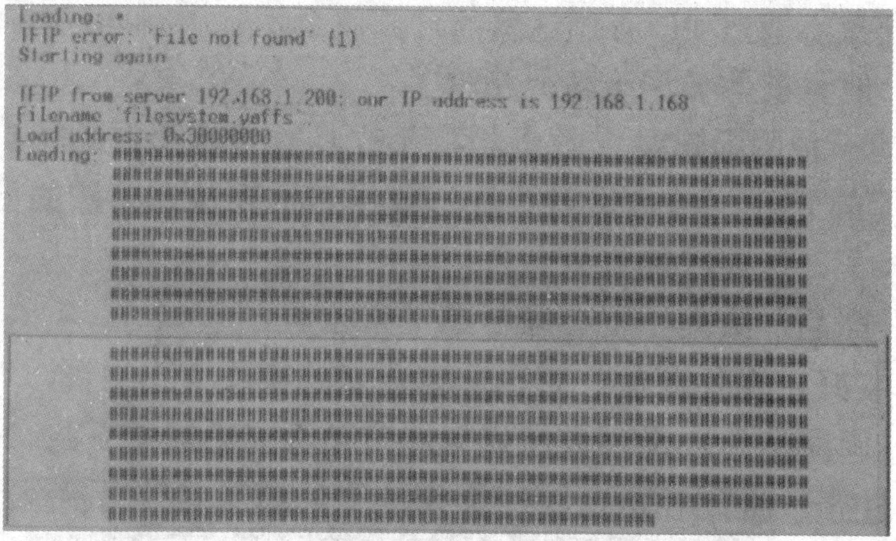

图 5-10 启动开发板

图 5-10 中，###表示一直在传送数据。

2. 传送写入 Flash

传送并写入 Flash 完成以后，如图 5-11 所示。

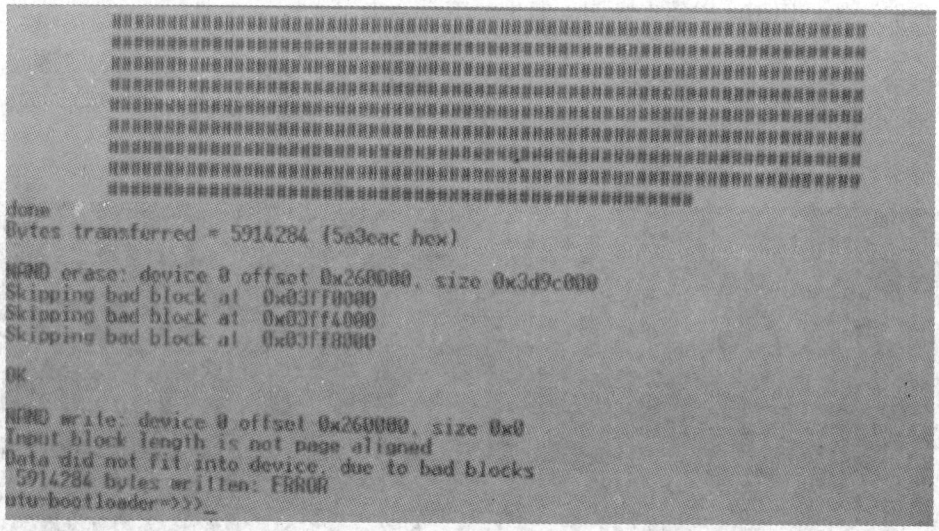

图 5-11 传送数据

更新完成，重新上电就可以启动 Linux 了。

任务三 数码相框的设计与实现

知识 1 系统需求分析

当胶卷退出我们的生活之后，"拍摄→冲洗胶卷→扩印照片"的经典流程也渐渐从我们身边消失。取而代之的是大量的数码相机用户群和种类繁多的各种存储介质。而数码相框则是目前回放这些照片的最好途径，作为浏览数字照片的核心产品，数码相框正确地迎合了消费者的需求。

和传统的相框相比，数码相框具备了很多的优势。数码相框采用了普通相框的外形，但更为精致，用液晶显示屏来显示照片，配上电源、存储介质等，使多张相片能够在显示屏上循环播放，有的数码相框还增加了 MP3 和 MP4 等多媒体娱乐功能，比普通相框的单一功能更有优势。

作为消费类电子产品，数码相框必须考虑：

（1）用户界面及接口友好，操作简便。作为一个消费类电子产品，它的客户是多样化的，其中大部分都是非专业化的，甚至是老人或者是小孩，操作是否人性化、简洁化，成为能否让用户迅速接受产品的重要因素。

（2）系统兼容性强。数码相框应该能够识别和处理当前数码相机拍摄图像格式，能够访问主流的半导体存储外设。

（3）存储可靠。作为存储设备，必须通过严格的功能测试，以保证用户在使用过程中不会丢失信息。

由此我们可以看出，数码相框产品的主要功能应包括以下方面：

（1）支持主流半导体存储卡，能从中读取图像文件。

（2）在 LCD 屏中全屏循环显示多幅图像文件，支持各种主流格式。

（3）显示时间和日期。

（4）可通过按钮或触摸屏进行操作。

知识 2　系统总体设计

基于 Linux 下使用 Qt 编写的数码相框架构设计方案通过使用纯 C++语言开发来支持嵌入式 Linux 系统，采用 Qt/Embedded 作为 GUI 来提供强大的用户界面，设计位于 Linux 用户空间的目的是为了具备较好的系统移植性。设计的数码相框能实现翻页、放大、缩小等功能。

本项目的系统架构由底层硬件、驱动程序、操作系统和 Qt 应用程序四个层次组成。

本项目所设计的数码相框主要采用 Qt 为主的程序设计方案，配合 A8 实验箱就做成了一款数码相框。数码相框在初始化时会扫描指定目录下的所有支持的图片文件，用户可以通过按钮实现前翻或者后翻并且可以进行放大和缩小的操作。

知识 3　项目流程

搭建系统，其中包括 PC 平台 Linux 虚拟机环境建立、ARM 平台 Linux 系统搭建。使用 Qt 编程实现。常见的 Qt 应用程序的开发有两种方式：

（1）使用文本编辑器编写 C++代码，然后在命令行下生成工程并编译。

（2）使用 Qt Creator 编写 C++代码，并为 Qt Creator 安装 Qt Embedded SDK，然后利用 Qt Creator 编译程序。

由于 Qt Creator 具有良好的可视化操作界面，同时它包含了一个功能非常强大的 C++代码编辑器，所以第二种方法是我们的首选。

实验九　实现数码相框

【实训目的】
掌握数码相框程序的编写。

【实训设备】
（1）装有 Linux 系统或装有 Linux 虚拟机的 PC 机一台。
（2）物联网多网技术综合教学开发设计平台一套。
（3）miniUSB 线一条。
（4）JTAG 线一条。
（5）串口线一条或 USB 线（A-B）。

【实训要求】
能够独立完成数码相框程序的编写。

【实训步骤】

1. 数码相框程序的编写

在 Qt 界面（见图 5-12），单击菜单栏"File"→"New File or Project"，新建文件类型为"Qt C++ Project/Qt Gui Application"。在接下来的"Qt Gui Application"对话框中输入工程名称"QtImage"和保存路径。

所创建的数码相册项目工程如图 5-13 所示。

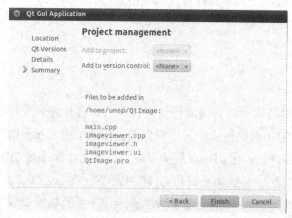

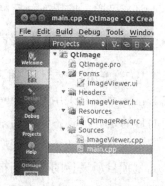

图 5-12　新建工程完毕　　　　　　　　　　图 5-13　项目工程文件

以下是数码相框的主程序，主要实现的功能是在界面上显示 Widget 控件。

```
#include <QApplication>
#include "ImageViewer.h"
int main(int argc, char *argv[])
{
QApplication app(argc, argv);
ImageViewer *window = new ImageViewer;
window->show();
return app.exec();
}
Headers
```

```cpp
ImageViewer.h
#include <QDirModel>
#include <QTreeWidgetItem>
#include <QLabel>
#include <QScrollArea>
#include "ui_ImageViewer.h"
class ImageViewer : public QMainWindow, private Ui::ImageViewer
 {
Q_OBJECT
public:
ImageViewer(QWidget *parent = 0);
    ~ImageViewer();
private slots:
void on_actionNext_triggered();                //下一个图片
void on_actionPrevious_triggered();            //前一个图片
    void on_actionZoomOut_triggered();         //缩小图片
    void on_actionZoomIn_triggered();          //放大图片
    void on_actionNormalSize_triggered();
    void on_treeView_clicked(const QModelIndex & index);
void on_actionAbout_triggered();
 private:
    void DisplayImage(const QString &fileName);
    void scaleImage(double factor);
    void UpdateUI();
    QLabel *imageLabel;
    QScrollArea *scrollArea;
    QDirModel *dirModel;
    QLabel *imageInfo;
    QDir *dirCurrent;
    QStringList supportFormat;
    QStringList displayFiles;
    QStringList::const_iterator currentFile;
    double scaleFactor;
};
```

源程序文件 Sources 如下。

```cpp
#include <QMessageBox>
#include <QHeaderView>
#include <QScrollBar>
#include <QImageReader>
#include "ImageViewer.h"
ImageViewer::ImageViewer(QWidget *parent)
: QMainWindow(parent), scaleFactor(1)
{
```

```cpp
    setupUi(this);
    imageLabel = new QLabel;
    imageLabel->setBackgroundRole(QPalette::Base);
    imageLabel->setSizePolicy(QSizePolicy::Ignored, QSizePolicy::Ignored);
    imageLabel->setScaledContents(true);
    scrollArea = new QScrollArea;
    scrollArea->setBackgroundRole(QPalette::Dark);
    scrollArea->setWidget(imageLabel);
    setCentralWidget(scrollArea);
    dirModel = new QDirModel(this);
    dirModel->setFilter(QDir::Dirs | QDir::Drives);
    dirCurrent = new QDir();
    imageInfo = new QLabel(this);
    imageInfo->setSizePolicy(QSizePolicy::Expanding,QSizePolicy::Expanding);
    imageInfo->setAlignment(Qt::AlignCenter);
    imageInfo->setStatusTip(tr("Display image infomation in the selected folder"));
    toolBar->addWidget(imageInfo);
    treeView->setModel(dirModel);
    treeView->header()->setVisible(false);
    treeView->setColumnHidden(1,true);// Size
    treeView->setColumnHidden(2,true);// Type
    treeView->setColumnHidden(3,true);// Modified Date
    foreach (QByteArray ba, QImageReader::supportedImageFormats())
    {
        QString ext = QString("*.")+QString(ba);
        supportFormat<<ext;
    }
    resize(780,580);
    currentFile = displayFiles.constBegin();
    UpdateUI();
}
ImageViewer::~ImageViewer()
{
    delete dirCurrent;
}
void adjustScrollBar(QScrollBar *scrollBar, double factor)
{
scrollBar->setValue(int(factor * scrollBar->value()
+ ((factor - 1) * scrollBar->pageStep()/2)));
}
```

```cpp
void ImageViewer::scaleImage(double factor)
{
Q_ASSERT(imageLabel->pixmap());
scaleFactor *= factor;
imageLabel->resize(scaleFactor * imageLabel->pixmap()->size());
adjustScrollBar(scrollArea->horizontalScrollBar(), factor);
adjustScrollBar(scrollArea->verticalScrollBar(), factor);
}
void ImageViewer::DisplayImage(const QString &fileName)
{
        QImage image(fileName);
        if (image.isNull()) {
        QMessageBox::information(this, tr("Image Viewer"),
         tr("Cannot load %1.").arg(fileName));
        return;
        }
        imageLabel->setPixmap(QPixmap::fromImage(image));
        scaleImage(1.0);
}
void ImageViewer::UpdateUI()
{
    if(currentFile == displayFiles.constEnd())
    {
        imageInfo->setText(tr("No Images, Click TreeView to select pic folder"));
        actionNext->setEnabled(false);
        actionPrevious->setEnabled(false);
        actionZoomIn->setEnabled(false);
        actionZoomOut->setEnabled(false);
        actionNormalSize->setEnabled(false);
    }
    else
    {
    int i = displayFiles.indexOf(*currentFile, 0) + 1;
    //non-Programmer count from 1 instead 0
    imageInfo->setText(QString(tr("%1/%2%3%4%")).arg(i).arg(displayFiles.size()).arg(*currentFile).arg(scaleFactor*100, 3));
    actionNext->setEnabled(true);
    actionPrevious->setEnabled(true);
    actionZoomIn->setEnabled(true);
    tionZoomOut->setEnabled(true);
    actionNormalSize->setEnabled(true);
    }
  actionZoomIn->setEnabled(scaleFactor < 3.0);
  actionZoomOut->setEnabled(scaleFactor > 0.333);
}
void ImageViewer::on_actionNext_triggered()
{
    currentFile++;
    if(currentFile == displayFiles.constEnd())
        currentFile = displayFiles.constBegin();
    DisplayImage(dirCurrent->absoluteFilePath(*currentFile));
```

```cpp
        UpdateUI();
    }
    void ImageViewer::on_actionPrevious_triggered()
    {
        if(currentFile == displayFiles.constBegin())
            currentFile = displayFiles.constEnd();
        currentFile--;
        DisplayImage(dirCurrent->absoluteFilePath(*currentFile));
        UpdateUI();
    }
    void ImageViewer::on_actionZoomOut_triggered()
    {
        scaleImage(0.8);
        UpdateUI();
    }
    void ImageViewer::on_actionZoomIn_triggered()
    {
        scaleImage(1.25);
        UpdateUI();
    }
    void ImageViewer::on_actionNormalSize_triggered()
    {
        scaleFactor = 1.0;
        scaleImage(1.0);
        UpdateUI();
    }
    void ImageViewer::on_treeView_clicked ( const QModelIndex &index )
    {
        const QString path = dirModel->data(index, QDirModel::FilePathRole).toString();
        dirCurrent->setPath(path);
        displayFiles = dirCurrent->entryList(supportFormat, QDir::Files);
        currentFile = displayFiles.constBegin();
        if(currentFile != displayFiles.constEnd())
            DisplayImage(dirCurrent->absoluteFilePath(*currentFile));
        UpdateUI();
    }
    const char *htmlAboutText =
    "<HTML>"
    "<p>This program is subject to GPL license.</p>"
    "<p>Writed by Eric Guo</p>"
    "<p><ahref=\"http://ericguo.cnblogs.com/\">http://ericguo.cnblogs.com/</a></p>"
    "</HTML>";
    void ImageViewer::on_actionAbout_triggered()
    {
        QMessageBox::about(this, tr("About Qt Mini Image Viewer"), htmlAboutText);
    }
```

图 5-14 所示为基本浏览界面，UI 显示界面如图 5-15 所示。

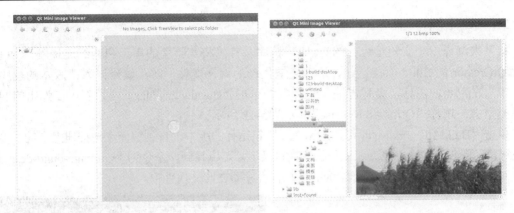

图 5-14　基本浏览界面　　　　　　　　图 5-15　放大模式

单击左上角的缩小控制按钮，图片显示如图 5-16 所示。

图 5-16　缩小显示的图片

单击左上角的缩小控制按钮，图片显示如图 5-17 所示。

图 5-17　翻页功能

2. 实验箱平台显示

接下来编译用于实验箱运行的 Qt 应用程序，首先将实验箱的串口和网线连接到 PC 机。执行 QtCreator 的 Build/Clean All，清理之前生产的编译文件，防止编译嵌入式版本的程序出错。单击左下角的图标，会弹出编译选择框。单击"Build"右侧的下拉列表，在弹出的四种编译类型中，选择"Qt for A8 Release"，如图 5-18 所示。

单击"BuildAll"按钮，即可开始编译实验箱运行的版本，直到编译选择按钮上方的进度条变成绿色，即表示编译完成。在工程的保存目录下，可以找到一个名为"QtImage-build-desktop"的文件夹，如图 5-19 所示。编译生成的可执行程序即在此文件夹中。

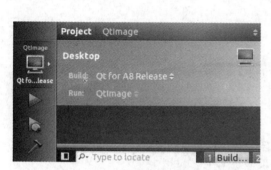

图 5-18 编译类型选择　　　　图 5-19 QtImage-build-desktop 文件夹

将 QtImage-build-desktop 文件夹中的 QtImage 文件复制到 Windows 下，并按照前述中下载程序的方法，将 QtImage 下载到实验箱；在超级终端中，为 QtImage 添加可执行权限，并运行它。操作如图 5-20、图 5-21 所示。

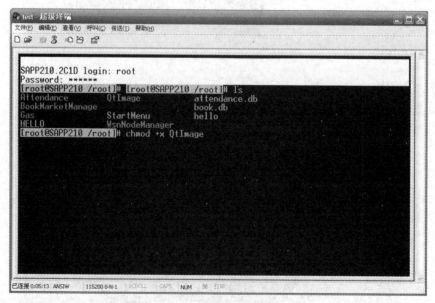

图 5-20 为 QtImage 添加可执行权限

在实验箱上使用触摸屏即可对应用程序进行操作。

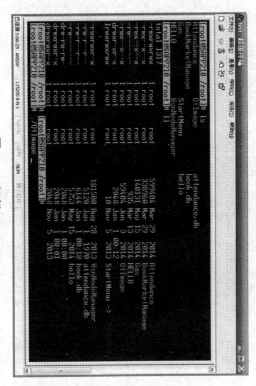

图 5-21 运行 QtImage

思考与练习

1. 简述 Yaffs 文件系统的制作与生成步骤。
2. 简述利用 TFTP 进行文件传送的方法。
3. 简述利用 Qt 设计数码相框的步骤。
4. 数码相框项目中，如何编程实现照片放大、缩小功能？
5. 试述目标机与 PC 机的连接步骤。

参 考 文 献

[1] 周立功. ARM 嵌入式系统基础教程. 北京: 航空航天大学出版社, 2008.
[2] ChristopherHallinan. 嵌入式 Linux 基础教程（第 2 版）. 北京: 人民邮电出版社, 2012.
[3] 韦东山. 嵌入式 LINUX 应用开发完全手册（附光盘）. 北京: 人民邮电出版社, 2010.
[4] 曹金华. 嵌入式技术基础与实践实验指导. 北京: 清华大学出版社, 2011.
[5] 严雨. 嵌入式技术基础. 北京: 人民邮电出版社, 2012.
[6] 张京. 嵌入式软件开发. 西安: 西安电子科技大学出版社, 2008.
[7] 张长顺. 嵌入式技术基础. 北京: 航空航天大学出版社, 2009.